工业和信息产业科技与教育专著出版资金资助出版
基于岗位职业能力培养的高职网络技术专业系列教材建设

网络安全基础及应用

李 丹 主 编

罗剑高 董兆殷 钟瑞琼 副主编

石 硕 主审

U0282746

电子工业出版社

Publishing House of Electronics Industry

北京·BEIJING

内 容 简 介

本书以构建网络安全体系为主要框架，以网络安全主要技术为叙述脉络，以大量的实训和习题为支撑，全面地介绍了网络安全的基本概念、网络安全的体系结构，以及网络安全管理的各项内容和任务。全书共分为 10 章，内容涵盖了网络安全的基本概念、网络安全协议、密码技术、操作系统安全与管理、常用的网络攻击技术、恶意代码及防范技术、防火墙与入侵检测技术、IP 安全与 Web 安全，最后通过一个真实的校园网安全案例使学生对网络安全方案的设计有一个全面和透彻的理解和掌握。

本书注重知识的实用性，以理论和实践相结合，选取大量的实训，使读者在系统地掌握网络安全技术的基础上，正确有效地解决网络安全领域中实际的问题。

未经许可，不得以任何方式复制或抄袭本书之部分或全部内容。

版权所有，侵权必究。

图书在版编目（CIP）数据

网络安全基础及应用 / 李丹主编 . —北京：电子工业出版社，2016.1
基于岗位职业能力培养的高职网络技术专业系列教材建设

ISBN 978-7-121-27970-6

Ⅰ.①网… Ⅱ.①李… Ⅲ.①计算机网络－安全技术－高等职业教育－教材 Ⅳ.TP393.08

中国版本图书馆 CIP 数据核字（2015）第 317927 号

责任编辑：贺志洪
特约编辑：彭　瑛　罗树利
印　　刷：北京盛通商印快线网络科技有限公司
装　　订：北京盛通商印快线网络科技有限公司
出版发行：电子工业出版社
　　　　　北京市海淀区万寿路173信箱　　　　　　邮编：100036
开　　本：787×1092　　1/16　　印张：20　　字数：512千字
版　　次：2016年1月第1版
印　　次：2021年11月第4次印刷
定　　价：41.00 元

凡所购买电子工业出版社图书有缺损问题，请向购买书店调换。若书店售缺，请与本社发行部联系，联系及邮购电话：（010）88254888。

质量投诉请发邮件至zlts@phei.com.cn，盗版侵权举报请发邮件至dbqq@phei.com.cn。

服务热线：（010）88258888。

编委会名单

编委会主任

吴教育　　教授　　　　　阳江职业技术学院院长

编委会副主任

谢赞福　　教授　　　　　广东技术师范学院计算机科学学院副院长
王世杰　　教授　　　　　广州现代信息工程职业技术学院信息工程系主任

编委会执行主编

石　硕　　教授　　　　　广东轻工职业技术学院计算机工程系
郭庚麒　　教授　　　　　广东交通职业技术学院人事处处长

委员（排名不分先后）

王树勇　　教授　　　　　　广东水利电力职业技术学院教务处处长
张蒲生　　教授　　　　　　广东轻工职业技术学院计算机工程系
杨志伟　　副教授　　　　　广东交通职业技术学院计算机工程学院院长
黄君美　　微软认证专家　　广东交通职业技术学院计算机工程学院网络工程系主任
邹　月　　副教授　　　　　广东科贸职业学院信息工程系主任
卢智勇　　副教授　　　　　广东机电职业技术学院信息工程学院院长
卓志宏　　副教授　　　　　阳江职业技术学院计算机工程系主任
龙　翔　　副教授　　　　　湖北生物科技职业学院信息传媒学院院长
邹利华　　副教授　　　　　东莞职业技术学院计算机工程系副主任
赵艳玲　　副教授　　　　　珠海城市职业技术学院电子信息工程学院副院长
周　程　　高级工程师　　　增城康大职业技术学院计算机系副主任
刘力铭　　项目管理师　　　广州城市职业学院信息技术系副主任
田　钧　　副教授　　　　　佛山职业技术学院电子信息系副主任
王跃胜　　副教授　　　　　广东轻工职业技术学院计算机工程系
黄世旭　　高级工程师　　　广州国为信息科技有限公司副总经理

秘书

贺志洪　电子工业出版社　　hezhihongbnu@126.com

随着计算机网络技术的飞速发展，信息网络已经成为社会发展的重要保证，信息网络涉及国家的政府、军事等诸多领域。存储、传输和处理的许多信息是政府的宏观调控决策、商业经济信息、银行资金转账、股票证券、能源资源数据、科研数据等重要信息，其中很多是敏感信息，甚至是国家机密，所以难免会吸引来自世界各地的各种人为的攻击。例如，信息泄露、信息窃取、数据篡改、数据增删、计算机病毒等。由此可见，网络安全是一个关乎国家安全和主权、社会稳定、民族文化继承和发扬的重要问题，其重要性正随着全球信息化步伐的加快凸显，因此网络安全的学习及安全人才的培养越来越重要。

本书以网络安全技术基础知识为理论主线，同时结合大量实训作为学生的实践基础。全书共分为 10 章，前 4 章是网络安全的基本知识和技术的介绍，包含网络安全的基本概念，OSI 和 TCP/IP 参考模型中协议层的安全问题、密码技术，以及操作系统的安全与管理。第 5 章，通过讲述常用的网络攻击技术（这一章篇幅较多，也是读者最感兴趣的一章），通过黑客攻击的一般流程——踩点、扫描、攻击、种植后门、网络隐身，让读者掌握网络攻防的基本原理与方法。第 6 章，介绍当今流行的恶意代码的概念与类型，包括计算机木马病毒的原理与组成。第 7 章，重点讲解了网络安全的重要防御组件——防火墙和入侵检测系统，该部分可以使读者在网络安全体系构建中更好地运用防御技术保障网络的安全。第 8 章 IP 与 Web 安全，介绍了 IPSec 协议基本工作原理，以及 Web 安全领域中的 SSL/TLS 技术和 VPN 技术。第 9 章，通过一个实际的校园网安全案例，向读者展示了一个相对完整的网络安全方案的设计过程，从需求分析到方案实施，网络安全的技术得到了实际的应用与体现。最后在第 10 章中，对网络安全的发展和趋势进行了展望。

附录的 5 个教学实训项目，有难度并富有挑战性，更全面地考查学生的分析、解决问题的能力，教师可以根据学生的学习程度自行选择安排。

本书源于作者多年网络安全技术课程教学经验，以及对网络安全技术领域的探索，其主要特色包括如下几个方面：

- 知识点简洁、实用。

- 实验实训丰富，实验过程详细。

- 案例真实性和实用性较强。

- 习题资源丰富，知识面广，有针对性和扩展性。

- 附录给出了 5 个富有挑战性的实训项目。

- 为了帮助教师教学，我们提供了如下材料。

  ➢ 习题答案。

➢ PPT幻灯片。

➢ 实验图表文件：本书的所有实验图和表的图片文件。

本书由广东轻工职业技术学院计算机系网络教研室李丹老师任主编，广东农工商职业技术学院计算机系副教授罗剑高老师、广东外语外贸大学信息学院副教授钟瑞琼老师、广东轻工职业技术学院网络中心董兆殷老师任副主编，也参与了编写工作。本书教学资源可以和出版社联系索取，或者发邮件到 lydia5280@163.com，联系李丹老师索取。

最后，感谢广东轻工职业技术学院计算机系石硕教授对本书技术方面的支持与帮助，感谢广东轻工职业技术学院网络中心的董兆殷老师提供的全面的校园网安全案例资源，感谢电子工业出版社束传政主任对于本书的编排给予的中肯、有价值的宝贵建议。

作　　者
2015 年 9 月

目录

Contents

第1章

网络安全概论

本章要点

- 网络安全的定义、基本要素和本质。
- 网络安全威胁的根源。
- 网络安全的防范。
- 网络安全的标准。
- 网络安全的法律法规。
- 黑客概述。

1.1 网络安全概述

网络空间已成为国家继陆、海、空、天四个疆域之后的第五疆域，与其他疆域一样，网络空间也须体现国家主权，保障网络空间安全也就是保障国家主权。党的十八大提出"要高度关注网络空间安全"，三中全会后成立了中央网络安全和信息化领导小组，这标志着我国网络空间安全国家战略已经确立。不久前习近平主席指出："没有网络安全就没有国家安全，没有信息化就没有现代化。"这是在新的历史时期我国信息领域工作的指导方针。

中国互联网络信息中心（CNNIC）在 2015 年 7 月 23 日在京发布了第 36 次全国互联网发展统计报告。报告显示，上半年我国共新增网民 1 894 万人；截至 2015 年 6 月，互联网普及率为 48.8％，我国网民总数已达 6.68 亿人。2015 年中国网上零售额已接近两万亿元，电子商务正在逐步成为拉动消费的"主力军"，网络安全重要性日益凸显。PWC[①] 发布的 2015 年全球信息安全状态调查报告指出，2014 年，全球所有行业检测到的网络攻击共有 4 280 万次，比去年增长了 48%。华盛顿战略和国际研究中心在 2014 年发布报告称，每年计算机及网络犯罪活动为世界经济带来的损失超过 4 450 亿美元。

上百万电脑黑客秘密潜伏伺机出动，在我们每天通过网络进行办公、学习、轻松买卖，享受方便的同时，也面临着窃听、信息篡改、病毒传播等多种网络安全威胁。面对互联网安全环境日益严峻趋势，数以万计的安全工作者守候在网民身边，坚持不懈地与网络犯罪战斗着，在移动、云、大数据日益改变生活的时代里，网络安全备受更大的考验。

---

① PWC：普华永道会计事务所

1.1.1 "网络安全"的由来

网络发展的早期，人们更多地强调网络的方便性和可用性，而忽略了网络的安全性。当网络仅仅用来传送一般性信息的时候，当网络的覆盖面积仅仅限于一幢大楼、一个校园的时候，安全问题并没有突出地表现出来。但是，当在网络上运行敏感性的业务如银行业务等，当企业的主要业务运行在网络上，当政府部门的活动正日益网络化的时候，计算机网络安全就成为一个不容忽视的问题。

如今，网络克服了地理上的限制，把分布在一个地区、一个国家，甚至全球的分支机构联系起来。它们使用公共的传输信道传递敏感的业务信息，通过一定的方式可以直接或间接地使用某个机构的私有网络。组织和部门的私有网络也因业务需要不可避免地与外部公众网直接或间接地联系起来，上述因素使得网络运行环境更加复杂，分布地域更加广泛，用途更加多样化，从而造成网络的可控制性急剧降低，安全性变差。

随着以计算机和网络通信为代表的信息技术（IT）的迅猛发展，现代政府部门、金融机构、军事军工、企事业单位和商业组织对IT系统的依赖也日益加重，信息技术几乎渗透到了世界各地和社会生活的方方面面。正是因为组织机构的正常运转高度依赖IT系统，IT系统所承载的信息和服务的安全性就越发显得重要。

组织和部门对网络依赖性增强，一个相对较小的网络也突出地表现出一定的安全问题，尤其是当组织的部门的网络就要面对来自外部网络的各种安全威胁，即使是网络自身利益没有明确的安全要求，也可能由于被攻击者利用而带来不必要的法律纠纷。网络黑客的攻击、网络病毒的泛滥和各种网络业务的安全要求已经构成了对网络安全的迫切需求。

"计算机网络安全"，尽管现在这个词很火，但是真正对它有正确认识的人不多。要正确定义计算机网络安全并不容易，困难在于要形成一个足够全面而有效的定义。通常来讲，安全就是"避免冒险和危险"。在计算机科学当中，安全就是防止未授权的使用者访问信息，以及未授权而试图破坏或更改信息，这可以重述为"安全就是一个保护系统信息和系统资源相应的机密性和完整性的能力"。

1.1.2 网络安全的定义

网络安全是一门涉及计算机科学、网络技术、通信技术、密码技术、信息安全技术、应用数学、数论、信息论等多种学科的综合性学科。是指网络系统的硬件、软件及其系统中的数据受到保护，不因偶然的或者恶意的原因而遭受到破坏、更改、泄露，系统连续可靠正常地运行，网络服务不中断。

网络安全的具体含义会随着"角度"的变化而变化。比如：从用户（个人、企业等）的角度来说，他们希望涉及个人隐私或商业利益的信息在网络上传输时受到机密性、完整性和真实性的保护，避免其他人或对手利用窃听、冒充、篡改、抵赖等手段侵犯用户的利益和隐私。

从网络运行和管理者角度来说，他们希望对本地网络信息的访问、读写等操作受到保护和控制，避免出现"陷门"、病毒、非法存取、拒绝服务，以及网络资源非法占用和非法控制等威胁，制止和防御网络黑客的攻击。

对安全保密部门来说，他们希望对非法的、有害的或涉及国家机密的信息进行过滤和防堵，避免机要信息泄露，避免对社会产生危害，对国家造成巨大损失。

从社会教育和意识形态角度来讲，网络上不健康的内容，会对社会的稳定和人类的发展造成阻碍，必须对其进行控制。

1.1.3 网络安全的基本要素

网络安全从其本质上来讲就是网络上的信息安全。从广义来说，凡是涉及网络上信息的机密性、完整性、可用性、可控性和可审查性的相关技术和理论都是网络安全的研究领域。

所以网络安全应具有如下五个方面的特征。

- 机密性：信息不泄露给非授权用户、实体或过程，或供其利用的特性。
- 完整性：数据未经授权不能进行改变的特性。即信息在存储或传输过程中保持不被修改、不被破坏和丢失的特性。
- 可用性：可被授权实体访问并按需求使用的特性。即攻击者不能占用所有资源而阻碍授权者工作。例如，网络环境下拒绝服务、破坏网络和有关系统的正常运行等都属于对可用性的攻击。
- 可控性：可以控制授权范围内的信息流向和行为方式。
- 可审查性：对出现的安全问题提供调查的依据与手段。

其中的机密性（Confidentiality）、完整性（Integrity）、可用性（Availability）是网络信息安全的三个最基本的目标，简称 CIA 三元组。

1.2 网络安全威胁的根源

1.2.1 物理安全问题

网络的物理安全是整个网络系统安全的前提。在网络信息系统建设中，由于网络系统属于弱电工程，耐压值很低。因此，在网络工程的设计和施工中，必须优先考虑保护人和网络设备不受电、火灾和雷击的侵害；需要考虑布线系统与照明电线、动力电线、通信线路、暖气管道及冷热空气管道之间的距离；考虑布线系统和绝缘线、裸体线，以及接地与焊接的安全；必须建设防雷系统，防雷系统不仅考虑建筑物防雷，还必须考虑计算机及其他弱电耐压设备的防雷、水灾、火灾等环境事故；电源故障；人为操作失误或错误；设备被盗、被毁；电磁干扰；线路截获；高可用的硬件；双机多冗余设计；机房环境及报警系统、安全意识等。因此尽量避免网络的物理安全风险。

除物理设备本身的问题外，物理安全问题还包括设备的位置安全、限制物理访问、物理环境安全和地域因素等。物理设备的位置极为重要。所有基础网络设施都应该放置在严格限制来访人员的地方，以降低出现未经授权访问的可能性。

1.2.2 方案设计缺陷

由于在实际中，网络的结构往往比较复杂，为了实现异构网络间信息的通信，往往要牺

性一些安全机制的设置和实现，从而提出更高的网络开放性的要求。开放性和安全性正是一对相生相克的矛盾。

由于特定的环境往往会有特定的安全需求，所以不存在可以到处通用的解决方案，往往需要制订不同的方案。如果设计者的安全理论与实践水平不够，设计出来的方案经常会出现很多漏洞，这也是安全威胁的根源之一。

1.2.3 系统安全漏洞

随着软件规模的不断增大，系统中安全漏洞或后门也不可避免地存在，比如我们常用的操作系统，无论 Windows 还是 Linux 几乎都或多或少地存在安全漏洞，诸多各类服务器中最典型的如微软的 IIS 服务器、浏览器、数据库等都被发现存在安全隐患。可以说任何一个软件系统都可能因为程序员的一个疏忽、设计中一个缺陷等原因而存在安全漏洞，这也是网络安全问题的主要根源之一。

目前我们发现的安全漏洞数量已经相当庞大，据统计已经接近病毒的数量，如下列举了了一些典型的安全漏洞。它们在新发布的系统或已经打过补丁的系统中可能已经不再存在，但是了解它们依然具有非常积极的意义。

1）操作系统类安全漏洞

操作系统中的安全漏洞包括非法文件访问、远程获得 ROOT 权限、系统后门、NIS 漏洞、FINGER 漏洞、RPC 漏洞等。

2）网络系统类安全漏洞

典型例子包括，CISCO IOS 的早期版本不能抵抗很多拒绝服务类的攻击（如 LAND）。

3）应用系统类安全漏洞

各种应用都可能隐含安全缺陷，尤其是较早的一些产品和国内的一些公司的产品对安全问题很少考虑，如通过 TCP/IP 协议应用 Mail Server、WWW Server、FTP Server、DNS 时出现的安全漏洞等。

1.2.4 TCP/IP协议的安全问题

因特网最初设计考虑是该网不会因局部故障而影响信息的传输，基本没有考虑安全问题，因此在安全可靠与服务质量、带宽和方便性等方面存在一些矛盾。作为因特网灵魂的 TCP/IP 协议，更存在很大的安全隐患，缺乏强健的安全机制，这也是网络不安全的主要因素之一。

下面以 TCP/IP 的主要协议——IP 协议作为例子来说明这个问题。

IP 协议依据 IP 头中的目的地址项来发送 IP 数据包，如果目的地址是本地网络内的地址，该 IP 包被直接发送到目的地址；如果目的地址不在本地网络内，该 IP 包就被发送到网关，再由网关决定将其发送到何处，这是 IP 协议路由 IP 包的方法。

我们发现 IP 协议在路由 IP 包时对 IP 头中提供的源地址不做任何检查，并且认为 IP 头中 IP 源地址即为发送该包的机器的 IP 地址。当接收到该包的目的主机要与源主机进行通信时，它以接收到的 IP 包的 IP 中的源地址作为其发送的 IP 包的目的地址，来与源主机进行数据通信。IP 的这种数据通信方式虽然非常简单和高效，但同时也是 IP 的一个安全隐患，常常会使 TCP/IP 网络遭受两类攻击，最常见的一类是服务拒绝攻击 DOS，如前面提到过的 TCP-SYN FLOODING；IP 不进行源地址检查常常会使 TCP/IP 网络遭受另一类最常见的攻击（劫持攻击），即攻击者通过攻击被攻击主机获得某些特权，这种攻击只对基于源地址认证的主机奏效，基于源地址认证是指以 IP 地址作为安全权限分配的依据。

1.2.5　人的因素

人是信息活动的主体，人的因素其实是网络安全问题的最主要的因素，体现在如下两个方面。

1）人为的无意失误

如果操作员安全配置不当造成安全漏洞，用户安全意识不强，用户口令选择不慎，用户将自己的账户随意转借他人或与别人共享等都会给网络安全带来威胁。

2）人为的恶意攻击

人为的恶意攻击也就是黑客攻击，这是计算机网络面临的最大威胁。此类攻击又可以分为两种：一种是主动攻击，它以各种方式有选择地破坏信息的有效性和完整性；另一种是被动攻击，它是在不影响网络正常工作的情况下，进行截获、窃取、破译以获得重要机密信息的。这两种攻击可对计算机网络造成极大的危害，并导致机密数据的泄露。

黑客活动几乎覆盖了所有的操作系统，包括 UNIX、Windows、Linux 等。黑客攻击比病毒破坏更具目的性，因而也更具危害性。更为严峻的是，黑客技术逐渐被越来越多的人掌握和发展。目前世界上有 20 多万个黑客网站，这些站点都介绍攻击方法和攻击软件的使用及系统的一些漏洞。因而系统、站点遭受攻击的可能性就会变大。尤其是现在还缺乏针对网络犯罪卓有成效的反击和跟踪手段，使得黑客攻击的隐蔽性好、杀伤力强、成为网络安全的主要威胁之一。

1.2.6　管理上的因素

网络系统的严格管理是企业、机构及用户免受攻击的重要措施。事实上，很多企业、机构及用户的网站或系统都疏于安全方面的管理。据 IT 界企业团体 ITAA 的调查显示，美国 90% 的 IT 企业对黑客攻击准备不足。目前，美国 75%～85% 的网站都抵挡不住黑客的攻击，约有 75% 的企业网上的信息失窃，其中 25% 的企业损失在 25 万美元以上。此外，管理的缺陷还可能出现在系统内部人员泄露机密或外部人员通过非法手段截获而导致机密信息的泄露，从而为一些不法分子制造了可乘之机。

1.3　网络安全的防范

1.3.1　加强与完善安全管理

网络安全事故在很大程度上都是由于管理的失误造成的，所以保持忧患意识和高度警觉、建立完善的计算机网络安全的各项制度和管理措施，可以极大地提高网络的安全性。安全管理包括：严格的部门与人员的组织管理；安全设备的管理；安全设备的访问控制措施；机房管理制度；软件的管理及操作的管理，建立完善的安全培训制度。要坚持做到不让外人随意接触重要部门的计算机系统；不要使用盗版的计算机软件；不要随意访问非官方的软件、游戏下载网站；不要随意打开来历不明的电子邮件。总之，加强安全管理制度可以最大限度减少由于内部人员的工作失误而带来的安全隐患。

1.3.2　采用访问控制

访问控制是网络安全防范和保护的主要策略，它的主要任务是保证网络资源不被非法使用和非法访问。访问控制措施为网络访问提供了限制，只允许有访问权限的用户获得网络资源，同时控制用户可以访问的网络资源的范围，以及限制可以对网络资源进行的操作。

1）用户名和口令的识别和验证

这是常用的访问控制方法之一，然而由于人们在创建口令和保护口令时的随意性，常常使得口令没有真正起到保护计算机系统的作用，安全有效的口令应该是：口令的长度尽可能长而且应该经常换口令。在口令的识别与管理上，还可以采取一些必要的技术手段，如严格限制从一个终端进行非法认证的次数；对于连续一定次数登录失败的用户，系统自动取消其账户；限制登录访问的时间和访问范围，对限时和超出范围的访问一律加以拒绝。

2）根据用户和权限来制订访问控制列表

可以根据职务和部门为访问的用户指定相应的权限，用户只能在自己权限范围内对文件、目录、网络设备等进行操作，有效地防止用户对重要目录和文件的误删除、执行修改、显示等。

3）防火墙技术

这也是网络控制技术很重要的一种访问控制技术，它是目前最为流行也是最为广泛使用的一种网络安全技术。在构建网络环境的过程中，防火墙作为第一道防线，正受到越来越多的关注。这里的防火墙是广义的防火墙，不仅仅是一个商业的防火墙产品。所谓的防火墙是由软件与硬件设备组成，处于企业与外界通道之间，限制外界用户对内部网络的访问，并管理内部用户访问外界网络的系统。防火墙为各类企业网络提供必要的访问控制，但又不造成网络的瓶颈。实现防火墙技术的主要技术手段有数据包过滤、应用网关和代理服务。

1.3.3　数据加密措施

数据加密技术是保障信息安全最基本、最核心的技术措施之一。这是一种主动安全防御策略,用很小的代价即可为信息提供相当大的保护。按作用不同,数据加密技术一般可以分为:(1)数据传输加密技术;(2)数据存储加密技术;(3)数据完整性鉴别技术;(4)密钥管理技术。

1.3.4 数据备份与恢复

数据备份是在系统出现灾难事件时重要的恢复手段。计算机系统可能会由于系统崩溃、黑客入侵及管理员的误操作而导致数据丢失和损坏,所以重要系统要采用双机备份,并建立一个完整的数据备份方案,严格实施,以保证当系统或者数据受损害时,能够快速、安全地将系统和数据恢复。

1.4 网络安全相关标准

1.4.1 国际信息安全标准与政策现状

为了适应信息技术的迅猛发展,国际上成立了许多标准化组织,主要有国际标准化组织(ISO)、国际电器技术委员会(IEC)及国际电信联盟(ITU)所属的电信标准化组(ITU－TS)。ISO 是一个总体标准化组织,而 IEC 在电工与电子技术领域中相当于 ISO 的位置。1987 年,ISO 的 TC 97 和 IEC 的 TCs47B/83 合并成为 ISO/IEC 联合技术委员会(JTC1)。ITU-TS 是一个联合缔约组织。另外,还有众多的标准化组织,也制定了不少安全标准。

1. 美国 TCSEC(橘皮书)

美国可信计算机系统评价标准(Trusted Computer System Evaluation Criteria,TCSEC;commonly called the Orange Book)是 1983 年美国国防部制定的,是历史上第一个计算机安全评价标准。它将安全分为 4 个方面:安全政策、可说明性、安全保障和文档。在美国国防部彩虹系列(Rainbow Series)标准中有详细的描述。TCSEC 将计算机系统的安全划分为 4 个等级、7 个级别,从低到高依次为 D1、C1、C2、B1、B2、B3 和 A 级。

D 类安全等级只包括 D1 一个级别。D1 的安全等级最低。D1 系统只为文件和用户提供安全保护。D1 系统最普通的形式是本地操作系统,或者是一个完全没有保护的网络。

C 类安全等级从低到高可划分为 C1 和 C2 两类。C1 系统的可信任运算基础体制(Trusted Computing Base,TCB)通过将用户和数据分开来达到安全的目的。C2 系统比 C1 系统加强了可调的审慎控制。在连接到网络上时,C2 系统的用户分别对各自的行为负责。

B 类安全等级可从低到高分为 B1、B2 和 B3 三类。B 类系统具有强制性保护功能。强制性保护意味着如果用户没有与安全等级相连,系统就不会让用户存取对象。

A 系统的安全级别最高。目前,A 类安全等级只包含 A1 一个安全类别。A1 系统的显著特征是,系统的设计者必须按照一个正式的设计规范来分析系统。对系统分析后,设计者必须运用核对技术来确保系统符合设计规范。

在信息安全保障阶段,欧洲四国(英、法、德、荷)提出了评价满足保密性、完整性、可用性要求的信息技术安全评价准则（ITSEC）后，美国又联合上述诸国和加拿大，并会同国际标准化组织（ISO）共同提出信息技术安全评价的通用准则（CC for ITSEC），CC 已经被五个技术发达的国家承认为代替 TCSEC 的评价安全信息系统的标准。目前，CC 已经被采纳为国家标准 ISO 15408。

2. 欧洲 ITSEC

ITSEC 与 TCSEC 不同，它并不把保密措施直接与计算机功能相联系，而是只叙述技术安全的要求，把保密作为安全增强功能。另外，TCSEC 把保密作为安全的重点，而 ITSEC 则把完整性、可用性与保密性作为同等重要的因素。ITSEC 定义了从 E0 级（不满足品质）到 E6 级（形式化验证）的 7 个安全等级，对于每个系统，安全功能可分别定义。ITSEC 预定义了 10 种功能，其中前 5 种与橘皮书中的 C1 ～ B3 级非常相似。

3. 加拿大 CTCPEC

该标准将安全需求分为 4 个层次：机密性、完整性、可靠性和可说明性。

4. 美国联邦准则（FC）

该标准参照了 CTCPEC 及 TCSEC，其目的是提供 TCSEC 的升级版本，同时保护已有投资，但 FC 有很多缺陷，是一个过渡标准，后来结合 ITSEC 发展为联合公共准则。

5. 联合公共准则（CC）

CC 的目的是想把已有的安全准则结合成一个统一的标准。该计划从 1993 年开始执行，1996 年推出第一版，但目前仍未付诸实施。CC 结合了 FC 及 ITSEC 的主要特征，它强调将安全的功能与保障分离，并将功能需求分为 9 类 63 族，将保障分为 7 类 29 族。

6. ISO 安全体系结构标准

在安全体系结构方面，ISO 制定了国际标准 ISO 7498—2—1989《信息处理系统开放系统互连基本参考模型第 2 部分安全体系结构》。该标准为开放系统互连（OSI）描述了基本参考模型，为协调开发现有的与未来的系统互连标准建立起了一个框架。其任务是提供安全服务与有关机制的一般描述，确定在参考模型内部可以提供这些服务与机制的位置。近 20 年来，人们一直在努力发展安全标准，并将安全功能与安全保障分离，制定了复杂而详细的条款。但真正实用、在实践中相对易于掌握的还是 TCSEC 及其改进版本。在现实中，安全技术人员也一直将 TCSEC 的 7 级安全划分当作默认标准。

1.4.2 国内安全标准、政策制定和实施情况

以前，国内主要是等同采用国际标准。目前，由公安部主持制定、国家技术标准局发布的中华人民共和国国家标准 GB 17895—1999《**计算机信息系统安全保护等级划分准则**》已经正式颁布，并将于 2001 年 1 月 1 日起实施。该准则将信息系统安全分为 5 个等级，分别是：自主保护级、系统审计保护级、安全标记保护级、结构化保护级和访问验证保护级。主要的

安全考核指标有身份认证、自主访问控制、数据完整性、审计、隐蔽信道分析、客体重用、强制访问控制、安全标记、可信路径和可信恢复等，这些指标涵盖了不同级别的安全要求。

实际应用中，安全指标应结合网络现状和规划具体分析。一般情况下应着重对如下指标做出规定。

1. 身份认证

身份认证主要通过标识和鉴别用户的身份，防止攻击者假冒合法用户获取访问权限。对金融信息网络而言，主要考虑用户、主机和节点的身份认证。

2. 访问控制

访问控制根据主体和客体之间的访问授权关系，对访问过程做出限制，可分为自主访问控制和强制访问控制。自主访问控制主要基于主体及其身份来控制主体的活动，能够实施用户权限管理、访问属性（读、写及执行）管理等。强制访问控制则强调对每一主、客体进行密级划分，并采用敏感标识来标识主、客体的密级。就金融信息网络安全要求而言，应采用自主访问控制策略。

3. 数据完整性

数据完整性是指信息在存储、传输和使用中不被篡改和泄密。显然，金融信息网络传输的信息对传输、存储和使用的完整性要求很高，需采用相应的安全措施，来保障数据的传输安全，以防篡改和泄密。

4. 安全审计

审计是通过对网络中发生的各种访问情况记录日志，并对日志进行统计分析，从而对资源使用情况进行事后分析的有效手段，也是发现和追踪事件的常用措施。在存储和使用安全建设中，审计的主要对象为用户、主机和节点，主要内容为访问的主体、客体、时间和成败情况等。

5. 隐蔽信道分析

隐蔽信道是指以危害网络安全策略的方式传输信息的通信信道。隐蔽信道是网络遭受攻击的主要原因之一。目前主要采用安全监控和安全漏洞检测来加强对隐蔽信道的防范。在必要的网络接口安装安全监控系统，同时定期对网络进行安全扫描和检测。

此外，针对不同的技术领域还有其他一些安全标准，如《信息处理系统开放系统互联基本参考模型第 2 部分安全体系结构》（GB/T 9387.2 1995）、《信息技术安全技术实体鉴别第 1 部分：概述》（GB/T 15843.1—2008）、《信息技术设备安全第 1 部分：通用要求》（GB 4943.1—2011）等。

1.4.3　遵照国标标准建设安全的网络

网络的建设必须确定合理的安全指标，才能检验其达到的安全级别。具体实施时根据不同的网络结构可分别参照不同的国标条款。网络各部分的安全建设原则如下。

1. 内部网的安全

内部网的安全防范应满足如下原则：（1）内部网能根据部门或业务需要划分子网（物理子网或虚拟子网），并能实现子网隔离。（2）采取相应的安全措施后，子网间可相互访问。

2. Internet 接口的安全

内部网接入 Internet 对安全技术要求很高，应考虑如下原则：（1）在未采取安全措施的情况下，禁止内部网以任何形式直接接入 Internet。（2）采取足够的安全措施后，允许内部网对 Internet 开通必要的业务。（3）对 Internet 公开发布的信息应采取安全措施保障信息不被篡改。

3. Extranet 接口的安全

Extranet 应采取如下安全原则：（1）未采取安全措施的情况下，禁止内部网直接连接 Extranet。（2）设立独立网络区域与 Extranet 交换信息，并采取有效安全措施保障该信息交换区不受非授权访问。（3）来自 Extranet 的特定主机经认证身份后可访问内部网指定主机。

4. 移动用户拨号接入内部网的安全

移动用户拨号接入内部网的安全防范应满足如下原则：（1）在未采取安全措施的情况下，禁止移动用户直接拨号接入内部网。（2）移动用户在经身份认证后可访问指定的内部网主机。

5. 数据库安全保护

对数据库安全的保护主要应考虑如下几条原则：（1）应有明确的数据库存取授权策略。（2）重要信息在数据库中应有安全保密和验证措施。

6. 服务器安全保护

服务器安全应满足如下原则：（1）不同重要程度的应用应在不同的服务器上实现。（2）重要服务器必须有合理的访问控制和身份认证措施保护，并记录访问日志。（3）服务器的安全措施尽量与应用无关，以便升级和维护。（4）重要的应用应采取安全措施保障信息的机密性和完整性。

7. 客户端安全

客户端的安全主要是要求能配合服务器的安全措施，提供身份认证、加/解密、数字签名和信息完整性验证功能。

1.5 网络安全与法律法规

互联网是一个虚拟世界，但活跃其中的每一个"身份"背后，都是生活在现实世界中的人。有人的地方就有真善美，也少不了假恶丑，因而必须要有规则和秩序。党的十八届四中全会提出，要增强全民法治观念，推进法治社会建设。在这样一个大背景下，在互联网世界加强法治建设,防止互联网世界成为"法外之地",是贯彻落实中央关于建设法治社会、"网络强国"重要精神。

目前,利用计算机和网络犯罪,已经成为刑事犯罪的一种新形式。调查表明,越来越多的安全事件背后的动机呈趋利化倾向,并逐渐形成了一条以获取经济利益为目的的"黑色产业链"。加大对网络犯罪的打击力度,是保证社会稳定、经济持续发展的一项重要举措,是营造一个稳定安全的网络运行环境的必要方法。

1.5.1　网络立法的内容

网络立法的主要内容是对现实社会中的人们利用网络的便捷和迅速,进行网络以外的活动做出法律规定。规定人们怎样进行这种利用活动,并需要遵守哪些规则,若出现争议时应当依据怎样的规则进行处理等。

网络立法的内容主要分为如下两方面:公法和私法。公法内容是对网络进行管理的行政法内容,是对网络纠纷进行裁决的诉讼法内容和对网络犯罪行为进行规制和追究的刑法、刑事诉讼法内容。它的作用,是使国家能够对网络依法进行管理,并对侵害网络权利、违背网络义务的行为进行制裁和处理,以维护社会的正常秩序、维护网络的正常秩序。

私法的内容是从民法的角度,对网络主体、网络主体的权利义务关系(包括网站的权利义务)、网络行为、网络违法行为的民事责任做出的规定。这种规定,是维护网络世界正常关系的必要条件,是网络主体正当行使网络权利、履行网络义务和依法实施网络行为的法律保障。这一部分内容是维护网站及网民的权利和义务的法律核心。网站和网民究竟有什么权利和义务,以及它们互相之间究竟有什么权利和义务,都是急需立法进行规定的。

比如,对于利用网络进行商务交易,利用网络进行文学创作,利用网络进行远程教学,利用网络进行研究(包括进行法律研究)等,网络法律对这些行为进行规定,建立和维护利用网络的正常秩序。在这一部分的网络法律中,既有公法的内容,也有私法的内容。正因为网络法律具有繁杂的内容,因此它既不是单纯的公法,也不是单纯的私法,而是一个综合的法律。从这一点看,网络法律与其他知识产权法的特点十分相似。

1.5.2　网络法律法规的必要性

世界上许多发达国家都十分重视互联网领域的法治建设。早在 20 世纪 90 年代,作为"互联网超级大国"的美国就明确将互联网定性为"与真实世界一样需要进行监控"的领域。

德国 1997 年就出台了规范互联网行为的综合性法律《信息和通信服务规范法》,对网络服务提供者的责任、保护个人隐私、惩治网络犯罪等方面做出了明确规定。英国除制定《防止滥用电脑法》、《数据保护权法》、《隐私和电子通信条例》等与网络有关的法律法规外,还由政府牵头成立了互联网行业自律组织"互联网监看基金会",多年来在打击网络色情等方面做出了突出贡献。发达国家的这些经验和做法值得我们认真思考。

我国是互联网大国。根据中国互联网信息中心发布的权威数据,截至今年 6 月末,中国互联网用户已达 6.32 亿人,其中手机网民规模为 5.27 亿人,互联网普及率达 46.9%。这样超大规模的一个互联网世界,如果没有完善的法律法规进行规范、约束,必将严重威胁我国的社会稳定和国家安全。我们可以看到,随着现实生活向互联网世界延伸,一些传统的法律问题由于互联网这种新的形式而出现新的特点；同时，随着互联网技术的发展而产生的新的违法形式逐渐增多，如"有偿删帖"、"微信传谣"等，令人目不暇接。

当前，我国网络立法还不完善，既有法律法规很难跟上网络违法行为日新月异的变化。而网络空间的法治缺位，直接导致一些人在网络空间肆意妄为、无所顾忌。这些人往往怀有这样一种想法：反正互联网是一个虚拟空间，在上面发布信息、评论留言都是匿名的，法律能奈我如何？还有更多的人，由于缺乏互联网法律观念，不清楚网络行为合法与非法的界限，或出于无心，或基于"好玩"的心态，成为网络违法行为的实施者、推动者。

随着其迅速发展和商业化，Internet 的社会背景有了很大变化，但它所依托的技术和所施加的种种限制却依然存在。由于新出现的用户缺乏必要的相关技术背景知识，对于应有的网络文化缺乏了解，素质参差不齐，导致传统的 Internet 网络文化和行为规范并没有被很好地遵守。

网络费用相对便宜、覆盖面广、使用方便的优点，也使得很多人出于好奇或商业活动的需要，对网络的有限带宽进行无制约的滥用，带来了一些不必要的负载重担。因此对用户网络行为的规范化是网络健康合理应用的关键问题之一。

1.5.3 我国的网络立法情况

自 1994 年接入国际互联网以来，我国一直很重视互联网立法工作，2014 年是我国正式接入国际互联网 20 周年。20 年来，互联网发展日新月异，深刻地改变了人们的生活。与此同时，我国互联网法律体系已初步建立，由法律、行政法规和部门规章组成的三层级规范体系正在保护着互联网空间。

在法律层面，有 2001 年颁布的《**全国人大常委会关于维护互联网安全的决定**》、2004 年颁布的《**中华人民共和国电子签名法**》和 2012 年颁布的《**全国人大常委会关于加强网络信息保护的决定**》。这三部法律都是全国人大层面制定的，属于顶层设计。

在法规层面，与互联网直接相关的有《中华人民共和国电信条例》《互联网信息服务管理办法》《信息网络传播权保护条例》《互联网上网服务营业场所管理条例》等 10 余部，而涉及互联网生活的重要部门规章有 20 多部，主要针对网络信息服务、视听节目、网络游戏、网络教育等多个门类。

最高人民法院和最高人民检察院还先后颁布了《关于利用信息网络实施诽谤等刑事案件适用法律若干问题的解释》《关于办理利用互联网、移动通信终端、声讯台制作、复制、出版、贩卖、传播淫秽电子信息刑事案件具体应用法律若干问题的解释》等 4 个重要司法解释。

一些源于互联网行业内部的自律条约也对网络空间的健康发展起到了积极作用。2001 年，中国互联网协会由从事互联网行业的网络运营商、服务提供商、设备制造商、系统集成商及科研、教育机构等 70 多家互联网从业者共同发起成立。成立 13 年来，该组织已经先后发布《中国互联网行业自律公约》《互联网新闻信息服务自律公约》《坚决抵制网上有害信息的倡议》等多部行业自律规范。

网络是现实生活的延伸，在立法方面加强网络的法治建设，首先要将规范现实生活的法律在网上延伸。不能把网络空间和现实空间割裂开来看待，适用于现实社会管理的法律法规都应该适用于网络空间。立法上相通带来执法上的相同。网络不是法外之地，网络空间的违法犯罪行为同样逃不出"法网"。2013年，国家加大对网络谣言、网络诽谤的打击力度。最高法院、最高检察院于9月颁布了相关司法解释，对网络谣言等的量刑边界明确量化："诽谤信息被浏览次数达5 000次，转发达500次，诽谤者即可入罪判刑。"一批网络谣言的幕后推手如"秦火火""拆二立四"等受到了法律的严惩。

另外，随着技术的日新月异，网络违法犯罪也呈现出多样化的趋势。2014年10月21日，最高人民法院公布了7起通过网络实施的侵犯妇女、未成年人等犯罪典型案例，在这些案例中，不法分子通过QQ、微信等新型网络聊天工具与被害人结识，在取得信任后实施犯罪行为。

网络空间的法治化进程需要加快已经成为全社会的共识。相关部门在完善网络立法工作上已开始行动，有"顶层设计"意义的几部与互联网相关的法律正在加速出台。2014年内进一步完善互联网法律体系，主要围绕网络信息服务、网络安全保护、网络社会管理三大方面进行构建，目标是通过这些法律法规的完善，使得行为主体责任、义务更加明确，更加便于执法。

1.6　黑客概述

黑客最早源自英文Hacker，早期在美国的电脑界是褒义词，其意义是"干了一件非常漂亮的事儿"。但在媒体报导中，黑客一词往往指那些"骇客"（Cracker）。

1.6.1　黑客（Hacker）与骇客（Cracker）

在早期麻省理工学院的校园俚语中，"黑客"则有"恶作剧"之意，尤指手法巧妙、技术高明的恶作剧，恶作剧的制造者通常具有硬件和软件的高级知识，并有能力通过创新的方法剖析系统。"黑客"能使更多的网络趋于完善和安全，通常会去寻找网络漏洞。黑客往往并不去破坏计算机系统。

但是，骇客（入侵者）则是指那些利用网络漏洞破坏网络的人，他们以破坏为目的。黑客和骇客的根本区别是：黑客建设，而骇客破坏。

目前黑客分成三类：第一类为破坏者，第二类为红客，第三类为间谍，如图1-1所示。

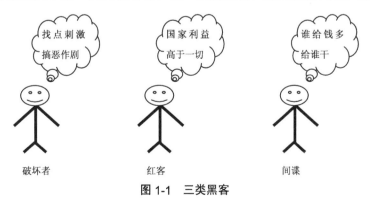

图1-1　三类黑客

1.6.2　著名的黑客

历史上著名的黑客，如图 1-2 所示。

- Kevin Mitnick：第一位被列入 FBI 通缉犯名单的骇客。
- Robert Tappan Morris：莫里斯蠕虫的制造者。
- Jonathan James。

Kevin Mitnick　　　　Jonathan James　　　　Robert Tappan Morris

图 1-2　著名的黑客

凯文·米特尼克（Kevin Mitnick）是第一个在美国联邦调查局"悬赏捉拿"海报上露面的黑客。15 岁的米特尼克闯入了"北美空中防务指挥系统"的计算机主机内，他和另外一些朋友翻遍了美国指向前苏联及其盟国的所有核弹头的数据资料，然后又悄无声息地溜了出来。

这件事对美国军方来说已成为一大丑闻，五角大楼对此一直保持沉默。事后，美国著名的军事情报专家克赖顿曾说："如果当时米特尼克将这些情报卖给克格勃，那么他至少可以得到 50 万美元的酬金。而美国则需花费数 10 亿美元来重新部署。"从 13 岁起，无线电就是米特尼克的爱好之一。他仍然用自制电台和朋友通话。他认为，正是这一爱好引发了他对计算机黑客这个行当的兴趣。

莫里斯（Morris）这位美国国家计算机安全中心（隶属于美国国家安全局 NSA）首席科学家的儿子，康奈尔大学的高材生，在 1988 年的第一次工作过程中戏剧性地散播出了网络蠕虫病毒后，"Hacker"一词开始在英语中被赋予了特定的含义。在此次的事故中成千上万的电脑受到影响，并导致部分电脑崩溃。

1988 年冬天，正在康乃尔大学攻读的莫里斯，把一个被称为"蠕虫"的电脑病毒送进了美国最大的电脑网络——互联网。1988 年 11 月 2 日下午 5 点，互联网的管理人员首次发现网络有不明入侵者。它们仿佛是网络中的超级间谍，狡猾地不断截取用户口令等网络中的"机密文件"，利用这些口令欺骗网络中的"哨兵"，长驱直入互联网中的用户电脑。入侵得手，立即反客为主，并闪电般地自我复制，抢占地盘。

1990 年 5 月 5 日，纽约地方法庭根据罗伯特·莫里斯设计病毒程序，造成包括国家航空和航天局、军事基地和主要大学的计算机停止运行的重大事故，判处莫里斯三年缓刑，罚款一万美金，义务为新区服务 400 小时。莫里斯事件震惊了美国社会乃至整个世界。而比事件影响更大、更深远的是：黑客从此真正变黑，黑客伦理失去约束，黑客传统开始中断。大众对黑客的印象永远不可能恢复。而且，计算机病毒从此步入主流。

到了今天，黑客已经不像以前是少数现象，他们已经发展成网络上的一个独特的群体。他们有着与常人不同的理想和追求，有着自己独特的行为模式，网络上现在出现了很多由一些志同道合的人组织起来的黑客组织。但是这些人从什么地方来的呢？他们是什么样的人？其实除极少数的职业黑客外，大多数都是业余的，而黑客其实和现实中的普通人没有两样，或许他就是一名普通的高中在读的学生。

目前黑客的行为有如下三方面的趋势。

（1）手段高明化：黑客界已经意识到单凭一个人的力量已经远远不够，于是逐步形成一个团体，利用网络进行交流和团体攻击，互相交流经验和自己编写的工具。

（2）活动频繁化：做一个黑客已经不再需要掌握大量的计算机和网络知识，学会使用几个黑客工具，就可以在互联网上进行攻击活动，黑客工具的大众化是黑客活动频繁的主要原因。

（3）动机复杂化：黑客的动机目前已经不再局限于为了国家、金钱和刺激，已经与国际的政治变化、经济变化紧密结合在一起。

1.6.3 黑客精神和守则

要成为一名好的黑客，需要具备如下黑客的精神。

1. 好奇心

实际上，有很多酿成重大后果的黑客事件都是十几岁的孩子干出来的。想必大家还记得黑客入侵美国白宫、国防部、空军网站的事件，最后美国联邦调查局追查出来的"凶手"竟是一名16岁的以色列少年；二月黑客事件所发现的嫌疑犯是一名20岁的德国青年。连世界级的计算机安全专家都纳闷：这些"小孩子"到底是怎样进入那些层层设防、固若金汤的信息系统的？答案只有一个：强烈的好奇心。

2. 喜欢挑战

黑客并不一定是高学历的人，有很多甚至连高中都没有毕业，但他们很喜欢开动脑筋，去思考那些其他人认为太麻烦或过于复杂的问题。喜欢独立思考、独立解决。所以，黑客在碰到一个棘手的问题时，不会认为这太困难、太无聊，相反，他们觉得这种挑战很刺激。这就是黑客能攻入别人的系统而一般人却无计可施的主要原因。

3. 以怀疑的眼光去看待一切问题

黑客总是以怀疑的眼光去看待作者的观点和每一句话，在他们看来任何事情都值得盘问和质疑。所以，在很多人眼中，黑客是社会和传统思维方式的叛逆者。

4. 追根究底

黑客有一种打破沙锅问到底的精神。他们不是知难而退的人，不但不退，而且"明知山有虎，偏向虎山行"。

5. 追求自由的天性

黑客总是蔑视和打破束缚自己的一切羁绊和枷锁。黑客最不能忍受的就是条条框框的限制，他们憎恨独裁和专制，向往自由的天空、开放的世界，他们自称是为自由而战的斗士。他们认为计算机应该属于每一个人，软件的代码也应该完全公开。对于软件公司把程序做成产品出售并且不公开源代码的做法，在黑客看来是非常卑鄙和恶劣的。

有很多优秀的自由软件都是黑客辛勤和智慧的结晶，如 Apache、Sendmail 等。互联网和 Linux 的盛行，就是黑客追求自由和开放的结果。

6. 喜欢动手

黑客不喜欢纸上谈兵，他们动手能力很强，像维修计算机、编写调试程序都是他们擅长的。

当然，上述几点，不是黑客精神内涵的全部，只不过是黑客的真实写照。要成为一名黑客，就得先培养黑客精神，像黑客那样思考问题、解决问题。此外，成为一名黑客，同样要遵循一些规范，如下是黑客的守则：

（1）不要恶意破坏任何的系统，这样做只会给你带来麻烦。恶意破坏它人的软件将导致法律责任，如果你只是使用电脑，那仅为非法使用。千万不要破坏别人的文件或数据。

（2）不要修改任何系统文件，如果你是为了要进入系统而修改它，请在达到目的后将它还原。

（3）不要轻易地将你 Hack 的站点告诉你不信任的朋友。

（4）不要在 BBS 论坛上谈论关于你 Hack 的任何事情。

（5）在 Post 文章的时候不要使用真名。

（6）入侵期间，不要随意离开你的电脑。

（7）不要入侵或攻击电信 / 政府机关的主机。

（8）不在电话中谈论关于你 Hack 的任何事情。

（9）将你的笔记放在安全的地方。

（10）已侵入电脑中的账户不得删除或修改。

（11）不得修改系统文件，为了隐藏自己的侵入而作的修改则不在此限，但仍须维持原来系统的安全性，不得因得到系统的控制权而破坏原有的安全性。

（12）读遍所有有关系统安全或系统漏洞的文件。

本章小结

本章首先讲解了网络安全的定义和基本要素，介绍了网络安全威胁的根源，网络安全的防范重点在哪几个方面；后半部分重点介绍了网络安全的相关标准和法律法规，体现了国际和国内对于网络安全的重视，以及规范在逐步形成。最后，对国际和国内网络安全的发展现状与未来进行了描述与展望。

本章的目的是让学生懂得什么是网络安全，网络安全涉及的领域和方方面面，学习网络安全的重要性和意义，让学习网络安全的目的性更明确，以及对于互联网的使用更规范。

网络安全问题本身具有动态性特点：今天的安全问题到明天也许不再称为问题；而今天不为人们关注的环节，明天可能称为严重的安全威胁。

本章习题

一、选择题

1. 网络信息安全的三个最基本的目标，简称 CIA 三元组，分别是（ ）。
   A. 机密性　　　　B. 完整性　　　　C. 可控性　　　　D. 可用性

2. 影响网络安全问题中最主要的因素是（ ）。
   A. 物理安全　　　B. 方案设计　　　C. 人　　　　　　D. 管理

3. 历史上第一个计算机安全评价标准是什么？（ ）
   A. TCSEC　　　　B. ITSEC　　　　C. NIST　　　　　D. CC

4. 橘皮书主要强调了信息的哪个属性？（ ）
   A. 完整性　　　　B. 机密性　　　　C. 可用性　　　　D. 有效性

5. 网络安全防范的重要策略是访问控制，下列哪些是实现访问控制的方法？（ ）
   A. 用户名和口令的识别和验证
   B. 根据职务和部门为访问的用户指定相应的权限，只能在自己权限范围内对文件、
      目录、网络设备等进行操作
   C. 防火墙的网络控制
   D. 数据加密与备份

二、简答题

1. 网络安全的定义和基本要素。
2. 网络安全的主要威胁来源有哪些？
3. 国际上有哪些相关的网络安全标准？
4. 遵照网络安全的标准建设网络的安全原则有哪些？
5. 网络安全如何防范？

三、论述题

1. 请查资料论述网络安全与政治经济的关系。
2. 请查资料总结目前国际、国内的网络安全趋势特点。

第2章

协议层安全

- TCP/IP 参考模型及各层的安全隐患与安全技术。
- 网络监听与防范技术。
- 协议层的安全威胁。
- 常用的网络服务端口和常用的网络命令。

2.1 TCP/IP参考模型

要实现网络通信，就必须要用到网络协议，而且网络之间要实现信息交换时，也必须都使用同一种协议，应用最广泛的是 TCP/IP 协议，大部分网络或设备都支持该协议。

2.1.1 TCP/IP概述

TCP/IP 已成为描述基于 IP 通信的代名词，它实际上是指整个协议簇，每个协议都有自己的功能和限制。它包括 TCP、UDP、IP、ICMP 等。TCP 和 IP 是其中最基本、最主要的两个协议，所以习惯上又称为 TCP/IP 协议。在局域网中 TCP/IP 协议几乎成为唯一的网络协议，其他几种网络协议正在渐渐消失。

TCP/IP 有自己的参考模型用于描述各层的功能。TCP/IP 参考模型和 OSI 参考模型的比较如图 2-1 所示。TCP/IP 参考模型实现了 OSI 模型中的所有功能。不同之处是 TCP/IP 协议模型将 OSI 模型的部分层进行了合并，OSI 模型对层的划分更精确，而 TCP/IP 模型使用比较宽的层定义。

图 2-1　TCP/IP 参考模型和 OSI 参考模型的比较

2.1.2 TCP/IP参考模型

TCP/IP 协议簇包括 4 个功能层：应用层、传输层、网络层和网络接口层。这 4 层概括了相对于 OSI 参考模型中的 7 层。

1. 网络接口层

网络接口层包括用于物理连接、传输的所有功能。OSI 模型把这一层功能分为两层：物理层和数据链路层，TCP/IP 参考模型把两层合在一起。

2. 网络层

网络层也称为互联层，其主要功能是寻址、打包和路由选择功能。网络层的核心协议是网际协议（IP 协议），还有一些辅助协议，如地址解析协议 ARP、网际控制消息协议（Internet Control Message Protocol，ICMP）和因特网组管理协议（Internet Group Management Protocol，IGMP）等。

网络层还有在两个主机之间通信必需的协议，通信的数据报文必须是可路由的。网络层必须支持路由和路由管理。这些功能由外部对等协议提供，称这些协议为路由协议。协议包括内部网关协议（Internal Gateway Protocol，IGP）、外部网关协议（External Gateway Protocol，EGP）。许多路由协议能够在多路由协议地址结构中发现和计算路由。

3. 传输层

传输层协议在计算机之间提供通信会话，即在源节点和目的节点的两个进程实体之间提供可靠的端到端的数据传输。

传输层支持的功能包括：网络中对数据进行分段，执行数学检查来保证所收数据的完整性，为多个应用同时传输数据多路复用数据流（传输和接收）。该层能识别特殊应用，对乱序收到的数据进行重新排序。包括两个协议：传输控制协议（Transfer Control Protocol，TCP）和用户数据报协议（User Data Protocol，UDP）。

4. 应用层

应用层协议提供远程访问和资源共享。应用包括 Telnet 服务、文件传输协议（File Transfer Protocol，FTP）服务、简单邮件传输协议（Simple Mail Transfer Protocol，SMTP）服务和超文本传输协议（Hyper Text Transfer Protocol，HTTP）服务等，很多其他应用程序驻留并运行在此层，并且依赖于底层的功能。该层是最难保护的一层。

SMTP 协议容易受到的威胁是：邮件炸弹、病毒、匿名邮件和木马等。保护措施是认证、附件病毒扫描和用户安全意识教育。FTP 协议容易受到的威胁是：明文传输、黑客恶意传输非法使用等。保护的措施是不许匿名登录、单独的服务器分区、禁止执行程序等。HTTP 协议容易受到的威胁是：恶意程序（ActiveX 控件、ASP 程序和 CGI 程序等）。

综合可见，TCP/IP 模型和 OSI 模型具有不同的层次，TCP/IP 模型 4 层与 OSI 参考模型 7 层及常用协议的对应关系如图 2-2 所示。

应用层		TCP/IP 协议组					
表示层	应用层						
会话层		Telnet	FTP	SMTP	DNS	RIP	SNMP
传输层	传输层	TCP			UDP		
网络层	网络层	ARP	IP			IGMP	ICMP
数据链路层	网络接口层						
物理层							

图 2-2　TCP/IP 模型的层次及协议

2.1.3　TCP/IP协议的安全隐患

造成操作系统漏洞的一个重要原因，就是协议本身的缺陷给系统带来的攻击点。网络协议是计算机之间为了互联共同遵守的规则。目前的互联网络所采用的主流协议 TCP/IP，由于在其设计初期人们过分强调其开发性和便利性，没有仔细考虑其安全性，因此很多的网络协议都存在严重的安全漏洞，给 Internet 留下了许多安全隐患。另外，有些网络协议缺陷造成的安全漏洞还会被黑客直接用来攻击受害者系统。

1）TCP 协议的安全问题

TCP 使用三次握手机制来建立一条连接，握手的第一个报文为 SYN 包；第二个报文为 SYN/ACK 包，表明它应答第一个 SYN 包同时继续握手的过程；第三个报文仅仅是一个应答，表示为 ACK 包。若 A 为连接方，B 为响应方，其间可能的威胁有：

（1）攻击者监听 B 发出的 SYN/ACK 报文。

（2）攻击者向 B 发送 RST 包，接着发送 SYN 包，假冒 A 发起新的连接。

（3）B 响应新连接，并发送连接响应报文 SYN/ACK。

（4）攻击者再假冒 A 对 B 发送 ACK 包。

这样攻击者便达到了破坏连接的作用，若攻击者再趁机插入有害数据包，则后果更严重。

TCP 协议把通过连接而传输的数据看成字节流，用一个 32 位整数对传送的字节编号。初始序列号（ISN）在 TCP 握手时产生，产生机制与协议实现有关。攻击者只要向目标主机发送一个连接请求，即可获得上次连接的 ISN，再通过多次测量来回传输路径，得到进攻主机到目标主机之间数据包传送的来回时间 RTT。已知上次连接的 ISN 和 RTT，很容易就能预测下一次连接的 ISN。若攻击者假冒信任主机向目标主机发出 TCP 连接，并预测到目标主机的 TCP 序列号，攻击者就能伪造有害数据包，使之被目标主机接受。

2）IP 协议的安全问题

IP 是 TCP/IP 协议族中至关重要的组成部分，但它提供的是一种不可靠的、无连接的数据传输服务。目前的 IPv4 缺乏对通信双方身份真实性的鉴别能力，缺乏对传输数据的完整性和机密性保护的机制，由于 IP 地址可软件配置，以及基于源地址的鉴别机制，IP 层存在：业务流被监听和捕获、IP 地址欺骗、信息泄露和数据项篡改攻击。

以防火墙为例，一些网络的防火墙只允许网络信任的 IP 数据包通过。但是由于 IP 地址不检测 IP 数据包中的 IP 源地址是否为放送该包的源主机的真实地址，攻击者可以采用 IP 源地址欺骗的方法来绕过这种防火墙。另外，有一些以 IP 地址作为安全权限分配依据的网络应用，攻击者很容易使用 IP 源地址欺骗的方法获得特权，从而给被攻击者造成严重的损失。事实上，每一个攻击者都可以利用 IP 不检验 IP 头源地址的特点，自己填入伪造的 IP 地址来进行攻击，使自己不被发现。

2.1.4 TCP/IP各层安全性技术

1. 网络层的安全性

在过去的 10 年里，已经提出了一些方案对网络层的安全协议进行标准化。例如，安全协议 3 号（SP 3）就是美国国家安全局及标准技术协会作为安全数据网络系统（SDNS）的一部分而制定的。网络层安全协议（NLSP）是由国际标准化组织为无连接网络协议（CLNP）制定的安全协议标准。事实上，它们使用的是 IP 封装技术。其本质是，纯文本的包被加密，封装外层的 IP 报头，用来对加密的包进行 Internet 上的路由选择。到达另一端时，外层的 IP 报头被拆开，报文被解密，然后送到收报地点。

网络层安全性的主要优点是它的透明性，也就是说，安全服务的提供不需要应用程序、其他通信层次和网络部件做任何改动。它最主要的缺点是：网络层对所有去往同一地址、但不同进程的包，按照同样的加密密钥和访问控制策略来处理。这可能导致提供不了所需要的功能，也会导致性能下降。针对面向主机的密钥分配的这些问题，RFC 1825 允许（甚至可以说是推荐）使用面向用户的密钥分配，其中，不同的连接会得到不同的加密密钥。但是，面向用户的密钥分配需要对相应的操作系统内核做比较大的改动。

简而言之，网络层是非常适合提供基于主机对主机的安全服务的。相应的安全协议可以用来在 Internet 上建立安全的 IP 通道和虚拟私有网。例如，利用它对 IP 包的加密和解密功能，可以强化防火墙系统的防卫能力。

IPSec 在网络层提供身份鉴别、数据完整性和保密性服务，弥补 IPv 4 在协议设计时缺乏安全性考虑的不足，对于应用层透明，是 IPv 6 的主要组成部分。图 2-3 所示为 TCP/IP 网络层安全协议层次结构。

图 2-3 TCP/IP 网络层安全协议层次结构

2. 传输层的安全性

Internet 中提供安全服务的具体做法是双端实体的认证、数据加密密钥的交换等。Netscape 通信公司遵循了这个思路，制定了建立在可靠的传输服务（如 TCP/IP 所提供）基础上的安全接层协议（SSL）。图 2-4 所示为 TCP/IP 传输层安全协议层次结构。

网络层安全机制的主要优点是它的透明性，即安全服务的提供不要求应用层做任何改变。这对传输层来说是做不到的。原则上，任何 TCP/IP 应用，只要应用传输层安全协议，比如说 SSL，就必定要进行若干修改以增加相应的功能，并使用不同的通信形式。于是，传输层安全机制的主要缺点就是要对传输层和应用程序两端都进行修改。可是，比起 Internet 层和应用层的安全机制，这里的修改还是相当小的。另一个缺点是，基于 UDP 的通信很难在传输层建立起安全机制。同网络层安全机制相比，传输层安全机制的主要优点是它提供基于进程对进程的（而不是主机对主机的）安全服务。这一进步如果再加上应用级的安全服务，就可以再向前跨越一大步。

应用层	SMTP	HTTP	TELNET		DNS
传输层	SSL/TLS			SNMP	
	TCP			UDP	
网络层	IP				

图 2-4　TCP/IP 传输层安全协议层次结构

3. 应用层的安全性

网络层的安全协议允许为主机（进程）之间的数据通道增加安全属性，这里真正的数据通道还是建立在主机（或进程）之间，但却不可能区分在同一通道上传输的一个具体文件的安全性要求。

比如，一个主机与另一个主机之间建立起一条安全的 IP 通道，那么所有在这条通道上传输的 IP 包就要自动地被加密。同样，如果一个进程和另一个进程之间通过传输层安全协议建立起了一条安全的数据通道，那么两个进程间传输的所有消息就都要自动地被加密。

一般来说，在应用层提供安全服务有几种可能的做法，一个是对每个应用（及应用协议）分别进行修改。一些重要的 TCP/IP 应用已经这样做了。在 RFC 1421 至 RFC1424 中，IETF 规定了私用强化邮件（PEM）来为基于 SMTP 的电子邮件系统提供安全服务。Internet 业界采纳 PEM 的步子太慢的原因是 PEM 依赖于一个既存的、完全可操作的 PKI（公钥基础结构）。建立一个符合 PEM 规范的 PKI 需要多方在一个共同点上达成信任。作为一个中间步骤，Phil Zimmermann 开发了一个软件包，叫作 PGP（Pretty Good Privacy）。PGP 符合 PEM 的绝大多数规范，但不必要求 PKI 的存在。相反，它采用了分布式的信任模型，即由每个用户自己决定该信任哪些其他用户。因此，PGP 不是去推广一个全局的 PKI，而是让用户自己建立自己的信任之网。

如图 2-5 所示，为了弥补应用层协议的安全性缺陷，开发了相关的安全的应用层协议，来保证如邮件通信、Web 通信、远程登录、域名解析、网络管理、身份认证等安全。

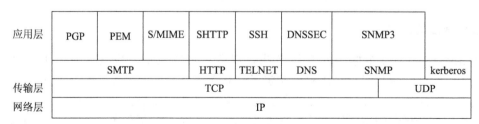

应用层	PGP	PEM	S/MIME	SHTTP	SSH	DNSSEC	SNMP3	
	SMTP			HTTP	TELNET	DNS	SNMP	kerberos
传输层	TCP						UDP	
网络层	IP							

图 2-5　应用层安全

2.2 网络接口层的监听

网络接口层包括物理层的安全及链路的安全。物理层安全威胁主要指网络周边环境和物理特性引起的网络设备和线路的不可用而造成的网络系统的不可用，如设备老化、设备被盗、意外故障、设备损毁等。另外，由于以太局域网中采用广播模式，因此，在某个广播域中利用嗅探器可以在设定的侦听端口侦听到所有的信息包，并且对信息包进行分析，那么本广播域的信息传递都会暴露无遗，所以需要将两个网络从物理上隔断，同时保证在逻辑上两个网络能够连通，可以使用 VLAN 技术。

2.2.1 网络监听技术概述

网络监听（Network Sniffing）又叫作网络嗅探，顾名思义，这是一种在他方未察觉的情况下捕获其通信报文或通信内容的技术。在网络安全领域，嗅探技术对网络攻击与防范双方都有重要的意义。它被广泛应用于网络维护和管理，就像一部被动声呐，默默接收来自网络的各种信息，是网络管理员深入了解网络当前的运行状况、测试网络数据通信流量、实时监控网络的有力助手。对黑客而言，网络嗅探是一种有效的信息搜集手段，并且可以辅助进行 IP 欺骗，其只接收、不发送的特性也使其具有良好的隐蔽性。

网络监听在安全领域引起人们普遍注意是从 1994 年开始的，在那一年 2 月间，相继发生了几次大的安全事件，一个不知名的人在众多的主机和骨干网络设备上安装了网络监听软件，利用它对美国骨干互联网和军方网窃取了超过 100 000 个有效的用户名和口令。上述事件可能是互联网最早期的大规模的网络监听事件，它使早期网络监听从"地下"走向了公开，并迅速地在大众中普及开来。

一台接在以太网内的计算机为了和其他主机进行通信，在硬件上需要网卡，在软件上需要网卡驱动程序。而每块网卡在出厂时都有一个唯一的不与世界上任何一块网卡重复的硬件地址，称为 MAC 地址。同时，当网络中两台主机在实现 TCP/IP 通信时，网卡还必须绑定一个唯一的 IP 地址。下面用一个常见的 unix 命令 ifconfig 来看一下正常工作的机器的网卡：

```
[root@server/root]# ifconfig -a
 hme0: flags=863<UP, BROADCAST, NOTRAILERS, RUNNING, MULTICAST> mtu 1500
    inet 192-168-1-35 netmask fffffe0
      ether 8:0:20:c8:fe:15
```

从命令的输出中可以看到，第二行的 192-168-1-35 是 IP 地址，第三行的 8：0：20：c8：fe：15 是 MAC 地址。注意第一行的 BROADCAST、MULTICAST 的含义。一般而言，网卡有如下四种工作模式：

（1）广播方式（Broadcast Mode）：该模式下的网卡能够接收网络中所有类型为广播报文的数据帧。

（2）组播方式（Multicast Mode）：该模式下的网卡能够接收特定的组播数据。

（3）直接方式（Unicast Mode）：只接收目的地址匹配本地 MAC 地址的数据帧。

（4）混杂模式（Promiscuous Mode)：接收一切通过它的数据，而不管该数据是否是传给它的。

对照这几个概念，看看上面的命令输出，我们可以看到，正常的网卡应该只是接收发往自身的数据报文，广播和组播报文，也就是工作在前三种模式下；而处于监听状态下的网卡，就工作在混杂模式下。

2.2.2　网络监听实现原理

对网络使用者来说，浏览网页、收发邮件等都是很平常的事情，其实在后台这些工作是依靠 TCP/IP 协议族实现的，就是本章 2.1.1 节提到的两个主要的网络体系：OSI 参考模型和 TCP/IP 参考模型，OSI 模型即为通常说的 7 层协议，它由下向上分别为物理层、数据链路层、网络层、传输层、会话层、表示层和应用层，而 TCP/IP 模型中去掉了会话层和表示层后，由剩下的 5 层构成了互联网的基础，在网络的后台工作。

下面从 TCP/IP 模型的角度来看数据包在局域网内发送的过程，如图 2-6 所示，当数据由应用层自上而下传递时，在网络层形成 IP 数据报，再向下到达数据链路层，由数据链路层将 IP 数据报分割为数据帧，增加以太网包头，再向下一层发送。需要注意的是，以太网的包头中包含着本机和目标设备的 MAC 地址，链路层的数据帧发送时，是依靠 48bit 的以太网地址而非 IP 地址来确认的，以太网的网卡设备驱动程序不会关心 IP 数据报中的目的 IP 地址，它所需要的仅仅是 MAC 地址。

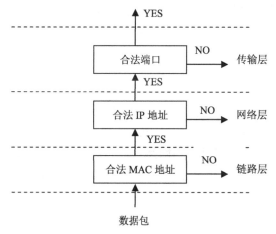

图 2-6　数据帧处理流程

目标 IP 的 MAC 地址又是如何获得的呢？通过 ARP 协议完成。发端主机会向以太网上的每个主机发送一份包含目的地的 IP 地址的以太网数据帧（称为 ARP 请求数据包），并期望目的主机回复，从而得到目的主机对应的 MAC 地址（称为 ARP 应答包），并将这个 MAC 地址存入自己的一个 ARP 缓存内。

当局域网内的主机都通过 HUB 等方式连接时，一般都称为共享式的连接，这种共享式的连接有一个很明显的特点：就是 HUB 会将接收到的所有数据向 HUB 上的每个端口转发，也就是说，当主机根据 MAC 地址进行数据包发送时，尽管发送端主机告知了目标主机的地址，但这并不意味着在一个网络内的其他主机听不到发送端和接收端之间的通信，只是在正常状况下其他主机会忽略这些通信报文而已！如果这些主机不愿意忽略这些报文，网卡被设置为 promiscuous 状态，那么，对于这台主机的网络接口而言，任何在这个局域网内传输的信息都是可以被听到的。

举一个例子来说明，如图2-7所示，我们现在有A、B两台主机，通过HUB相连在一个以太网内，现在A主机要和B主机通信，A和B从7层结构的角度上看都发生了什么呢？

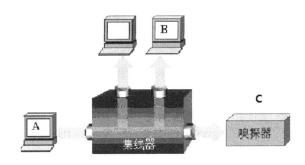

图2-7　HUB模式下的通信

（1）首先，当A上的用户通过IP地址向B主机发出请求后，A主机的应用层得到请求，要求访问IP地址为B的主机。

（2）A主机应用层将请求发送到7层结构中的下一层传输层，由传输层实现利用tcp对IP建立连接。

（3）A主机的传输层将数据报交到下一层网络层，由网络层来进行路由和转发。

（4）由于A、B两主机在一个共享网络中，IP路由选择很简单：IP数据报直接由源主机发送到目的主机。

（5）由于A、B两主机在一个共享网络中，所以A主机必须将32bit的IP地址转换为48bit的以太网地址，这一工作是由ARP来完成的。

（6）A主机的链路层的ARP通过工作在物理层的HUB，向以太网上的每个主机发送一份包含目的地的IP地址的以太网数据帧，在这份请求报文中申明：谁是B主机IP地址的拥有者，请将你的硬件地址告诉我。

（7）在同一个以太网中的每台机器都会"接收"到这个报文，但正常状态下除B主机外其他主机应该会忽略这个报文，而B主机网卡驱动程序识别出是在寻找自己的IP地址，于是回送一个ARP应答，告知自己的IP地址和MAC地址。

（8）A主机的网卡驱动程序接收到了B主机的ARP应答数据帧，知道了B主机的MAC地址，于是以后的数据利用这个已知的MAC地址作为目的地址进行发送。同在一个局域网内的主机虽然也能"看"到这个数据帧，但是都保持静默，不会接收这个不属于它的数据帧。

上述是一种正常的情况，如果C主机的网卡被设置为混杂模式（promiscuous），那么第8步就会发生变化，这台C主机将会悄悄地听到并接收以太网内传输的所有信息，也就是说，窃听也就因此实现了！这会给局域网安全带来极大的安全问题，一台系统一旦被入侵并进入网络监听状态，那么无论是本机还是局域网内的各种传输数据都会面临被窃听的巨大可能性。

2.2.3　网络监听的工具

从上述内容可以看到，一切的关键就在于网卡被设置为混杂模式的状态，目前有太多的工具可以做到这一点。自网络监听这一技术诞生以来，产生了大量的可工作在各种平台上的相关软硬件工具,其中有商用的,也有 free 的。在 Google 上用 sniffer tools 作为关键字,可以找到非常多的相关内容。

Windows 平台下的有 windump、Iris、sniffer pro、Wireshark 等。windump 是最经典的 UNIX 平台上的 tcpdump 的 window 移植版,和 tcpdump 几乎完全兼容,采用命令行方式运行,可运行在 Windows 2000/XP/2003/Win7/vista|ME/|NT 平台上。Iris 是 Eeye 公司的一款付费软件,有试用期,完全图形化界面,可以很方便地定制各种截获控制语句,对截获数据包进行分析、还原等。对管理员来讲很容易上手,入门级和高级管理员都可以使用这个工具,运行在 Windows NT/2000/XP/2003/Win7 平台上。

Sniffer 软件是 NAI 公司推出的功能强大的协议分析软件,最新版本为 Sniffer Portable Professional 3.0,是取代 Sniffer Pro 4.8/4.9 的最新版本。Sniffer Portable Professional 3.0 提供了 64 位操作系统的支持和无线网络解码和专家分析系统(802-11a/b/g/n)、CDMA 2000、WCDMA 解码和专家分析系统,以及大量的细节化协议定制的更新。目前互联网上流行的版本为 Sniffer Pro v4-7-530,大多数的网络教程都是针对这个版本而讲解的,这个版本实际上是 2003 年发布的。

UNIX 平台下的有 tcpdump、ngrep、snort、Dsniff 等。Tcpdump 是最经典的工具,被大量的 UNIX 系统采用。ngrep 和 tcpdump 类似,但与 tcpdump 最大的不同之处在于,借助于这个工具,管理员可以很方便地把截获目标定制在用户名、口令等感兴趣的关键字上。 snort 目前很红火的免费的 ids 系统,除用作 ids 以外,也被用来做 sniffer,可以借助工具或依靠自身能力完全还原被截获的数据。Dsniff 设计的出发点是进行网络渗透测试,包括一套小巧好用的小工具,主要目标放在口令、用户访问资源等敏感资料上,非常有特色,工具包中的 ARPspoof、MACof 等工具可以令人满意地捕获交换机环境下的主机敏感数据。

网络嗅探技术的能力范围目前仅局限于局域网,目前在以太网为主的局域网环境下,网络嗅探技术具有原理简单、易于实现、难以被察觉的优势。

2.2.4 网络监听的防范方法

关于网络监听,常常会有一些有意思的问题,如:"我现在有连在网上的计算机,也有窃听的软件,那么我能不能窃听到微软(或者美国国防部、新浪网等)的密码?"又如:"我是公司的局域网管理员,我知道 HUB 很不安全,使用 HUB 这种网络结构将公司的计算机互连起来,会使网络监听变得非常容易,那么我们就换掉 HUB,使用交换机,不就能解决口令失窃这种安全问题了吗?"

网络监听一般只能发生在同一局域网中,不同的局域网实现网络监听比较困难。所以如果想实现对某一网络的监听,一般都要进入该网络进行搭线窃听,前提条件是了解该网络的结构,具有一定的管理权限。要想防范网络监听,可以从如下方面考虑。

首先,要确保以太网的整体安全性。sniffer 是发生在以太网内的,因为 sniffer 行为要想发生,一个最重要的前提条件就是以太网内部的一台有漏洞的主机被攻破,只有利用被攻破的主机,才能进行 sniffer,去搜集以太网内敏感的数据信息,所以根据网络安全的"木桶效应",保证网络系统的整体安全很重要,尽量不要出现致命的短板。

其次,采用加密手段也是一个很好的办法,因为如果 sniffer 抓取到的数据都是以密文传输的,那么入侵者即使抓取到了传输的数据信息,意义也是不大的。比如作为 telnet、ftp 等安全替代产品，目前采用 ssh2 还是安全的。这是目前相对而言使用较多的手段之一，在实际应用中往往是指替换掉不安全的采用明文传输数据的服务，如在 server 端用 ssh、openssh 等替换 UNIX 系统自带的 telnet、ftp、rsh，在 client 端使用 SecureCRT、SSHtransfer 替代 telnet、ftp 等。

除加密外，使用交换机目前也是一个应用比较多的方式，不同于工作在第一层的 HUB，交换机是工作在二层，即数据链路层，以 CISCO 的交换机为例，交换机在工作时维护着一张 ARP 的数据库，在这个库中记录着交换机每个端口绑定的 MAC 地址，当有数据报发送到交换机上时，交换机会将数据报的目的 MAC 地址与自己维护的数据库内的端口对照，然后将数据报发送到"相应的"端口上。注意，不同于 HUB 的报文广播方式，交换机转发的报文是一一对应的。对二层设备而言，仅有两种情况会发送广播报文，一种是数据报的目的 MAC 地址不在交换机维护的数据库中，此时报文向所有端口转发；另一种是报文本身就是广播报文。由此，我们可以看到，这在很大程度上解决了网络监听的困扰。但是有一点要注意，随着 dsniff、ettercap 等软件的出现，交换机的安全性已经面临着严峻的考验。

划分 VLAN 或子网可以防嗅探。如图 2-8 所示，VLAN 相当于 OSI 参考模型的第二层的广播域，能够将广播风暴控制在一个 VLAN 内部，划分 VLAN 后，由于广播域的缩小，网络中广播包消耗带宽所占的比例大大降低，网络的性能得到显著的提高。不同的 VLAN 之间的数据传输是通过第三层（网络层）的路由来实现的，因此使用 VLAN 技术，结合数据链路层和网络层的交换设备可搭建安全可靠的网络。网络管理员通过控制交换机的每一个端口来控制网络用户对网络资源的访问，同时 VLAN 和第三层、第四层的交换结合使用能够为网络提供较好的安全措施。

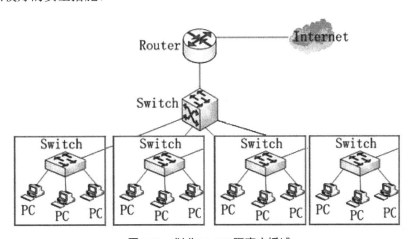

图 2-8　划分 VLAN 隔离广播域

此外，对安全性要求比较高的公司可以考虑 kerberos。kerberos 是一种为网络通信提供可信第三方服务的面向开放系统的认证机制，它提供了一种强加密机制使 client 端和 server 即使在非安全的网络连接环境中也能确认彼此的身份，而且在双方通过身份认证后，后续的所有通信也是被加密的。在实现中也即建立可信的第三方服务器保留与之通信的系统的密钥数据库，仅 kerberos 和与之通信的系统本身拥有私钥（Private Key），然后通过 Private Key 及认证时创建的 Session Key 来实现可信的网络通信连接，这一点在第三章的密码技术中会有进一步讲解。

2.2.5 交换式网络监听技术

交换机以太网是用交换机或其他非广播式交换设备组建成的局域网。这些设备根据收到的数据帧中的 MAC 地址决定数据帧发向交换机的哪个端口。由于端口间的帧传输彼此屏蔽，在很大程度上解决了网络嗅探的困扰，但随着嗅探技术的发展，交换以太网同时存在网络嗅探的安全隐患。

1. 溢出攻击

交换机在工作时要维护一张 MAC 地址与端口的映射表，但是用于维护这张表的内存是有限的，如果向交换机发送大量的 MAC 地址错误的数据帧，交换机就可能出现溢出。这时交换机就会退回到 HUB 的广播方式，向所有端口发送数据包。一旦如此，网络嗅探就同共享网络中的嗅探一样容易。

2. 采用 ARP 欺骗

与地址解析协议（Address Resolution Protocol，APP）对应的是反向地址解析协议（RARP），它们负责将 IP 地址和 MAC 地址进行相互转换。计算机中维护着这样一个 IP-MAC 地址对应表，它是随着计算机不断地发出 ARP 请求和收到 ARP 响应而不断更新的。

通过 ARP 欺骗，改变这个表中 IP 地址和 MAC 地址的对应关系，攻击者就可以成为被攻击者与交换机之间的"中间人"，使交换式局域网中的所有数据包都先流经攻击者主机的网卡，这样即可像共享式局域网一样截获分析网络上的数据包。经过 ARP 欺骗，受害者主机的数据包交换都先通过攻击者主机。ARP 欺骗的具体原理在第 5 章的 5.7 节有详细讲解。

3. 交换机端口镜像 Port Mirroring

镜像模式，采用旁路模式部署网络监听设备，将与交换机的镜像端口相连，部署实施简单，完全不影响原有的网络结构。镜像又称为"mirroring"，是将交换机某个端口的流量复制到另一端口（镜像端口），进行监测。

如图 2-9 所示，端口 1 为镜像端口，端口 2 为被镜像端口；因为通过端口 1 可以看到端口 2 的流量，所以，也称端口 1 为监控端口，而端口 2 为被监控端口。大多数三层交换机和部分两层交换机，具备端口镜像功能，不同的交换机或不同的型号，镜像配置方法会有区别。常见交换机的镜像配置方法如下。

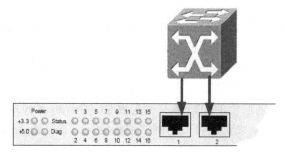

图 2-9　交换机端口

1）配置镜像端口

```
Switch（config）# monitor session 1 destination interface GigabitEthernet 0/1
```

2）配置被镜像端口

```
Switch（config）# monitor session 1 source interface GigabitEthernet 0/2
```

上述命令实现了 G0/1 对 G0/2 的端口镜像，即只要发到 G0/2 的数据都会复制镜像到 G0/1 端口。

因此，即使在交换的环境下相对共享 HUB 方式是安全的，但通过一定的技术实现网络监听也是可能的。

实训2-1　网络监听工具Sniffer Pro的安装与使用

（一）实训背景

Sniffer Portable Professional 是一款便携式网络和应用故障诊断分析软件，它能够给予网络管理人员实时的网络监视、数据包捕获及故障诊断分析能力。

Sniffer 软件在 Network General 被 NetScout 于 2007 年 9 月收购以后，变得更加沉寂。之前，2002 年的 Sniffer Portable 版本是 4-7，其后基本上没有更新，直到 2006 年发布了 4-9。NetScout 收购 Network General 后，便携式 Sniffer 的理念被抛弃，取而代之的是所谓的 Sniffer Global，在此阶段 WireShark / WildPackets 嗅探器流行起来。终于在 2009 年年初 NetScout 正式推出了 Sniffer Portable Professional 3-0，经典的便携式 Sniffer 得以延续。但是目前这一版本的 Sniffer 没有破解版，所以本实验任务采用的版本是 Sniffer Pro 4-7-5，适用于平台 Windows 2000/Xp。

Sniffer Portable Professional 3-1 支持 Windows XP、Windows Vista、Windows 7 等操作系统的台式机、笔记本电脑，并且支持在上述操作系统的虚拟机环境中运行，在同一平台上支持 10/100/1000M 以太网络及 802-11 a/b/g/n 网络分析，因此不管是有线网络还是无线网络，都具备相同的操作方式和分析功能，有效减少因为管理人员的桌面工具过多而带来的额外工作量，极大加速了故障诊断速度。

（二）实训目的

学会安装和使用网络监听工具 Sniffer Pro，实现网络抓包，对捕获报文进行分析，对流量监控，以及对网络状况和性能的判断。

（三）实训环境

Windows XP 系统安装 Sniffer Pro 4-9/4.7.5。

（四）实训步骤

1.选择监听的网卡。捕获报文之前首先选择网络适配器，确定从计算机的哪个网络适配器上接收数据。单击 File → Select Settings，如图 2-10 所示。

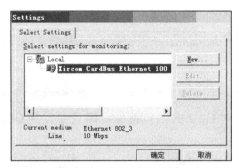

图 2-10　监听网卡的设置

选择网络适配器后才能正常工作。该软件安装在 Windows XP 操作系统上。

2. 熟悉快捷键。捕获报文快捷键的位置，如图 2-11 所示。

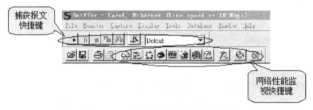

图 2-11　捕获和监控的快捷键

3. 熟悉捕获面板。报文捕获功能可以在报文捕获面板中完成，如图 2-12 所示为报文捕获面板的功能图，显示的是处于开始状态的面板。

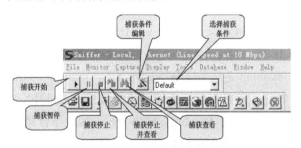

图 2-12　报文捕获面板的功能图

4. 查看捕获报文数量和缓冲区的利用率，如图 2-13 所示。

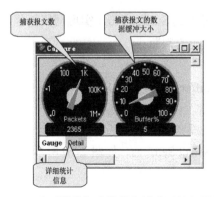

图 2-13　查看捕获报文数量和缓冲区的利用率

5. 捕获报文的分析，如图 2-14 所示，Sniffer 提供了一个 Expert 专家分析系统进行报文分析，还有解码选项及图形和表格的统计信息。

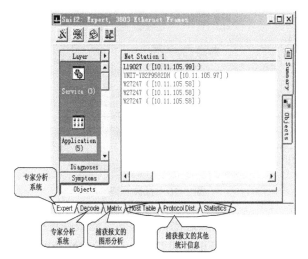

图 2-14 专家分析系统对报文分析和解码

专家分析系统提供了一个智能的分析平台，对网络上的流量进行了分析。对于分析出的诊断结果可以查看在线帮助获得。在图 2-15 中显示出在网络中 WINS 查询失败的次数及 TCP 重传的次数统计等内容，用户可以方便地了解网络中高层协议出现故障的可能点。对于某项统计分析可以通过双击此条记录来查看详细统计信息，且对于每一项都可以通过查看帮助来了解其产生的原因。

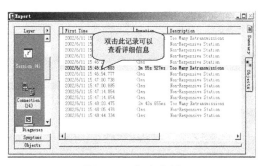

图 2-15 报文分析

6. 解码分析，如图 2-16 所示，对捕获报文进行解码的显示通常分为三部分，目前大部分此类软件都采用这种结构显示。对于解码主要要求分析人员对协议比较熟悉，这样才能看懂解析出来的报文。使用该软件是一件很简单的事情，要能够利用软件解码分析来解决问题，其关键是要对各种层次的协议了解得比较透彻。工具软件只是提供一个辅助的手段。这里不对协议进行过多讲解，请参阅其他相关资料。

对于 MAC 地址，Snffier 软件进行了头部的替换，如 00e0fc 开头的就替换成 Huawei，这样有利于用户了解网络上各种相关设备的制造厂商信息。

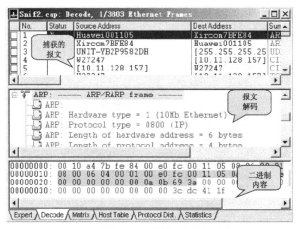

图 2-16 报文解码

7. 捕获条件设置。Sniffer 可以按照过滤器设置的过滤规则进行数据的捕获或显示。在菜单上的位置分别为 Capture → Define Filter 和 Display → Define Filter。过滤器可以根据物理地址或 IP 地址和协议选择进行组合筛选。

（1）基本捕获条件（见图 2-17）。

- 链路层捕获，按源 MAC 和目的 MAC 地址进行捕获，输入方式为十六进制连续输入，如：00E0FC123456。

- IP 层捕获，按源 IP 和目的 IP 进行捕获。输入方式为点间隔方式，如：10-107-1-1。如果选择 IP 层捕获条件则 ARP 等报文将被过滤掉。

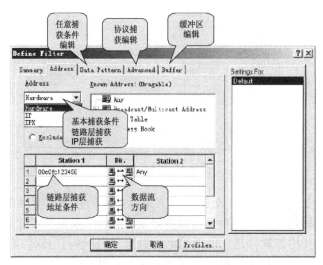

图 2-17 基本捕获条件设置

（2）高级捕获条件。

在"Advance"页面下，可以编辑协议捕获条件，如图 2-18 所示。

Define Filter
Summary
Address
Data Pattern
Advanced
Buffer
Settings For
Default
IP
EGP
GGP
HELLO
ICMP
IGMP
IGRP/EIGRP
IP-VINES
ISO-TP4
选择要捕获的协议
错误帧是否捕获
捕获帧长度条件
Packet Size
All
All sizes
Packet Type
Normal
CRC Error
Jabber
保存过滤规则条件
确定
取消
Profiles...

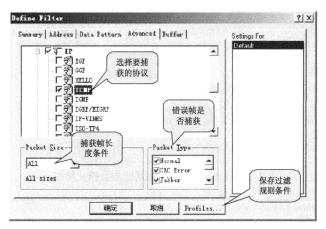

图 2-18　高级捕获条件设置

在协议选择树中可以选择所需要捕获的协议条件，如果什么都不选，则表示忽略该条件，捕获所有协议。在捕获帧长度条件下，可以捕获等于、小于、大于某个值的报文。在错误帧是否捕获栏，可以选择当网络上有如下错误时是否捕获。

单击保存过滤规则条件按钮“Profiles”，可以将当前设置的过滤规则进行保存，在捕获主面板中，可以选择所保存的捕获条件。

8. 数据报文层次分析。如图 2-19 所示，在 Sniffer 的解码表中分别对每一个层次协议进行解码分析。链路层对应“DLC”；网络层对应“IP”；传输层对应“UDP”；应用层对应的是“NETB”等高层协议。Sniffer 可以针对众多协议进行详细结构化解码分析，并利用树形结构良好地表现出来。

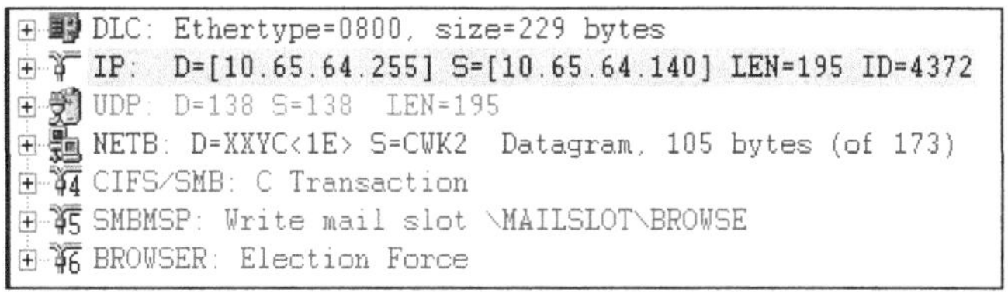

DLC: Ethertype=0800, size=229 bytes
IP: D=[10.65.64.255] S=[10.65.64.140] LEN=195 ID=4372
UDP: D=138 S=138 LEN=195
NETB: D=XXYC<1E> S=CWK2 Datagram, 105 bytes (of 173)
CIFS/SMB: C Transaction
SMBMSP: Write mail slot \MAILSLOT\BROWSE
BROWSER: Election Force

图 2-19　报文的层次结构

（1）以太报文结构。

Ethernet_II 以太网帧类型报文结构为：目的 MAC 地址（6byte）＋源 MAC 地址（6byte）上层协议类型（2byte）＋数据字段（46~1 500byte）＋校验（4byte）。

如图 2-20 所示，Sniffer 会在捕获报文的时候自动记录捕获的时间，在解码显示时显示出来，在分析问题时提供了很好的时间记录。对 IP 网络来说，Ethertype 字段承载的上层协议的类型主要包括 0x800 为 IP 协议，0x806 为 ARP 协议。

（2）IEEE 802.3 以太网报文结构。

图 2-21 所示为 IEEE 802.3 SNAP 帧结构，与 EthernetII 不同的是，目的和源地址后面的字段代表的不是上层协议类型而是报文长度，并多了 LLC 子层。

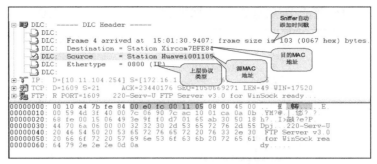

图 2-20　Ethernet_II 以太网帧类型报文结构

```
□ ■■ DLC:   ----- DLC Header -----
   □ 🗋 DLC:
   □ 🗋 DLC:   Frame 1 arrived at  12:13:38.8809; frame size is 64 (0040 hex)
   □ 🗋 DLC:   Destination = Multicast 0180C2000000, Bridge_Group_Addr
   □ 🗋 DLC:   Source     = Station Cisco EC9C54
   □ 🗋 DLC:   802.3 length = 38
   □ 🗋 DLC:
□ 🟀 LLC:   ----- LLC Header -----
   □ 🗋 LLC:
   □ 🗋 LLC:   DSAP Address = 42, DSAP IG Bit = 00 (Individual Address)
   ☑ 🗋 LLC:   SSAP Address = 42, SSAP CR Bit = 00 (Command)
   □ 🗋 LLC:   Unnumbered frame: UI
   □ 🗋 LLC:
```

图 2-21　IEEE 802.3 以太网报文结构

2.3　网络层安全

通信协议的每一层都有其独特的问题。对于许多服务的拒绝攻击和协议欺骗攻击，网络层特别脆弱。网络层主要用于寻址和路由，它并不提供任何错误纠正和流控制的方法，它使用较高效的服务来传送数据报文。网络层协议将数据包封装成 IP 数据报，它有如下四个互联协议。

（1）网际协议（IP）：在主机和网络之间进行数据包的路由转发。

（2）地址解析协议（ARP）：获得同一物理网络中的硬件主机地址。

（3）网际控制报文协议（ICMP）：发送消息，并报告有关数据包的传送错误。

（4）互联组管理协议（IGMP）：IP 主机向本地多路广播路由器报告主机组成。

2.3.1　IP 协议

IP 是 TCP/IP 的心脏，也是网络层中最重要的协议。IP 层接收由更低层（网络接口层，例如以太网设备驱动程序）发来的数据包，并把该数据包发送到更高层——TCP 或 UDP 层；相反，IP 层也把从 TCP 或 UDP 层接收来的数据包传送到更低层。IP 数据包是不可靠的，因为 IP 并没有做任何事情来确认数据包是按顺序发送的或者没有被破坏。IP 数据包中含有发送它的主机的地址（源地址）和接收它的主机的地址（目的地址）。如果比作货物运输，IP 协议规定了货物打包时的包装箱尺寸和包装的程序。除这些外，IP 协议还定义了数据包的递交办法和路由选择。同样用货物运输作比喻，IP 协议规定了货物的运输方法和运输路线。

IP 头结构如表 2-1 所示。

表2-1　IP 头结构

版本（4 位）	头长度（4 位）	服务类型（8 位）	封包总长度（16 位）
封包标识（16 位）		标志（3 位）	片断偏移地址（13 位）
存活时间（8 位）	协议（8 位）	校验和（16 位）	
源 IP 地址（32 位）			
目的 IP 地址（32 位）			
选项（可选）		填充（可选）	
数据			

用 Sniffer 的设置抓取 Ping 指令发送的数据包，可以捕获 IP 报文，其实 IP 报头的所有属性都在报头中显示出来，可以看出实际抓取的数据报和理论上的数据报一致，分析如图 2-22 所示。

```
─ 🖭 IP: ───── IP Header ─────
   🗋 IP:
   🗋 IP: Version = 4, header length = 20 bytes    协议版本号
   🗋 IP: Type of service = 00    服务类型
   🗋 IP:      000. .... = routine
   🗋 IP:      ...0 .... = normal delay
   🗋 IP:      .... 0... = normal throughput
   🗋 IP:      .... .0.. = normal reliability
   🗋 IP:      .... ..0. = ECT bit - transport protocol will ignore the CE bit
   🗋 IP:      .... ...0 = CE bit - no congestion
   🗋 IP: Total length    = 60 bytes    封包总长度
   🗋 IP: Identification  = 4411
   🗋 IP: Flags           = 0X
   🗋 IP:      .0.. .... = may fragment
   🗋 IP:      ..0. .... = last fragment
   🗋 IP: Fragment offset = 0 bytes
   🗋 IP: Time to live    = 128 seconds/hops    存在时间
   🗋 IP: Protocol        = 1 (ICMP)    协议
   🗋 IP: Header checksum = A62D (correct)    校验和
   🗋 IP: Source address       = [192.168.1.5]    源地址
   🗋 IP: Destination address = [192.168.1.3]    目的地址
   🗋 IP: No options
   🗋 IP:
─ 🖳 ICMP: ───── ICMP header ─────
```

图 2-22　IP 报头解析

IP 的原始版本 IPv 4，使用 32 位的二进制地址，每个地址由点分隔的 8 位数组成，每个 8 位数称为 8 位组，二进制数表示对机器很友好，但却不易被用户所理解。因此要提供更直观的使用十进制表示的地址。32 位的 IPv 4 地址意味着 Internet 能支持 4 294 967 296 个可能的 IPv 4 地址，这个数量曾经被认为绰绰有余。但是这些地址被浪费掉许多，包括分配但没被使用的地址、分配不合适的子网掩码等。IP 的新版本即 IPv 6，具有不同的地址结构。IPv 6 地址有 128 位，使用全新的分类，使地址的使用效率最大化，目前在部分网络中已经开始使用。

2.3.2　ARP协议

地址解析协议（Address Resolution Protocol，ARP）是一种将 IP 地址转化成物理地址 MAC 的协议。它靠维持在内存中保存的一张表来使 IP 得以在网络中被目标机器应答。

MAC 地址是网络适配器的硬件地址。MAC 地址只用于在连接到同一个网络的计算机之间转发帧。它们不能向用路由器互联的其他网络上的计算机发送帧，必须使用 IP 寻址在路由器边界之间转发帧（假设为 TCP/IP 网络）。

为什么要将 IP 转化成 MAC 呢？简单地说，这是因为在 TCP 网络环境下，一个 IP 包走到哪里，要怎么走是靠路由表定义的，但是，当 IP 包到达该网络后，哪台机器响应这个 IP 包却靠该 IP 包中所包含的 MAC 地址来识别，也就是说，只有机器的 MAC 地址和该 IP 包中的目的 MAC 地址相同的机器才会应答这个 IP 包。因为在网络中，每一台主机都会有发送 IP 包的时候。所以，在每台主机的内存中，都有一个 IP → MAC 的转换表，通常是动态的转换表（注意在路由中，该 ARP 表可以被设置成静态），也就是说，该对应表会被主机在需要的时候刷新。

机器是如何利用 ARP 进行工作的呢？某机器 A 要向主机 B 发送报文，会查询本地的 ARP 缓存表，找到 B 的 IP 地址对应的 MAC 地址后，就会进行数据传输。如果未找到，则 A 会广播一个 ARP 请求报文（携带主机 A 的 IP 地址 Ia——物理地址 Pa），请求 IP 地址为 Ib 的主机 B 回答物理地址 Pb。网上所有主机包括 B 都收到 ARP 请求，但只有主机 B 识别自己的 IP 地址，于是向 A 主机发回一个 ARP 响应报文。其中就包含 B 的 MAC 地址，A 接收到 B 的应答后，就会更新本地的 ARP 缓存。接着使用这个 MAC 地址发送数据（由网卡附加 MAC 地址）。

因此，本地高速缓存的 ARP 表是本地网络流通的基础，而且这个缓存是动态的。表 2-2 所示为 ARP 包的结构。

表2-2　ARP包的结构

硬件类型		协议类型
硬件长度	协议长度	操作 请求1，应答2
发送站硬件地址，例如以太网是6字节		
发送站协议地址，IP是4字节		
目标硬件地址，以太网是6字节		
目标协议地址，IP是4字节		

图 2-23 所示为通过 Sniffer 解码的 ARP 请求报文结构。

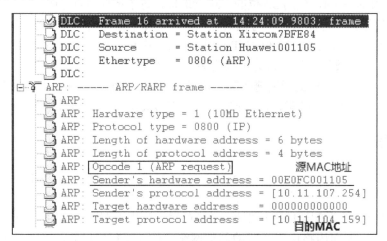

图 2-23　通过 Sniffer 解码的 ARP 请求报文结构

图 2-24 所示为通过 Sniffer 解码的 ARP 应答报文结构。

```
☑ DLC:  Frame 17 arrived at  14:24:09.9804; frame
  DLC:  Destination = Station Huawei001105
  DLC:  Source      = Station Xircom7BFE84
  DLC:  Ethertype   = 0806 (ARP)
  DLC:
☐ ARP: ----- ARP/RARP frame -----
  ARP:
  ARP: Hardware type = 1 (10Mb Ethernet)
  ARP: Protocol type = 0800 (IP)
  ARP: Length of hardware address = 6 bytes
  ARP: Length of protocol address = 4 bytes     应答方MAC
  ARP: Opcode 2 (ARP reply)
  ARP: Sender's hardware address = 0010A47BFE84
  ARP: Sender's protocol address = [10.11.104.159]
  ARP: Target hardware address  = 00E0FC001105  请求方的MAC
  ARP: Target protocol address  = [10.11.107.254]
```

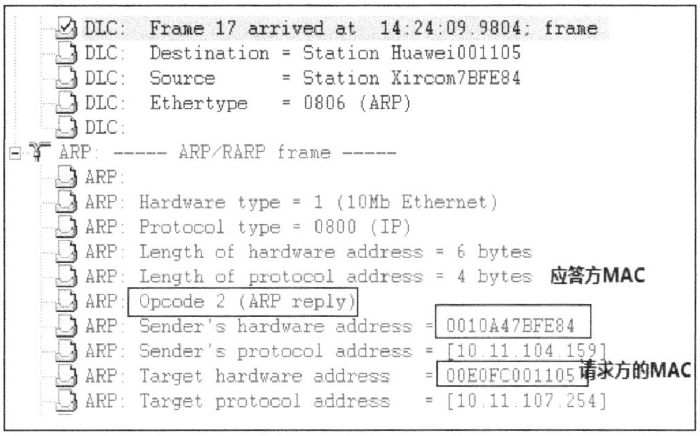

图 2-24　通过 Sniffer 解码的 ARP 应答报文结构

2.3.3　网络层安全威胁

网络层的安全隐患往往都是针对网络层协议本身的特点和缺陷。例如，黑客经常利用一种叫作 IP 欺骗的技术，发送数据包时，把源 IP 地址替换成一个错误的 IP 地址，接收主机不能判断源 IP 地址是不正确的，并且上层协议必须执行一些检查来防止这种欺骗。使用 IP 欺骗的一种有名的攻击是 Smurf 攻击，Smurf 攻击是一种拒绝服务攻击。

在这层中经常被发现的另外一种策略是利用源路由 IP 数据包，仅仅被用于在一个特殊的路径中传输，这种路径称作源路由，这种数据包被用于击破安全措施，例如防火墙。

Internet 控制信息协议（ICMP）在网络层检查错误和其他条件，一个 ICMP 信息是对于 IP 包头的扩展。一般的 ICMP 信息是非常有用的，例如，当你 ping 一台主机想看它是否运行时，你就会产生一条 ICMP 信息，远程主机将用它自己的 ICMP 信息对 ping 请求做出回应。几乎所有的基于 TCP/IP 的机器都会对 ICMP echo 请求进行响应，但是如果一个敌意主机同时运行很多个 ping 命令，向一个服务器发送超过其处理能力的 ICMP echo 请求时，就可以淹没该服务器使其拒绝其他的服务。另外，ping 命令可以在得到允许的网络中建立秘密通道，从而可以在被攻击系统中开后门进行方便的攻击，如搜集目标中的信息并进行秘密通信等，解决该漏洞的措施是拒绝网络上的所有 ICMP echo 响应。

另外，由于 ARP 协议本身的缺陷，所以黑客可以利用 ARP 欺骗攻击使得自己的肉机成为网关，变成"中间人"，从而进行网络监听。防范网络层的威胁需要配合使用防火墙技术和一些具体办法，如 ARP 静态地址绑定。

2.4　传输层安全

在 IP 协议中定义的传输是单向的，也就是说，发出去的货物对方有没有收到我们是不知道的。就好像寄出一封平信一样。那么对于重要的信件我们要寄挂号信怎么办呢？ TCP （Transmission Control Protocol）协议就是帮我们寄"挂号信"的。TCP 协议提供了可靠的面向对象的数据流传输服务的规则和约定。简单地说，在 TCP 模式中，对方发一个数据包给你，

你要发一个确认数据包给对方。通过这种确认来提供可靠性。

TCP/IP 是 Internet 最基本的协议，简单地说，其就是由底层的 IP 协议和 TCP 协议组成的。TCP/IP 协议的开发工作始于上世纪 70 年代，是用于互联网的第一套协议。

2.4.1　TCP协议及工作原理

和 IP 一样，TCP 的功能受限于其头中携带的信息。因此理解 TCP 的机制和功能需要了解 TCP 头中的内容。表 2-3 所示为 TCP 头结构。

表2-3　TCP头结构

源端口（2字节）			目的端口（2字节）		
序号（4字节）			确认序号（4字节）		
头长度（4位）			保留（6位）		
URG	ACK	PSH	RST	SYN	PIN
窗口大小（2字节）			校验和（2字节）		
紧急指针（2字节）			选项（可选）		
数据					

TCP 协议的头结构都是固定的。对表 2-3 中的内容说明如下。

（1）源端口：16 位的源端口包含初始化通信的端口号。源端口和 IP 地址的作用是标识报文的返回地址。

（2）目的端口：16 位的目的端口域定义传输的目的。这个端口指明报文接收计算机上的应用程序地址接口。

（3）序号：TCP 连线发送方向接收方的封包顺序号。

（4）确认序号：接收方回发的应答顺序号。

（5）头长度：表示 TCP 头的双四字节数，如果转化为字节个数需要乘以 4。

（6）URG：是否使用紧急指针，0 为不使用，1 为使用。

（7）ACK：请求—应答状态。0 为请求，1 为应答。

（8）PSH：以最快的速度传输数据。

（9）RST：连线复位，首先断开连接，然后重建。

（10）SYN：同步连线序号，用来建立连线。

（11）FIN：结束连线。0 为结束连线请求，1 为表示结束连线。

（12）窗口大小：目的机使用 16 位的域告诉源主机，它想收到的每个 TCP 数据段大小。

（13）校验和：这个校验和与 IP 的校验和有所不同，它不仅对头数据进行校验还对封包内容校验。

（14）紧急指针：当 URG 为 1 时才有效。TCP 的紧急方式是发送紧急数据的一种方式。

TCP 是一种面向连接的、可靠的传输层协议。面向连接是指一次正常的 TCP 传输需要通过在 TCP 客户端和 TCP 服务端建立特定的虚电路连接来完成，该过程通常称为三次"握手"。TCP 通过数据分段（Segment）中的序列号保证所有传输的数据可以在远端按照正常的次序进行重组，而且通过确认保证数据传输的完整性。要通过 TCP 传输数据，必须在两端主机之间建立连接。

举例说明，TCP 客户端 A 需要和 TCP 服务端 B 建立连接，过程如图 2-25 所示。

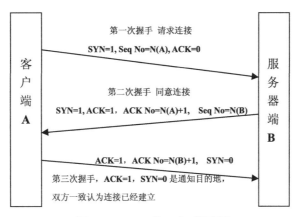

图 2-25 TCP 的三次"握手"

当断开 TCP 连接时，同样也需要双方确认才可以，否则就是非法断开连接。TCP 通过四次"挥手"进行交互来断开连接，过程如图 2-26 所示。

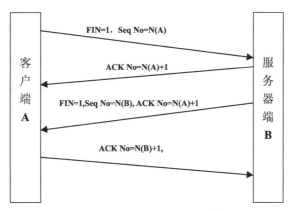

图 2-26 TCP 的四次"挥手"

实训2-2 网络监听工具捕获FTP会话

（一）实训内容

客户端用户访问目标主机的 FTP 服务，在局域网中另外一台计算机中安装嗅探器 Sniffer 对通信进行监听，可以截取 FTP 服务的用户名和密码。

（二）实训目的

学会使用 Sniffer Pro 协议分析软件对捕获报文进行分析，深入理解 TCP 协议建立连接的过程。

（三）实训环境

如图 2-27 所示，HUB 环境下，可以部署三台机，一台作为客户端（Winxp）、一台 FTP 服务器（Window2k3/2k8）、一台 Sniffer 嗅探器。交换环境下，只要部署两台机，一台客户端同时安装 Sniffer，一台 FTP 服务器。

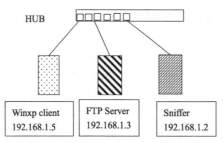

图 2-27　实训拓扑结构

（四）实训步骤

1. 开启 FTP 服务。可以使用微软自带的 FTP 服务，也可以使用第三方 FTP 软件开启
FTP 服务。

2. 打开 Sniffer 软件，设置捕获条件——选择 FTP 协议，如图 2-28 所示，开始进入捕获状态。

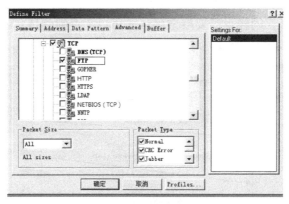

图 2-28　设置捕获条件——FTP 协议

3. 客户端主机访问 FTP 服务。可以在 DOS 命令行下使用 FTP 指令连接目的主机上的
FTP 服务，需要输入用户名和密码，连接过程如图 2-29 所示。输入的用户名是 ftp，密码是
ftp。退出对方 FTP 使用的命令是 bye 或者 quit。

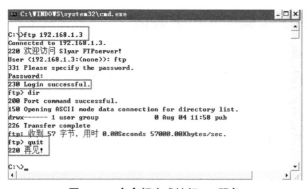

图 2-29　命令行方式访问 ftp 服务

4. Sniffer 停止捕获并查看数据包。详细查看数据包中 FTP 会话过程，找到 TCP 的三次
"握手"和断开连接时的四次"挥手"，如图 2-30 所示。

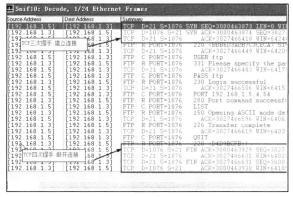

图 2-30 抓取 ftp 会话数据包

5. 首先分析建立"握手"的第一步，主机 A 的 TCP 向主机 B 的 TCP 发出连接请求数据包，其首部中的同步比特 SYN 置为 1，应答比特 ACK 置为 0，如图 2-31 所示，客户端使用 1076 端口发送 TCP 连接请求到 FTP 服务器的 21 端口。

```
TCP: ------ TCP header ------
TCP:
TCP:  Source port               = 1076
TCP:  Destination port          = 21 (FTP-ctrl)
TCP:  Initial sequence number   = 3000463873
TCP:  Next expected Seq number  = 3000463874
TCP:  Data offset               = 28 bytes
TCP:  Reserved Bits  Reserved for Future Use (Not shown in the Hex Dump)
TCP:  Flags                     = 02
TCP:        0                   = (No urgent pointer)
TCP:        0                   = (No acknowledgment)
TCP:        0                   = (No push)
TCP:        0                   = (No reset)
TCP:        1                   = SYN
TCP:        0                   = (No FIN)
TCP:  Window                    = 64240
TCP:  Checksum                  = DBB3 (correct)
TCP:  Urgent pointer            = 0
TCP:
TCP:  Options follow
TCP:  Maximum segment size = 1460
TCP:  No-Operation
TCP:  No-Operation
TCP:  SACK-Permitted Option
TCP:
```

图 2-31 TCP 第一次"握手"

6. 主机 B 返回确认的数据包实现第二次"握手"。主机 B 的 TCP 收到连接请求数据包后，如同意建立连接，则发回确认数据包。在确认分组中应将 SYN 和 ACK 均置为 1，如图 2-32 所示。

```
TCP: ------ TCP header ------
TCP:
TCP:  Source port               = 21 (FTP-ctrl)
TCP:  Destination port          = 1076
TCP:  Initial sequence number   = 3027466417
TCP:  Next expected Seq number  = 3027466418
TCP:  Acknowledgment number     = 3000463874
TCP:  Data offset               = 28 bytes
TCP:  Reserved Bits  Reserved for Future Use (Not shown in the Hex Dump)
TCP:  Flags                     = 12
TCP:        0                   = (No urgent pointer)
TCP:        1                   = Acknowledgment
TCP:        0                   = (No push)
TCP:        0                   = (No reset)
TCP:        1                   = SYN
TCP:        0                   = (No FIN)
TCP:  Window                    = 8192
TCP:  Checksum                  = 896A (correct)
TCP:  Urgent pointer            = 0
TCP:
TCP:  Options follow
TCP:  Maximum segment size = 1464
TCP:  No-Operation
TCP:  No-Operation
TCP:  SACK-Permitted Option
TCP:
```

图 2-32 TCP 第二次"握手"

7. 主机 B 返回的数据包中 ACK 为 1 并且 SYN 为 1，说明同意连接，这时需要源主机 A 的再次确认即可建立连接，实现第三次"握手"，A 主机确认连接的数据包结构如图 2-33 所示。

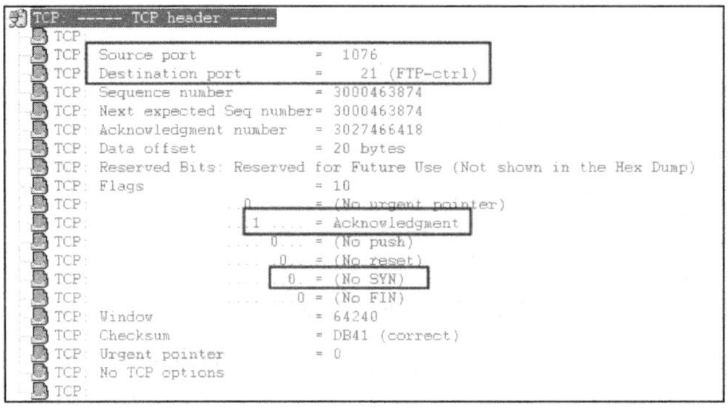

```
TCP: ----- TCP header -----
TCP:
TCP:  Source port                  = 1076
TCP:  Destination port             = 21 (FTP-ctrl)
TCP:  Sequence number              = 3000463874
TCP:  Next expected Seq number= 3000463874
TCP:  Acknowledgment number        = 3027466418
TCP:  Data offset                  = 20 bytes
TCP:  Reserved Bits: Reserved for Future Use (Not shown in the Hex Dump)
TCP:  Flags                        = 10
TCP:           0 = (No urgent pointer)
TCP:           1 = Acknowledgment
TCP:        0.. = (No push)
TCP:        0.. = (No reset)
TCP:        0 = (No SYN)
TCP:        0 = (No FIN)
TCP:  Window                       = 64240
TCP:  Checksum                     = DB41 (correct)
TCP:  Urgent pointer               = 0
TCP:  No TCP options
TCP:
```

图 2-33　TCP 第三次"握手"

8. 通过三次"握手"，TCP 成功建立连接，然后即可进行 ftp 用户名和密码的验证，用户名和密码都是明文传递，如图 2-34 所示。

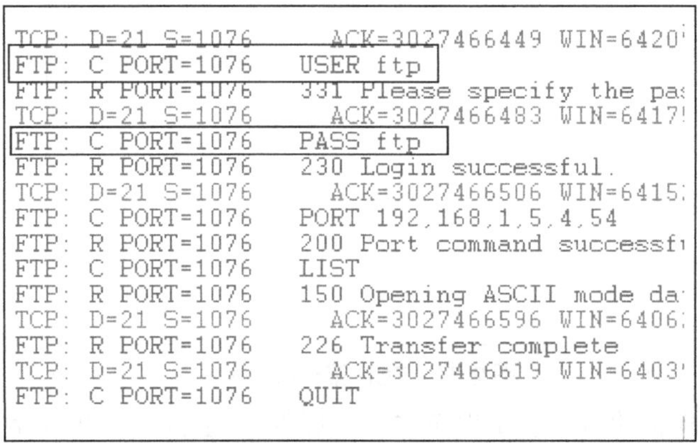

```
TCP: D=21 S=1076      ACK=3027466449 WIN=6420
FTP: C PORT=1076      USER ftp
FTP: R PORT=1076      331 Please specify the pas
TCP: D=21 S=1076      ACK=3027466483 WIN=6417
FTP: C PORT=1076      PASS ftp
FTP: R PORT=1076      230 Login successful.
TCP: D=21 S=1076      ACK=3027466506 WIN=6415
FTP: C PORT=1076      PORT 192,168,1,5,4,54
FTP: R PORT=1076      200 Port command successf
FTP: C PORT=1076      LIST
FTP: R PORT=1076      150 Opening ASCII mode da
TCP: D=21 S=1076      ACK=3027466596 WIN=6406
FTP: R PORT=1076      226 Transfer complete
TCP: D=21 S=1076      ACK=3027466619 WIN=6403
FTP: C PORT=1076      QUIT
```

图 2-34　用户名和密码明文传输

9. 断开 FTP 连接时，客户端 A 首先发一个 FIN=1 的请求，要求断开，实现第一次"挥手"，TCP 数据包结构如图 2-35 所示。

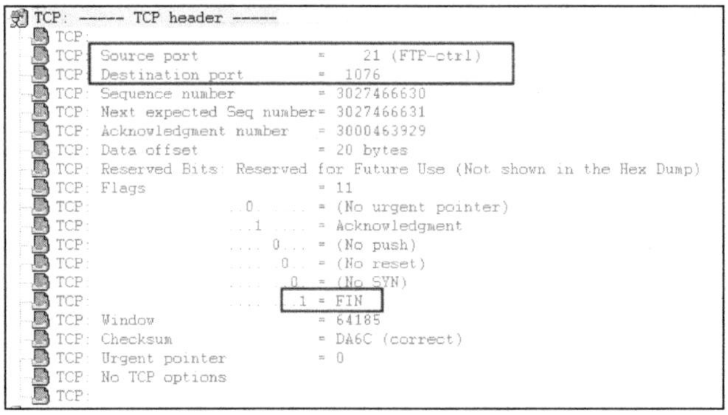

```
TCP: ----- TCP header -----
TCP:
TCP:  Source port                  = 21 (FTP-ctrl)
TCP:  Destination port             = 1076
TCP:  Sequence number              = 3027466630
TCP:  Next expected Seq number= 3027466631
TCP:  Acknowledgment number        = 3000463929
TCP:  Data offset                  = 20 bytes
TCP:  Reserved Bits: Reserved for Future Use (Not shown in the Hex Dump)
TCP:  Flags                        = 11
TCP:           0 = (No urgent pointer)
TCP:           1 = Acknowledgment
TCP:        0.. = (No push)
TCP:        0.. = (No reset)
TCP:        0 = (No SYN)
TCP:        1 = FIN
TCP:  Window                       = 64185
TCP:  Checksum                     = DA6C (correct)
TCP:  Urgent pointer               = 0
TCP:  No TCP options
TCP:
```

图 2-35　TCP 第一次"挥手"

10. FTP 服务器 B 在得到请求后发送 ACK=1 进行确认，实现第二次"挥手"，TCP 数据包结构如图 2-36 所示。

```
TCP: ----- TCP header -----
TCP:
TCP: Source port         = 1076
TCP: Destination port    =    21 (FTP-ctrl)
TCP: Sequence number     = 3000463929
TCP: Next expected Seq number= 3000463929
TCP: Acknowledgment number = 3027466631
TCP: Data offset         = 20 bytes
TCP: Reserved Bits: Reserved for Future Use (Not shown in the Hex Dump)
TCP: Flags              = 10
TCP:           0.......  = (No urgent pointer)
TCP:           .1......  = Acknowledgment
TCP:           ..0.....  = (No push)
TCP:           ...0....  = (No reset)
TCP:           .....0..  = (No SYN)
TCP:           ......0.  = (No FIN)
TCP: Window             = 64028
TCP: Checksum           = DB09 (correct)
TCP: Urgent pointer     = 0
TCP: No TCP options
TCP:
```

图 2-36　TCP 第二次"挥手"

11. 服务器 B 确认信息发出后，就发送了一个 FIN=1 的包，表示要与客户端主机 A 断开，实现第三次"挥手"，TCP 数据包结构如图 2-37 所示。

```
TCP: ----- TCP header -----
TCP:
TCP: Source port         = 1076
TCP: Destination port    =    21 (FTP-ctrl)
TCP: Sequence number     = 3000463929
TCP: Next expected Seq number= 3000463930
TCP: Acknowledgment number = 3027466631
TCP: Data offset         = 20 bytes
TCP: Reserved Bits: Reserved for Future Use (Not shown in the Hex Dump)
TCP: Flags              = 11
TCP:           ..0.....  = (No urgent pointer)
TCP:           ...1....  = Acknowledgment
TCP:           ....0...  = (No push)
TCP:           .....0..  = (No reset)
TCP:           ......0.  = (No SYN)
TCP:           .......1  = FIN
TCP: Window             = 64028
TCP: Checksum           = DB08 (correct)
TCP: Urgent pointer     = 0
TCP: No TCP options
TCP:
```

图 2-37　TCP 第三次"挥手"

12. 随后源客户端主机 A 返回一条确认消息，实现第四次"挥手"，这样一次完整的 TCP 会话就结束了，TCP 数据包结构如图 2-38 所示。

```
TCP: ----- TCP header -----
TCP:
TCP: Source port         =    21 (FTP-ctrl)
TCP: Destination port    = 1076
TCP: Sequence number     = 3027466631
TCP: Next expected Seq number= 3027466631
TCP: Acknowledgment number = 3000463930
TCP: Data offset         = 20 bytes
TCP: Reserved Bits: Reserved for Future Use (Not shown in the Hex Dump)
TCP: Flags              = 10
TCP:           0.......  = (No urgent pointer)
TCP:           .1......  = Acknowledgment
TCP:           ..0.....  = (No push)
TCP:           ...0....  = (No reset)
TCP:           ....0...  = (No SYN)
TCP:           .....0..  = (No FIN)
TCP: Window             = 64185
TCP: Checksum           = DA6B (correct)
TCP: Urgent pointer     = 0
TCP: No TCP options
TCP:
```

图 2-38　TCP 第四次"挥手"

2.4.2 传输层安全威胁

TCP 协议的三次"握手"保证了数据传输的可靠性,但同时在一定程度上也带来了威胁,下面是针对 TCP 协议的三次"握手"进行的攻击。

1)拦截 TCP 连接(TCP 会话劫持)

攻击者可以使 TCP 连接的两端进入不同步状态,入侵者主机向两端发送伪造的数据包。冒充被信任主机建立 TCP 连接,用 SYN 淹没被信任的主机,并猜测三步握手中的响应,建立多个连接到信任主机的 TCP 连接,获得初始序列号 ISN(Initial Serial Number)和 RTT,然后猜测响应的 ISN,因为序列号每隔半秒加 64000,每建立一个连接加 64000。

预防方法:使所有的 r* 命令失效,让路由器拒绝来自外面的与本地主机有相同的 IP 地址的包。RARP 查询可用来发现与目标服务器处在同一物理网络的主机的攻击。另外,ISN 攻击可通过让每一个连接的 ISN 随机分配,防止每隔半秒加 64000。

2)使用 TCP SYN 报文段淹没服务器

利用 TCP 建立连接的三次"握手"的特点和服务器端口允许的连接数量的限制,窃取不可达 IP 地址作为源 IP 地址,使得服务器端得不到 ACK 而使连接处于半开状态,从而阻止服务器响应别的连接请求。尽管半开的连接会因过期超时而关闭,但只要攻击系统发送的 spoofed SYN 请求的速度比过期的快,就可以达到攻击的目的。这种攻击的方法一直是一种重要的攻击 ISP(Internet Service Provider)的方法,这种攻击并不会损害服务,但使服务能力削弱。

解决这种攻击的办法是,给 UNIX 内核加一个补丁程序,或使用一些工具对内核进行配置。一般的做法是,使允许的半开连接的数量增加,允许连接处于半开状态的时间缩短。但这些并不能从根本上解决这些问题。实际上在系统的内存中有一个专门的队列包含所有的半开连接,这个队列的大小是有限的,因而只要有意使服务器建立过多的半开连接就可以使服务器的这个队列溢出,从而无法响应其他客户的连接请求。

2.5 应用层安全

应用层安全问题主要由提供服务所采用的应用软件和数据的安全性产生,包括 Web 服务、电子邮件系统、DNS 等,此外,还包括病毒对系统的威胁。

网络层和传输层的安全协议允许为主机和进程之间的数据通道增加安全属性。本质上,这意味着真正的数据通道还是建立在主机或进程之间,但却不可能区分在同一通道上传输的一个具体文件的安全性要求。比如,一个主机与另一个主机之间建立起一条安全的 IP 通道,那么所有在这条通道上传输的 IP 包就都要自动地被加密;同样,如果一个进程和另一个进程之间通过传输层安全协议建立起了一条安全的数据通道,那么两个进程间传输的所有消息就都要自动地被加密。

如果现在想要区分一个具体文件的不同的安全性要求,就必须借助于应用层的安全性。提供应用层的安全服务实际上是最灵活的处理单个文件安全性的手段。例如,一个电子邮件系统可能需要对要发出的信件的个别段落实施数据签名，较低层的协议提供的安全功能一般不会知道任何要发出的信件的段落结构，从而不可能知道该对哪一部分进行签名，只有应用层是唯一能够提供这种安全服务的层次。

2.5.1　应用层服务安全威胁

应用层是最难保护的一层，因为 TCP/IP 程序几乎可以无限制地执行，实际上没有办法保护所有的应用层上的程序。但是，所有的应用层上的程序都有一些共性，TCP/IP 主要用于客户 / 服务器模式，应用层是这种使用的最好例子。保护网络上的每个程序不太现实，只能对一些特定的程序的网络通信进行保护。常用的应用层服务的安全性分析如下。

1）简单邮件传输协议（SMTP）

SMTP 本身风险很小。黑客可能利用的是：拒绝服务；伪造 E-mail 信息进行社会工程学欺骗；发送特洛伊木马和病毒。

2）文件传输协议（FTP）

连接匿名 FTP 也必须提供用户名和密码，通用的用户名是 anonymous，密码可以是任意字符，但是习惯上使用自己的 E-mail 地址。

3）超文本传输协议（HTTP）

超文本传输协议是 Internet 应用最为广泛的通信协议之一。它采用可靠的 TCP 连接，且不维护用户连接状态，是一种无状态协议。HTTP 协议以明文方式发送内容，不提供任何方式的数据加密，如果攻击者截取了 Web 浏览器和网站服务器之间的传输报文，就可以直接读懂其中的信息，因此 HTTP 协议不适合传输一些敏感信息，比如信用卡号、密码等。

为了解决 HTTP 协议的这一缺陷，需要使用另一种协议：安全套接字层超文本传输协议 HTTPS。为了数据传输的安全，HTTPS 在 HTTP 的基础上加入了 SSL 协议，SSL 依靠证书来验证服务器的身份，并为浏览器和服务器之间的通信加密。HTTP 和 HTTPS 使用的是完全不同的连接方式，用的端口也不一样，前者是 80，后者是 443。

4）远程连接服务标准协议（Telnet）

Telnet 用于远程终端访问。Telnet 是首先考虑有关安全的，因为它要求远程用户登录。但是，Telnet 使用明文发送所有的用户名和密码，因此可以被会话劫持。所以，Telnet 使用前应考虑网络环境，不应该被用于公网。可以使用 SecureShell（SSH）来代替 Telnet 和 UNIX 下的 r 系列程序。SSH 加密所有传输的数据，还允许通过公钥加密机制来进行认证。

5）简单网络管理协议（SNMP）

SNMP 允许管理员检查状态，并修改 SNMP 节点的配置。它有 2 个组件，管理者负责搜集所有 SNMP 节点发出的 trap，并且直接从这些节点查询信息。SNMP 通过 UDP 161 和 UDP 162 端口通信。SNMP 所提供的唯一认证就是 Community Name（团体名称）。如果管理者和节点有着相同的 Community Name，那么将允许所有 SNMP 查询。另一个安全问题是，所有的信息都是明文传输的。SNMP 不应用在公网上。

6）域名系统（DNS）

DNS 在解析 DNS 请求时使用 UDP 53 端口。一次区域传输是如下两种情况完成的，在进行区域传输时使用 TCP。

（1）一个客户端利用 nslookup 命令向 DNS 服务器请求进行区域传输。

（2）一个从属域名服务器向主服务器请求得到一个区域文件。黑客可以通过攻击 DNS 服务器得到它的区域文件，从而得到这个区域中所有系统的 IP 地址和名字。

2.5.2　常用的应用服务端口

网络技术中,端口可以分为物理端口和逻辑端口。硬件端口,比如 ADSL Modem、集线器、交换机、路由器用于连接其他网络设备的接口,如 RJ-45 端口、SC 端口等;逻辑意义上的端口,一般是指 TCP/IP 协议中的端口,端口号的范围从 0 到 65 535,比如用于浏览网页服务的 80 端口,用于 FTP 服务的 21 端口等。

本节只是重点介绍逻辑端口,其中知名端口（Well-Known Ports）是 0~1 023,这些端口号一般固定分配给一些服务。比如 21 端口分配给 FTP 服务,25 端口分配给 SMTP（简单邮件传输协议）服务,80 端口分配给 HTTP 服务,135 端口分配给 RPC（远程过程调用）服务等。常见的端口、端口使用的协议及端口提供的服务如表 2-4 所示。

表2-4　常用的网络服务端口表

端　　口	协　　议	服　　务
21	TCP	FTP服务
25	TCP	SMTP服务
53	TCP/UDP	DNS服务
80	TCP	Web服务
135	TCP	RPC服务
137	UDP	NETBIOS域名服务
138	UDP	NETBIOS数据报服务
139	TCP	NETBIOS会话服务
443	TCP	基于SSL的HTTP服务
445	TCP/UDP	Microsoft SMB服务
3389	TCP	Windows 终端服务

其中要说明的是网络基本输入 / 输出系统（Network Basic Input/Output System，NETBIOS）协议,是由 IBM 公司开发,主要用于数十台计算机的小型局域网。在局域网内部使用 NetBIOS 协议可以方便地实现消息通信及资源的共享。它占用系统资源少、传输效率高,几乎所有的局域网都是在 NetBIOS 协议的基础上工作的。

在 Windows 操作系统中,默认情况下在安装 TCP/IP 协议后会自动安装 NetBIOS。该服务使用的端口是 137、138 和 139。其中 137、138 是 UDP 端口,当通过网络邻居传输文件时,就是通过这两个端口,139 是 TCP 端口,用来建立会话连接,如果关闭了这几个端口,也就关闭了 NETBIOS 服务，或者说停止 NETBIOS 服务，也就关闭了这三个端口，那么局域网内部就不能实现网络邻居共享资源。当然也可以通过 ftp、http 等实现文件传送，但是相比共享，其速度和效率低很多。

2.6　常用的网络命令

关于网络安全的学习，需要掌握基本的常用的网络命令，才能更好地保护网络、保护系统、防止入侵。下面介绍一些基本的命令，如 ping、tracert、ipconfig、netstat、net 等。

2.6.1　ping命令

ping 命令是网络中重要的并且常用的命令，主要用于测试网络是否连通。该命令通过发送一个 ICMP（网络控制消息协议）包的回应来判断是否和对方连通，一般来测试目标主机是否连接，或者通过 TTL 值来判断对方操作系统的版本。

不带参数的 ping 将显示帮助信息，如图 2-39 所示。

```
C:\WINNT\system32\cmd.exe

C:\>ping

Usage: ping [-t] [-a] [-n count] [-l size] [-f] [-i TTL] [-v TOS]
            [-r count] [-s count] [[-j host-list] | [-k host-list]]
            [-w timeout] destination-list

Options:
    -t             Ping the specified host until stopped.
                   To see statistics and continue - type Control-Break;
                   To stop - type Control-C.
    -a             Resolve addresses to hostnames.
    -n count       Number of echo requests to send.
    -l size        Send buffer size.
    -f             Set Don't Fragment flag in packet.
    -i TTL         Time To Live.
    -v TOS         Type Of Service.
    -r count       Record route for count hops.
    -s count       Timestamp for count hops.
    -j host-list   Loose source route along host-list.
    -k host-list   Strict source route along host-list.
    -w timeout     Timeout in milliseconds to wait for each reply.
```

图 2-39　ping 指令帮助

使用 ping 命令测试目标主机的连通性，"ping+ 对方计算机名称 /IP 地址"，如果连通，则返回的信息如图 2-40 所示。

```
C:\WINNT\system32\cmd.exe

C:\>ping 192.168.1.3

Pinging 192.168.1.3 with 32 bytes of data:

Reply from 192.168.1.3: bytes=32 time<10ms TTL=128
Reply from 192.168.1.3: bytes=32 time<10ms TTL=128
Reply from 192.168.1.3: bytes=32 time<10ms TTL=128
Reply from 192.168.1.3: bytes=32 time<10ms TTL=128

Ping statistics for 192.168.1.3:
    Packets: Sent = 4, Received = 4, Lost = 0 (0% loss),
Approximate round trip times in milli-seconds:
    Minimum = 0ms, Maximum =  0ms, Average =  0ms

C:\>^R
```

图 2-40　测试与目标是否连通

使用"–a"参数，可以通过 IP 地址解析出对方的计算机名，如图 2-41 所示。

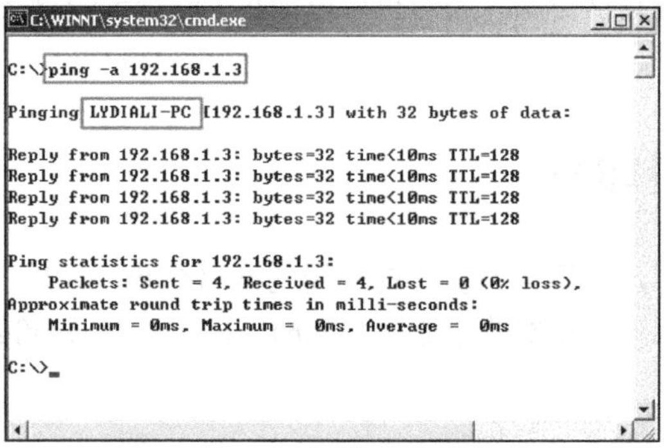

图 2-41　参数"–a"的使用

直接 ping 对方的计算机名称，如图 2-42 所示。

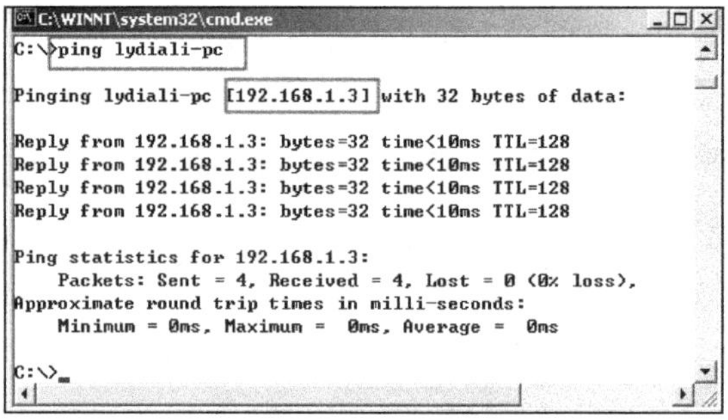

图 2-42　通过 ping 计算机名称进行测试

如果 ping 的结果是"Request timed out"，则表示对方主机不存在或已关机，还有可能有防火墙，如果出现"Destination host Unreachable"则可能存在网卡、网线问题，或者 IP 不存在。

参数"–t"表示，向目标主机连续不间断地发包，"–l"定义发送数据包的大小，默认为 32 字节，利用它可以最大定义到 65 500 字节，两个参数结合一起使用，实际上是一次拒绝服务攻击，如果目标脆弱，承受不了连续的发送来的数据包，就会死机。如图 2-43 所示，可以通过 Ctrl+C 来中断 ping 命令。

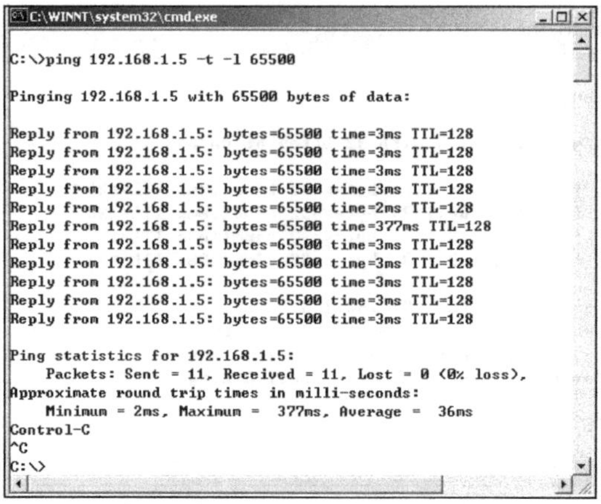

图 2-43　指定包大小连续 ping

Ping 返回信息中的 TTL，是指定数据报被路由器丢弃之前允许通过的网段数量，是由发送主机设置的，以防止数据包在 IP 互联网络中永不终止地循环。转发 IP 数据包时，要求路由器至少将 TTL 减小 1。例如，ping www-qq-com，得到的返回信息如图 2-44 所示，其中 TTL=54，54 接近 64，中间可能经历了 64−54=10 个路由，由此可以判断 QQ 的服务器系统是 Linux。

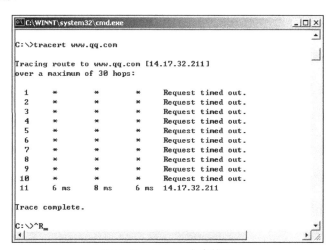

图 2-44　观察 TTL 返回值

为了验证目标主机的返回数据包是否经历了 10 个路由，可以使用 tracert 命令来查看经历的路由器 IP 和路由器个数，如图 2-45 所示，由于中间经历的路由器不允许 ping，所以没能返回具体的 IP 地址，但是可以看到确实存在 10 个路由，所以上一步判断目标服务器系统是 Linux，是合理的。

```
C:\WINNT\system32\cmd.exe                                      _|□|×|

C:\>tracert www.qq.com

Tracing route to www.qq.com [14.17.32.211]
over a maximum of 30 hops:

  1     *        *        *     Request timed out.
  2     *        *        *     Request timed out.
  3     *        *        *     Request timed out.
  4     *        *        *     Request timed out.
  5     *        *        *     Request timed out.
  6     *        *        *     Request timed out.
  7     *        *        *     Request timed out.
  8     *        *        *     Request timed out.
  9     *        *        *     Request timed out.
 10     *        *        *     Request timed out.
 11     6 ms     8 ms     6 ms  14.17.32.211

Trace complete.

C:\>^R
```

图 2-45　tracert 命令使用

tracert（跟踪路由）是路由跟踪使用程序，用于确定 IP 数据报访问目标所采取的路径。tracert 命令用 IP 生存时间（TTL）字段和 ICMP 错误消息来确定从一个主机到网络上其他主机的路由。大家试一试跟踪一下新浪网站的路由。

2.6.2　ipconfig 命令

ipconfig 命令显示所有 TCP/IP 网络配置信息，刷新动态主机配置协议（DHCP）和域名系统（DNS）的配置，清空 DNS 缓存，显示 DNS 缓存等。使用不带参数的 ipconfig 可以显示所有适配器的 IP 地址、子网掩码和默认网关。在 DOS 命令行输入 ipconfig 命令，如图 2-46 所示。

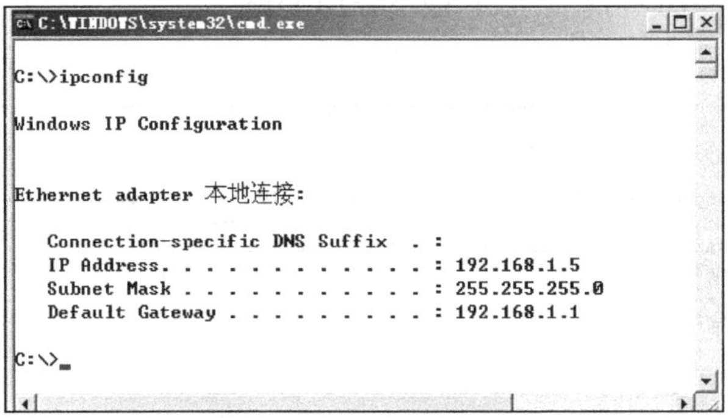

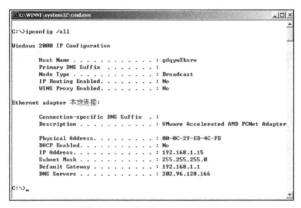

图 2-46 简单显示 IP 配置

参数 "/all" 则可以显示完整的 TCP/IP 配置信息、主机名、DNS 配置等，如图 2-47 所示。

图 2-47 完整显示 IP 配置

参数 "/renew" 的作用是更新适配器的 DHCP 配置。参数 "/displaydns" 的作用是显示本地 DNS 的缓存记录，参数 "/flushdns" 的作用是清除本地的 DNS 缓存记录，当配置 DNS 时，验证 DNS 的设置是否成功，经常会用到这两个参数。

2.6.3 netstat命令

netstat 命令显示活动的连接、计算机监听的端口、以太网的统计信息、IP 路由表和 IPv 4 统计信息（IP、ICMP、TCP、和 UDP 协议）。使用 "netstat –an" 命令可以查看目前活动的连接和本地开放的端口，是网络管理员查看网络是否被入侵的最简单办法。使用方法如图 2-48 所示。

当前的计算机开放了许多端口，状态为 "LISTENING" 表示某端口正在监听，还没有和其他计算机建立连接，状态为 "ESTABLISHED" 表示正在和某计算机通信，并将通信主机的 IP 地址和端口号显示出来。

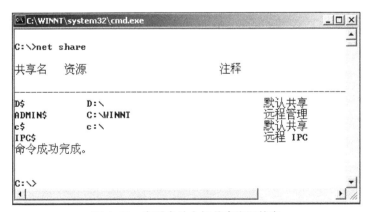

```
C:\WINDOWS\system32\cmd.exe                                    _|□|×|
C:\>netstat -an

Active Connections

  Proto  Local Address          Foreign Address        State
  TCP    0.0.0.0:80             0.0.0.0:0              LISTENING
  TCP    0.0.0.0:135            0.0.0.0:0              LISTENING
  TCP    0.0.0.0:445            0.0.0.0:0              LISTENING
  TCP    0.0.0.0:1026           0.0.0.0:0              LISTENING
  TCP    0.0.0.0:9311           0.0.0.0:0              LISTENING
  TCP    127.0.0.1:1027         0.0.0.0:0              LISTENING
  TCP    192.168.1.5:80         192.168.1.15:1387     ESTABLISHED
  TCP    192.168.1.5:139        0.0.0.0:0              LISTENING
  TCP    192.168.1.5:1053       14.17.32.211:80       ESTABLISHED
  UDP    0.0.0.0:445            *:*
  UDP    0.0.0.0:500            *:*
  UDP    0.0.0.0:1025           *:*
  UDP    0.0.0.0:4500           *:*
  UDP    127.0.0.1:123          *:*
  UDP    192.168.1.5:123        *:*
  UDP    192.168.1.5:137        *:*
  UDP    192.168.1.5:138        *:*

C:\>
```

图 2-48　使用 netstat 命令查看本地网络连接情况

2.6.4　net命令

net 命令是功能强大的以命令行方式执行的工具。使用它可以轻松地管理本地或者远程计算机的网络环境，以及各种服务程序的运行和配置，或者进行用户管理和登录管理。

1. net share

命令格式如下：

```
net share sharename=drive: path [/USERS: number|/UNLIMITED] [/REMARK: "text"]
                              [/CACHE: Manual | Automatic | No ]
        sharename [/USERS: number | /UNLIMITED] [/REMARK: "text"]
                     [/CACHE: Manual | Automatic | No ]
        sharename | devicename | drive: path /DELETE
```

使用不带参数的 net share，将显示本地计算机中所有共享资源的信息，如图 2-49 所示。

```
C:\WINNT\system32\cmd.exe                                    _|□|×|

C:\>net share

共享名     资源                           注释

───────────────────────────────────────────────────────────────
D$         D:\                            默认共享
ADMIN$     C:\WINNT                       远程管理
c$         c:\                            默认共享
IPC$                                      远程 IPC
命令成功完成。


C:\>
```

图 2-49　查看本地主机共享资源信息

新建共享文件 tools，指定路径 "D：\tools"，如图 2-50 所示。

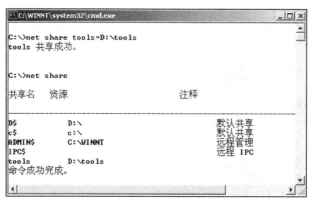

图 2-50　新建共享资源

新建共享文件 musicshare 指定路径和注释，如图 2-51 所示。

图 2-51　新建带有注释的共享资源

删除共享文件 tools，如图 2-52 所示。

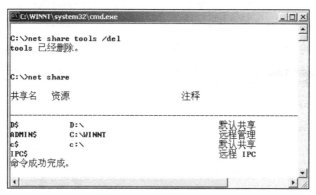

图 2-52　删除共享资源

2. net view

命令格式：NET VIEW [\\computername | /DOMAIN[：domainname]]

该指令的作用是显示域列表、计算机列表或指定计算机的共享资源列表。键入不带参数的 net view 指令，显示当前域的计算机列表，如图 2-53 所示。

图 2-53　显示当前域的计算机列表

参数 \\computername，表示指定要查看其共享资源的计算机。参数 /domain[：domainname]指定要查看可用计算机的域，如图 2-54 所示。

图 2-54　显示 VMWAREXP 主机的共享资源

3. net user

命令格式：

```
NET USER [username [password | *] [options]] [/DOMAIN]
         username {password | *} /ADD [options] [/DOMAIN]
         username [/DELETE] [/DOMAIN]
```

该命令的作用是添加或更改用户账户或显示用户账户的信息。键入不带参数的 net user 可查看计算机的用户账户列表，如图 2-55 所示。

username 为添加、删除、更改或查看用户账户名。password 为用户账户分配或更改密码。/domain 在计算机主域的主域控制器中执行操作。参数"/ADD"，表示添加用户，参数"/DELETE"，表示删除用户。

图 2-55　显示计算机的用户账户列表

添加一个用户名为 test、密码为 123 的用户，如图 2-56 所示。

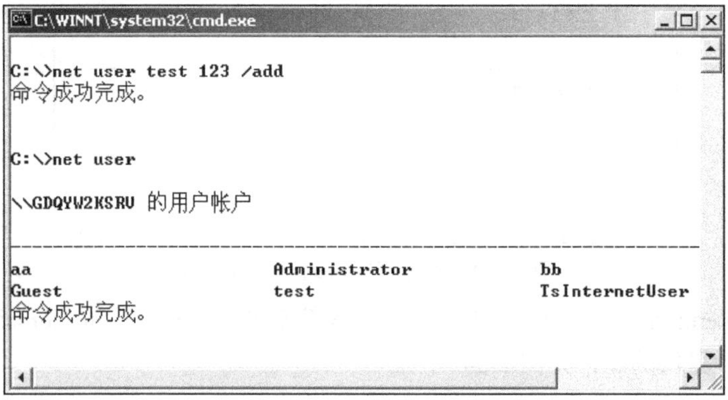

图 2-56　添加一个用户名为 test，密码为 123 的用户

删除 test 用户，如图 2-57 所示。

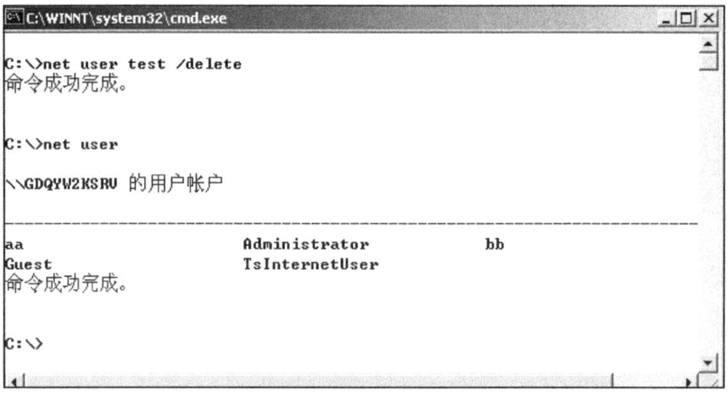

图 2-57　删除 test 用户

4. net use

命令格式：

```
NET USE [devicename | *] [\\computername\sharename[\volume] [password | *]]
       [/USER: [domainname\]username]
       [/USER: [dotted domain name\]username]
       [/USER: [username@dotted domain name]
       [[/DELETE] | [/PERSISTENT: {YES | NO}]]
```

　　该命令的作用是连接计算机或断开计算机与共享资源的连接，或显示计算机的连接信息。键入不带参数的 net use，列出网络连接。devicename 指定要连接到资源名称或要断开的资源名称；参数"\\computername\sharename"表示服务器及共享资源的名称；password 访问共享资源的密码；/user 指定进行连接的另一个用户；domain name 指定另一个域；username 指定登录的用户名；/home 将用户连接到其宿主目录；/delete 取消指定的网络连接。

　　例如，本地主机和 192-168-1-15 主机建立 IPC$ 连接，用户名是 administrator，密码是 123，如图 2-58 所示，建立连接后，使用 net use 查看网络连接。

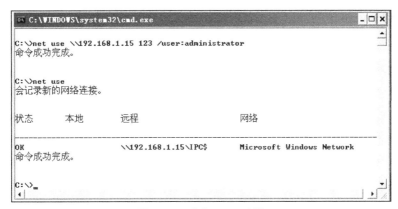

图 2-58　建立 IPC$ 连接

本地主机将目标主机的 D$ 映射为本地的 H 盘，如图 2-59 所示。

因为上一步建立 IPC$ 连接时，已经输入用户名和密码，所以这一步可以不用输入，即可完成连接的建立。

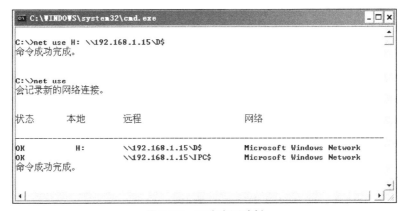

图 2-59　网络资源映射

另外，其他常用的网络命令有 arp、nslookup、net time、net start、net localgroup 等，在网络管理和维护中经常用到。

实训2-3　使用net命令进行用户管理

（一）实训目的

能够熟练地使用 net 命令进行用户管理。

（二）实训内容

在网络攻击技术中，得到管理员权限是非常重要的，利用 net 命令在命令行新建一个用户并将用户添加到管理员组，比如要添加一个用户名为 tom、密码为 123456 的用户，将其添加到管理员组，可以使用如下三条 net 指令。

- net use tom 123456 /add：　　　　　　　　　新建一个用户，并设置密码。
- net localgroup administrators tom /add：　　将用户添加到管理员组。
- net user：　　　　　　　　　　　　　　　查看用户列表。

其中，net localgroup 的作用是添加、显示或更改本地组，依次在 DOS 命令行下执行三条指令，如图 2-60 所示。

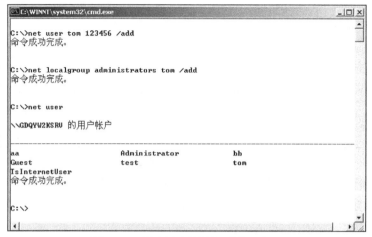

图 2-60　新建用户并添加到管理员组

实训2-4　使用net use命令建立主机信任连接

（一）实训目的
学会在局域网中使用 net use 命令和目标主机建立信任连接。

（二）实训内容
使用主机的用户名和密码，就可以用远程网络连接（Internet Process Connection，IPC$）建立信任连接。建立信任连接后，可以在命令行控制对方主机，IPC$ 是共享"命名管道"的资源，它是为了让进程间通信开放命名管道，可以通过验证用户名和密码获得相应的权限，在远程管理计算机和查看计算机的共享资源时使用。

（三）实训步骤
1. 本地主机和目标主机 192-168-1-15 建立 IPC 信任连接，用户名是 administrator，密码是 123，如图 2-61 所示。

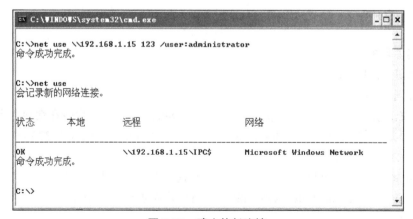

图 2-61　建立信任连接

2. 利用 net time 查看远程主机的当前时间, 如图 2-62 所示。

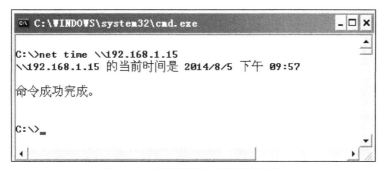

图 2-62　查看远程主机的当前时间

3. 可以使用其他的 DOS 命令, 如 dir、copy、delete 等对远程主机进行操作和管理, 如利用 dir 命令查看远程主机隐藏共享的 C 盘文件信息, 如图 2-63 所示。

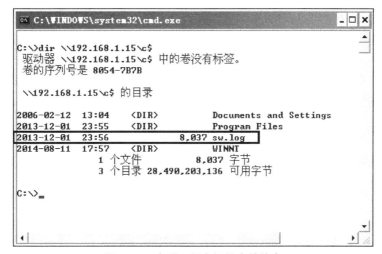

图 2-63　查看远程主机的文件信息

4. 删除上一步查看到的远程主机 C$ 的文件 sw.log, 如图 2-64 所示。

图 2-64　删除远程主机的文件

本章小结

本章重点介绍了有关安全方面的网络协议基础知识，TCP/IP 参考模型的概述，理解 IP、TCP、ARP 协议头结构，掌握网络监听的基本原理，以及使用嗅·探工具 sniffer 进行抓报捕获与解码分析。了解网络层、传输层、应用层的安全威胁与安全防范，并且学会了解常用的网络服务及其服务的占用的端口。最后熟练掌握常用的网络命令及其使用方法。

本章习题

一、选择题

1. TCP/IP 协议的 4 层概念模型是（　　）。
    A. 应用层、传输层、网络层和网络接口层
    B. 应用层、传输层、网络层和物理层
    C. 应用层、数据链路层、网络层和网络接口层
    D. 会话层、数据链路层、网络层和网络接口层

2. （　　）服务的一个典型的例子是用一种一致选定的标准方法对数据进行编码。
    A. 表示层　　　　　　　　　　B. 网络层
    C. TCP层　　　　　　　　　　D. 物理层

3. 常用的网络服务中，DNS 使用（　　）。
    A. UDP协议　　　　　　　　　B. TCP协议
    C. IP协议　　　　　　　　　　D. ICMP协议

4. 下列哪种会话在用户名和密码的验证中是安全的？（　　）
    A. FTP　　　　B. Telnet　　　　C. SSH　　　　D. SNMP

5. Telnet 服务自身的主要缺陷是（　　）。
    A. 不用用户名和密码　　　　　B. 服务端口23不能被关闭
    C. 明文传输用户名和密码　　　D. 支持远程登录

6. 为了防御网络监听，最常用的方法是（　　）。
    A. 采用物理传输（非网络）　　B. 信息加密
    C. 无线网　　　　　　　　　　D. 使用专线传输

7. 查看系统开放端口命令的是（　　）。
    A. nslookup　　B. netstat –an　　C. net use　　D. net share

8. 处于网络监听状态的主机将网卡设置为（　　）方式。
    A. 广播　　　　B. 直播　　　　C. 混杂　　　　D. 组播

9. 基于应用层的攻击是（　　）。
    A. TCP 会话拦截　　　　　　　B. ping of death
    C. 网络嗅探　　　　　　　　　D. DNS欺骗

10. TCP 的（　　）既保证了数据可靠地传输同时又被黑客利用进行攻击。
    A. 流量控制　　B. 端对端校验　　C. 分割数据块　　D. 三次"握手"

二、填空题

1. ＿＿＿＿＿＿＿＿＿ 协议的主要功能是完成网络中主机间的报文传输，在广域网中，这包括产生从源端到目的端的路由。

2. TCP/IP 协议簇包括 4 个功能层：应用层、＿＿＿＿＿＿＿＿＿、＿＿＿＿＿＿＿＿ 和网络接口层。这 4 层概括了相对于 OSI 参考模型中的 7 层。

3. 目前 E-mail 服务使用的两个主要协议是 ＿＿＿＿＿＿＿ 和 ＿＿＿＿＿＿＿＿＿。

4. ＿＿＿＿＿＿＿＿＿＿ 指令用于显示活动的连接、计算机监听的端口、以太网的统计信息和 IP 路由表。

5. Telnet 服务和 FTP 在传输层使用 ＿＿＿＿＿＿＿ 协议。

三、简答题

1. 网络监听的基本原理是什么？如何防范网络监听？

2. 抓取 Telnet 数据报，并简要分析 IP 头的结构。

3. 抓取 Telnet 数据报，并分析 TCP 头的结构，分析 TCP 的三次"握手"和四次"挥手"的过程。（上机完成）

4. 简述常用的网络服务及提供该服务的默认端口。

5. 简述 ping 命令和 ipconfig、netstat、net 命令的功能。

第 3 章

密码技术

本章要点

- 密码学的基本概念与术语。
- 密码体制的分类。
- 典型的对称加密算法和非对称加密算法。
- 密码学的重要应用——数字签名和数字证书。
- 公钥基础设施 PKI。

3.1 密码学概述

古代加密方法大约起源于公元前 440 年，出现在古希腊战争中的隐写术（Steganography）。斯巴达人于公元前 400 年将 Scytale 加密工具（"斯巴达木卷"）用于军官间传递秘密信息。

我国古代出现的"藏头诗"、"藏尾诗"及绘画等形式将需要表达的消息或密语隐藏在诗文或画卷中的特定位置。如"芦花丛中一扁舟，俊杰俄从此地游。义士若能知此理，反躬难逃可无忧"，这是《水浒传》中智多星吴用智取"玉麒麟"时写的四句"藏头诗"，暗藏"卢俊义反"，广为传播。尽管这些古代的加密方法只能限定在局部范围内使用，但却体现了密码学的若干典型特征。

3.1.1 密码学的发展历史

密码学的历史比较悠久，在四千年前，古埃及人就开始用密码学来保密传递信息。两千多年前，凯撒就开始使用目前称为"凯撒密码"的密码系统。但是密码技术直到 20 世纪 40 年代以后才有重大突破和发展。特别是 20 世纪 70 年代后期，由于计算机、电子通信的广泛使用，现代密码学得到了空前的发展。

密码学的发展大致经过如下四个阶段。

第一阶段是 1949 年以前，密码学是一门艺术，此阶段的研究特点如下：

- 密码学不是科学，而是艺术。
- 出现一些密码算法和加密设备。
- 密码算法的基本手段出现，主要针对字符。
- 简单密码分析手段出现，数据的安全基于算法的保密。

该阶段代表的事件是：1883 年 Kerchoffs 第一次明确地提出了编码的原则，即加密算法应建立在算法的公开之上而不影响明文和密码的安全。这一原则得到了广泛的认可，成为判定密码强度的衡量标准，实际上也成为传统密码和现代密码的分界线。

第二阶段是 1949～1975 年，密码学成为一门独立的科学，该阶段计算机的出现使基于复杂计算的密钥成为可能。其主要研究特点是，数据安全基于密钥而不是算法的保密。

第三阶段是 1976 年以后，这一时期以 1976 年 Deffiee 和 Hellman 开创的公钥密码学和1977 年美国制定的数据加密标准 DES 为里程碑，标志着现代密码学的诞生；该阶段具有代表性的事件如下：

- 1976 年，Diffe 和 Hellman 提出了不对称密钥。
- 1977 年，Rivest、Shamir 和 Adleman 提出了 RSA 公钥算法。
- 1977 年，DES 算法出现。
- 20 世纪 80 年代，出现 IDEA 和 CAST 等算法。
- 20 世纪 90 年代，对称密钥密码算法进一步成熟，Rijndael、RC6 等出现，逐步出现椭圆曲线等其他公钥算法。
- 2001 年，Rijndael 成为 DES 算法的替代者。

这一阶段的主要特点是，公钥密码使得发送端和接收端无密钥传输的保密通信成为可能。

第四阶段是应用密码学阶段，20 世纪 90 年代以来，密码学被广泛应用，密码的标准化工作和实际应用受到空前关注。

3.1.2 古典密码

公元前 5 世纪，古希腊斯巴达就出现了原始的密码器，用一条带子缠绕在一根木棍上，如图 3-1 所示，沿着木棍纵轴方向写好明文，解下来的带子上就只有杂乱无章的密文字母。解密者只需找到相同直径的木棍，再把带子缠上去，沿木棍纵轴方向即可读出有意义的明文。这就是最早的换位密码术。

公元前 1 世纪，著名的凯撒（Caesar）密码被用于高卢战争中，这是一种简单易行的单字母替代密码。明文中所有字母都在字母表向后（或向前）按照一个固定数目进行偏移后被替换成密文。

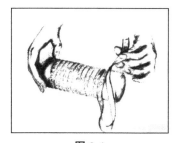

图 3-1

例如，当偏移量是 3 的时候，所有字母 A 将被替换成 D，B 变成 E，以此类推。

明文字母表： ABCDEFGHIJKLMNOPQRSTUVWXYZ
密文字母表： DEFGHIJKLMNOPQRSTUVWXYZABC

例如，明文（记作 m）为"important"，偏移量 K=3，则密文（记作 C）为"LPSRUWDQW"。

凯撒密码属于单表转换，意思是一个明文字母所对应的密文字母是确定的。根据这个特点，利用频率分析可以对这种加密进行有效的攻击。破译者利用在英语单词和文章中，统计出各个字母出现的频率，例如，e 出现的次数最多，其次是 t、a、o、I 等，然后对密文中各字母出现的频率进行分析，结合自然语言的字母频率特征，找到明文与密文字母的对应关系，从而将该密码体制破译。

鉴于单表置换密码体制存在这样的弱点，16世纪中期出现了维吉尼亚密码，由于破译难度高，维吉尼亚密码因此受到追捧，但是19世纪就可以完全破解该密码。在一个凯撒密码中，字母表中的每一字母都会作相同的偏移，而维吉尼亚密码则由一些偏移量不同的凯撒密码组成。为了生成密码，需要使用表格法。这一表格包括26行字母表，每一行都由前一行向左偏移一位得到。具体使用哪一行字母表进行编译是基于密钥进行的，在过程中不断地变换。维吉尼亚密码表如图3-2所示。

图 3-2 维吉尼亚密码表

例如，明文是ATTACKATDAWN，选择某一关键词并重复而得到密钥，如关键词为LEMON时，密钥为LEMONLEMONLE，对于明文的第一个字母A，对应密钥的第一个字母L，于是使用表格中L行字母表进行加密，得到密文第一个字母L。类似的，明文第二个字母为T，在表格中使用对应的E行进行加密，得到密文第二个字母X。以此类推，可以得到如下内容。

- 明文：ATTACKATDAWN
- 密钥：LEMONLEMONLE
- 密文：LXFOPVEFRNHR

解密的过程则与加密相反。例如，根据密钥第一个字母L所对应的L行字母表，发现密文第一个字母L位于A列，因而明文第一个字母为A。密钥第二个字母E对应E行字母表，而密文第二个字母X位于此行T列，因而明文第二个字母为T。以此类推便可得到明文。当密钥k为一个字母时，这就是凯撒密码。K越长，保密程度越高。显然这样的密码体制比单表置换密码体制具有更强的抗攻击能力，而且加密、解密均可用所谓的维吉尼亚方阵来进行，操作简单易行。

古典密码的发展有着悠久的历史，尽管这些密码大都很简单，但它在今天仍然有其参考价值，经常出现在智力游戏中。

3.2 密码学简介

密码学（Cryptology）作为数学的一个分支，是研究信息系统安全保密的科学，是密码编码学和密码分析学的统称。密码编码学（Cryptography）是使消息保密的技术和科学。密码编码学是密码体制的设计学，即怎样编码，采用什么样的密码体制保证信息被安全地加密。密码分析学（Cryptanalysis）是与密码编码学相对应的技术和科学，即研究如何破译密文的科学和技术。密码分析学是在未知密钥的情况下从密文推演出明文或密钥的技术。

3.2.1 密码学基本概念

在密码学中，有一个五元组：{ 明文、密文、密钥、加密算法、解密算法 }，对应的加密方案称为密码体制。

（1）明文（Plaintext）：是作为加密的原始信息，即消息的原始形式，通常用 m 或 p 表示。所有可能的明文的有限集称为明文空间，通常同 M 或 P 来表示。

（2）密文（Ciphertext）：是明文经加密变换后的结果，即消息被加密处理后的形式，通常用 c 表示，所有可能密文的有限集称为密文空间，通常用 C 表示。

（3）密钥（Key）：是参与密码变换的参数，通常用 k 表示。一切可能的密钥构成的有限集称为密钥空间，通常用 K 表示。

（4）加密算法（Encryption Algorithm）：将明文变换为密文的变化函数，相应的变换过程称为加密，即编码的过程（通常用 E 表示，即 $c=E_K(p)$）。

（5）解密算法（Decryption Algorithm）：是将密文恢复为明文的变换函数，相应的变换过程称为解密，即解码的过程（通常用 D 表示，即 $p = D_K(c)$）。

对于有实用意义的密码体制而言，总是要求它满足：$p = D_K(E_K(p))$，即用加密算法得到的密文总是能用一定的解密算法恢复出原始的明文来。而密文消息的获取同时依赖于初始明文和密钥的值。

密码系统的一般模型如图 3-3 所示。

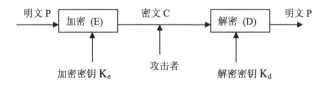

图 3-3 密码系统的一般模型

经典的密码学是关于加密和解密的理论，主要用于保密通信。目前密码学已经得到更加深入、广泛的发展，其内容已经不再是单一的加密技术，已被有效、系统地用于保证电子数据的保密性、完整性和真实性。这些功能在计算机网络进行社会交流和电子交易中至关重要。

（1）消息加密：用某种方法伪装消息以隐藏它的内容。

（2）鉴别：消息的接收者应该能够确认消息的来源；入侵者不可能伪装成他人。

（3）完整性：消息的接收者应该能够验证在传送过程中消息没有被篡改；入侵者不能用假消息代替合法消息。

（4）抗抵赖性：发送消息者事后不可能虚假地否认其发送的消息。

3.2.2　密码体制分类

根据密钥的类型不同密码体制可分为如下两大类：对称密码体制和非对称密码体制。

1. 对称密码体制

对称密码体制又可称为**私钥密码体制或单钥密码体制**（One-Key or Symmetric Cryptosystem），对称密码体制的加密密钥和解密密钥相同。采用对称密码体制的系统，其保密性主要取决于密钥的保密性，与算法的保密性无关。

一个对称密码体制的工作流程如下：假如 A 和 B 是两个系统，它们决定进行秘密通信。双方通过某种方式获得一个共享的秘密密钥 K，该密钥只有 A 和 B 知道，其他人均不知道。A 或 B 通过使用该密钥加密发送给对方消息以实现机密性，只有对方可以解密消息，而其他人均无法解密消息。

一般的对称加密体制模型如图 3-4 所示。

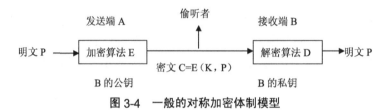

图 3-4　一般的对称加密体制模型

发送端 A，把明文 P 用加密算法 E 和密钥 K 加密，变换成密文 C，即 C=E（K，P）。

接收端 B，使用解密算法 D 和密钥 K 对 C 解密得到明文 P，即 P=D（K，C）。

这里加密 / 解密算法 E 和 D 是公开的，而密钥 K（加 / 解密函数的参数）是秘密的。在传送过程中，偷听者得到的是无法理解的密文，因为他得不到密钥，这就达到了对第三者保密的目的。

目前广泛使用的对称加密系统有数据加密标准 DES、3DES（Triple DES，三重 DES）和国际数据加密算法（International Data Encryption Algorithm，IDEA）、Blowfish、SAFER、RC4，以及美国国家标准和技术研究所（National Institute of Standards and Technology）颁布用来代替 DES 的高级加密标准（Advanced Encryption Standard，AES）。

2. 非对称密码体制

非对称密码体制的概念是 1976 年由美国密码学专家 Diffie 和赫尔曼 Hellman 提出的，是目前应用最广泛的一种加密体制。非对称密码体制又可称为**公钥密码体制或双钥密码体制**（Two-key or Asymmetric Cryptosystem）。采用非对称密码体制的每一用户都有一对选定的密钥：一个是公开的（公钥 PU），可以像电话号码一样进行注册公布；另一个则是秘密的（私钥 PR）。

在这一体制中，加密密钥和解密密钥不相同，发送信息的人利用接收者的公钥发送加密信息，接收者再利用自己专有的私钥进行解密。这种方式既能保证信息的机密性，又能保证信息具有不可抵赖性。目前公钥体制广泛地用于 CA 认证、数字签名和密钥交换等领域。

一般非对称系统加密模型如图 3-5 所示。

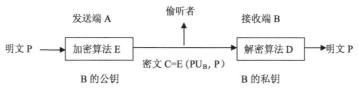

图 3-5 非对称系统加密模型

发送端 A，使用 B 的公钥和加密算法 E 对明文 P 加密处理，得到密文 C；接收端 B，使用自己的私钥和解密算法对密文 C 进行解密，得到明文 P。

发件人和收件人都各持有一对密钥（PU，PR），即公钥和私钥。这对密钥彼此相互关联（因此它们被称为密钥对），但它们是不同的。密钥之间的关系是，由一个密钥 PU 进行加密的信息只能由密钥对中的另一个密钥 PR 来解密。如果由 PR 加密信息，则只能由 PU 来解密。

几种著名的非对称加密算法有 RSA、DSA、ECC 等。

3.3 对称加密算法

3.3.1 DES算法

美国国家标准局（NBS）于 1973 年向社会公开征集一种用于政府机构和商业部门对非机密的敏感数据进行加密的加密算法，最后选中 IBM 提交的一种加密算法，并于 1977 年 1 月 5 日颁布了数据加密标准 DES。它很可能是使用最广泛的私钥系统，特别是在保护金融数据的安全中，最初开发的 DES 是嵌入硬件中的。通常，自动取款机（Automated Teller Machine，ATM）都使用 DES。

DES 使用一个 56 位的密钥及附加的 8 位奇偶校验位，产生最大 64 位的分组大小。这是一个迭代的分组密码，使用称为 Feistel 的技术，其中将加密的文本块分成两半。使用子密钥对其中一半应用循环功能，然后将输出与另一半进行"异或"运算；接着交换这两半，这一过程会继续下去，但最后一个循环不交换。DES 使用 16 次循环的替换和换位，如图 3-6 所示为 DES 加密算法的一般模型。

图 3-6 DES 加密算法的一般模型

DES 算法一次循环的替换和换位过程如图 3-7 所示。

DES 的最大缺陷是密钥长度较短，现在计算机的计算能力处于高速发展趋势，如此短的密钥，经不住穷举攻击，即重复尝试各种密钥直到有一个符合为止。如果 DES 使用 56 位的密钥，则可能的密钥数量是 2 的 56 次方个。随着计算机系统能力的不断发展，DES 的安全性比它刚出现时会弱得多，然而从非关键性质的实际出发，仍可以认为它是足够的。

1999 年，美国 NIST 发布了一个新版本的 DES 标准，该标准同时指出 DES 仅能用于遗留的系统。

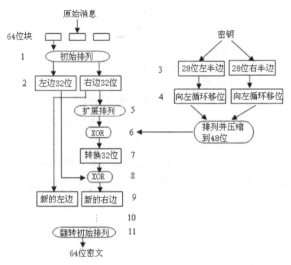

图 3-7　DES 算法一次循环的替换和换位过程

3.3.2　三重DES（Triple-DES）

三重 DES（3DES）的标准化最初出现在 1985 年的 ANSI 标准 X 9.17 中，为了把它用于金融领域，1999 年随着 FIPS PUB 46-3（*Federal Information Processing Standards*）的公布，把它合并为数据加密标准的一部分。3DES 是 DES 的改进算法。

3DES 使用 3 个密钥并执行了 3 次 DES 算法，其组合过程依照加密—解密—加密（EDE）的顺序进行：

C=E（K₃，D（K₂，E（K₁，P）））

C= 密文

P= 明文

E[K，X]= 使用密钥 K 加密 X

D[K，Y]= 使用密钥 K 解密 Y

三重 DES 算法流程如图 3-8 所示。

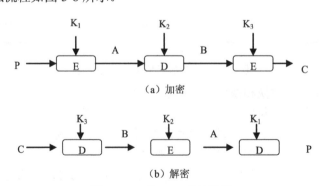

（a）加密

（b）解密

图 3-8　三重 DES 算法流程

算法的步骤如下：

（1）用密钥 K₁ 进行 DES 加密。

（2）用 K_2 对步骤（1）的结果进行 DES 解密。

（3）对步骤（2）的结果使用密钥 K_3 进行 DES 加密。

这种方法的缺点是要花费原来三倍的时间，但从另一方面来看，三重 DES 的 112 位密钥长度安全性得到了提高。

解密，仅仅是使用相反的密钥顺序进行相同的操作，P=E（K_1，D（K_2，E（K_3，P）））。

FIPs 规定可以使用两个密钥报文作三次 DES 加密，效果相当于将 DES 密钥长度加倍，克服了 DES 密钥长度较短的缺点。本来，应该使用三个不同的密钥进行三次加密，这样就可以把密钥的长度加长到 3*56=168 位。但许多密码设计者认为 168 位密钥已经超过实际需要，所以在第一层和第三层使用相同的密钥，产生了一个有效长度为 112 位的密钥。之所以没有直接用两重 DES，是因为第二层 DES 不是十分安全，它对一种称为"中间可遇"的密钥分析攻击极为脆弱，所以最终还是采用了利用两个密钥进行三重 DES 加密操作。

> 思考：3 DES 为什么是 DED 和 EDE 模式而不是 DDD 和 EEE 模式？
>
> 答：因为 DED/EDE 模式可以兼容 DES。如果 $K_1=K_2=K_3$，即只有一个密钥，那样 3DES 就相当于 DES：DED(C)=D(C)；EDE(P)=E(P)。

3.3.3 AES

3DES 有如下两个优点：第一，由于 168 比特的密钥长度，它克服了 DEA 对付穷举攻击的不足。第二，3DES 底层加密算法和 DES 相同，而这个算法经过了很长时间的审查，除穷举法以外没有发现任何有效的基于此算法的攻击。因此 3DES 的安全性很好。但是，它的基本缺陷是算法软件运行得相对较慢。3DES 的迭代论述是 DES 的 3 倍，因此很慢，还有 DES 和 3DES 都使用 64 比特的分组。从效率和安全的角度考虑，需要更大的分组。因此，3DES 不是长期使用的合理选择。

1997 年美国政府公开宣布征集一个新的数据加密标准算法 AES 以取代 DES，征集规定如下：

（1）AES 要详细说明一个非保密的、公开的对称密钥加密算法。

（2）算法必须支持（至少）128 位的分组长度，128 位、192 位和 256 位的密钥长度。

AES 加密算法即密码学中的高级加密标准（Advanced Encryption Standard，AES），又称为 Rijndael 加密法，是美国联邦政府采用的一种区块加密标准。这个标准用来替代原先的 DES，已经被多方分析且广为全世界所使用。经过 5 年的甄选流程，高级加密标准由美国国家标准与技术研究院（NIST）于 2001 年 11 月 26 日发布于 FIPS PUB 197，并在 2002 年 5 月 26 日成为有效的标准。

2006 年，高级加密标准已然成为对称密钥加密中最流行的算法之一。该算法为比利时密码学家 Joan Daemen 和 Vincent Rijmen 所设计，结合两位作者的名字，以 Rijndael 算法命名。

AES 算法基于排列和置换运算。排列是对数据重新进行安排，置换是将一个数据单元替换为另一个。AES 使用几种不同的方法来执行排列和置换运算。

AES 是一个迭代的、对称密钥分组的密码，它可以使用 128、192 和 256 位密钥，并且用 128 位（16 字节）分组加密和解密数据。迭代加密使用一个循环结构，在该循环中重复置换和替换输入数据。

表 3-1 就几种著名的对称加密算法从密码类型、密钥长度等进行了一个简单的比较。

表3-1 几种著名的对称加密算法比较

算 法	类 型	密 钥 长 度	运 算 速 度	安 全 性
DES	分组密码	56位	较快	低
3DES	分组密码	112位或168位	慢	中
AES	分组密码	128、192、256位	快	高
RC4	流密码	长度可变（8~2 048位）	快	高

3.4 非对称加密算法

3.4.1 RSA算法

到目前为止，应用最广泛的公开密码体制是由麻省理工学院（MIT）的 Ron Rivest、Adi Shamir 和 Len Adleman 三人 1977 年共同开发的 RSA。RSA 就是他们三人姓氏开头字母拼在一起组成的。

RSA 算法的安全性依赖于大整数因式分解的困难性。也就是说，计算两个大素数的乘积是容易的，但对两个大素数之积进行因式分解却非常困难（在计算上是不可行的）。换言之，对一极大整数做因数分解愈困难，RSA 算法愈可靠。

RSA 既可用于加密，又可用于数学签名，安全易懂。不过由于其加密速度比对称密码体制慢许多，其软件实现速度仅为 DES 的 1/100，硬件实现速度仅为 DES 的 1‰。因此，其现在多用于数字签名、密钥管理和身份认证等应用中。Internet 网的 E-mail 保密系统 PGP 及国际 VISA 和 MASTER 组织的电子商务协议（SET 协议）中都将 RSA 密码作为传送会话密钥和数字签名的标准。

下面将 RSA 算法过程总结如下：

① 选择 p 和 q。其中 p 和 q 都是素数，且 p 和 q 不相等。

② 计算这两个素数的乘积 $n = p \times q$。

③ 计算小于 n 并且与 n 互质的整数的个数，即欧拉函数 $\phi(n) = (p-1)(q-1)$。

④ 选取一个随机数 e，使之满足 $1 < e < \phi(n)$，并且 e 和 $\phi(n)$ 互质，即 $\gcd(e, \phi(n)) = 1$。

⑤ 计算 $de = 1 \bmod \phi(n)$。

⑥ 保密 d、p 和 q，公开 n 和 e。

假设 Alice 想要通过一个不可靠的媒体接收 Bob 的一条私人信息，如图 3-9 所示，那么她可以用上述 RSA 算法来产生一个公钥和一个私钥：

（1）Alice 将她的公钥 $\{e, n\}$ 传给 Bob，而将她的私钥 $\{d, n\}$ 保密。

（2）Bob 发送加密消息给 Alice，使用 Alice 的公钥 $\{e, n\}$。

明文 $\mathbf{M} < n$，由加密公式 $\mathbf{C} = \mathbf{M}^e \bmod n$，得到密文 C。

（3）Alice 解密密文 C，使用自己的私钥 $\{d, n\}$。

密文 **C<n**，由解密公式 **M=C^d mod n** 得到明文。

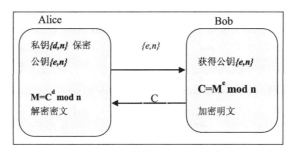

图 3-9　Alice 接收 Bob 的加密报文

假设 Alice 选取的两个素数分别是 11、13，那么 Alice 的公钥和私钥分别是多少呢？大家可以计算一下，当然在实际应用中，选取的是大素数，计算的难度大得多。

RSA 的基本原理依赖于作为单向函数的质数分解的复杂性。RSA 算法的安全性依赖于大数分解，分解 n 是最显然的攻击方法。现在人们已经能分解多个十进制位的大素数，因此模数 n 必须选大一些。例如，若要求将 13 715 249 分解成两个质数的积，恐怕没有人能在几分钟内就给出答案。实际上，这个整数可以分解为 2 389 和 5 741 两个质数的乘积。于是将这两个质数作为密钥来考虑时，若持有密钥，就会很容易地进行加密和解密，相反，在没有密钥的情况下，对密文进行解密也是很困难的。

RSA 算法是第一个能同时用于加密和数字签名的算法，易于理解和操作。它也是被研究的最广泛的公钥算法，从提出到现在，30 多年中经历了各种攻击的考验，逐渐为人们接受，被普遍认为是目前最优秀的公钥方案之一。

由于进行的都是大数计算，使得 RSA 算法，最快的情况下也比 DES 算法慢很多，无论是软件还是硬件实现，速度一直是 RSA 算法的缺陷，一般来说只用于少量的数据加密。表 3-2 所示为对称算法与非对称算法的比较。

表3-2　对称算法与非对称算法的比较

特　性	对称加密	非对称加密
密钥的数目	单一密钥	密钥是成对的
密钥种类	密钥是秘密的	一个私有、一个公开
密钥管理	简单不好管理	需要数字证书及可靠第三者
相对速度	非常快	慢
用途	用来做大量资料的加密	用来做加密小文件或对信息签字等不太严格保密的应用

为了充分利用非对称密码体制和对称密码体制的优点，克服其缺点，解决每次传送都要更换密钥的问题，提出了**混合密码系统**，即所谓的"**数字信封技术**"，3.5.3 节将会进行介绍。在混合密码系统中，将公开密钥用于密钥分配解决了很重要的密钥管理问题。而对对称密码算法而言，数据加密密钥直到使用时才起作用，所以，在实际应用系统中，当需要对通信数据加密时，才产生会话密钥（私钥），不再需要时就销毁它。一般情况下，每次会话的私钥都不相同，这样可以大大减少会话密钥泄露的可能性。

3.4.2 椭圆曲线密码体制

椭圆曲线密码学（Elliptic Curve Cryptography，ECC）是基于椭圆曲线数学的一种公钥密码的方法。椭圆曲线在密码学中的使用是在 1985 年由 Neal Koblitz 和 Victor Miller 分别独立提出的。二人并未发明使用椭圆曲线的密码算法，但用有限域上的椭圆曲线实现了已经存在的非对称密码算法，如已实现的 ElGamal 型椭圆曲线密码。

ECC 实现同等安全型所需使用的密钥长度比 ElGamal、RSA 等密码体制短得多，软件实现规模小，硬件实现电路省电。正因如此，一些国际标准化组织已将椭圆曲线密码作为新的信息安全标准，如 IEEE P1363/D 4、ANSI F 9.63 等标准，分别规范了椭圆曲线密码在 Internet 协议安全、电子商务、Web 服务器、空间通信、移动通信和智能卡等方面的应用。表 3-3 所示为几种著名的非对称加密算法比较。

表3-3　几种著名的非对称加密算法比较

算　　法	成熟度	运算速度	安全性
RSA	高	慢	高
DSA	高	慢	高
ECC	低	快	高

3.5　数字签名技术

随着计算机网络的发展，电子商务、电子政务、电子金融等系统得到广泛应用，在网络传输过程中，通信双方可能存在一些问题，信息接收方可以伪造一份消息，并声称是由发送方发送过来的，从而获得非法利益。同样，信息的发送方也可以否认发送过来的消息，从而获得非法利益。因此，在电子商务中，某一个用户在下订单时，必须能够确认该订单确实为用户自己发出，而非其他人伪造。另外，在用户与商家发生争执时，则必须存在一种手段，能够为双方关于订单进行仲裁。

数字签名是信息安全的又一重要研究领域，是实现安全电子交易的核心之一。

3.5.1 数字签名的基本原理

在文件上手写签名长期以来被用作签名者身份的证明，或表明签名者同意文件的内容。实际上签名体现了如下 5 个方面的保证。

（1）签名是可信的。签名使文件的接收者相信签名者是慎重地在文件上签名的。

（2）签名是不可伪造的。签名证明是签字者而不是其他的人在文件上签字。

（3）签名不可重用。签名是文件的一部分，不可能将签名移动到不同的文件上。

（4）签名后的文件是不可变的。在文件签名以后，文件就不能改变。

（5）签名是不可抵赖的。签名和文件是不可分离的，签名者事后不能声称其没有签过这个文件。

在现实生活中，关于签名的这些特性没有一个是完全真实可靠的。签名可以伪造，签名能够从一篇文章中盗用到另一篇文章中；文件在签名后能够改变。在计算机中进行的签名，同样存在这些问题。首先，计算机文件容易复制，即使某人的签名难以伪造（例如，手写签名的图形），但是从一个文件到另一个文件的复制和粘贴很容易，所以这种签名无意义，其次，文件在签名后也易于修改，并且不会留下任何修改后的痕迹，为了解决这个问题，数字签名技术应运而生。

数字签名是指用户用自己的私钥对原始数据的哈希摘要进行加密所得的数据。信息接收者使用信息发送者的公钥对附在原始信息后的数字签名进行解密后获得哈希摘要，并通过与自己收到的原始数据产生的哈希摘要对照，便可确信原始信息是否被篡改。这样就保证了消息来源的真实性和数据传输的完整性。

有几种公开的密钥算法都能用于数字签名，这些公开密钥算法的特点是，不仅用公开密钥加密的消息可以用私钥解密，而且反过来用私人密钥加密的消息也可以用公开密钥解密。

假设A给B发送消息，B要能够确定这条消息来自于A，签名过程如图3-10所示。

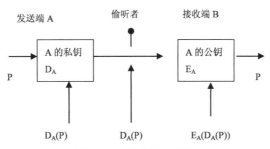

图 3-10　数字签名过程

图3-9签名过程详细描述如下：

（1）发送端A使用自己的私钥加密明文P，得到签名文件$D_A(P)$。

（2）A直接将签名后的文件发送给B，在信道上传送$D_A(P)$。

（3）接收端B使用A的公钥解密（验证）签名文件$D_A(P)$，即$E_A(D_A(P))$，解密成功，从而验证签名，证明消息来源于A。

> 思考：如果偷听者在信道上截获报文$D_A(P)$，可以解密吗？
>
> 答：假设偷听者可以获得A的公钥，那么就可以解密$D_A(P)$，得到明文P。一般公钥是公开的，所以此消息不具有保密性。

假设上述通信同时也要求保密性，即只有B才可以查看消息P，其他任何人都不允许查看P，则A同时使用签名和加密，既保证消息的来源是真实的，又可以确保消息是保密的。则过程如图3-11所示。

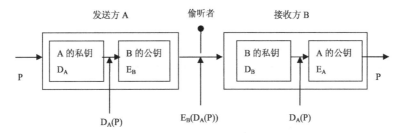

图 3-11　基于公钥体制的数字签名和加密一般模型

图 3-11 描述的签名和加密过程如下：

（1）发送方 A 使用自己的私钥加密明文 P，得到签名文件 $D_A(P)$。

（2）A 再使用 B 的公钥加密上一步得到的 $D_A(P)$，得到加密文件 $E_B(D_A(P))$，在信道上传递。

（3）接收方 B 收到上一步加密的报文，首先使用自己的私钥解密，即 $D_B(E_B(D_A(P)))$，得到签名文件 $D_A(P)$。

（4）B 再使用 A 的公钥验证上一步的签名文件，即 $E_A(D_A(P)))$，验证成功，得到明文 P。

如果发送端发送的数据信息量大，则使用公钥加密算法对整体信息进行加密是非常耗时的，效率太低。从节省时间、提高效率方面考虑，数字签名常常与单向哈希函数一起使用。

3.5.2　消息摘要与散列函数

消息摘要（Message Digest）是代表源发送消息的一段简短的信息。它是源报文唯一的压缩所示，代表了原来报文的特征，所以也叫作数字指纹（Digital Fingerprint）。

通常，产生消息摘要的快速加密算法称为散列函数（Hash），也称为哈希函数。散列函数不使用密钥，它只是一个简单的公式。当使用一个 16 位的散列函数时，散列函数处理的消息文本将产生一个 16 位字符串。例如，一个消息可以产生一个像 FaVC47895235KhMa 的 16 位字符串。

所以，散列函数是将任意长度的二进制串映射为固定长度的二进制串，这个长度较小的二进制串成为散列值，就是所谓的消息摘要。散列值是一段数据唯一的、紧凑的表示形式。计算消息摘要的过程如图 3-12 所示。

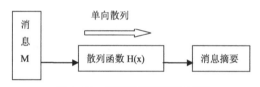

图 3-12　计算消息摘要的过程

对 Hash 函数 $h=H(M)$ 的要求如下：

（1）可用于任意大小的数据块。

（2）能产生固定大小的输出。

（3）软 / 硬件容易实现。

（4）对于任意 h，找出 x，满足 $H(x)=h$，是不可计算的。

（5）对于任意的 x，找出 $y \neq x$，使得 $H(x)=H(y)$，是不可计算的。

（6）找出 (x, y)，使得 $H(x)=H(y)$，是不可计算的。

前三项要求显而易见是实际应用和实现的需要，第 4 项要求就是所谓的单向性，这个条件使得攻击者不能由偷听到的 m 得到原来的 x。第 5 项要求是为了防止伪造攻击，使得攻击者不能用自己制造的假消息 y 冒充原来的 x。第 6 项要求是为了防止生日攻击的。

如果对一段明文只更改其中的一个字母，随后的散列变换都将产生不同的散列值。要找到散列值相同的两个不同的输入在计算上是不可能的，符合第 5 项要求，所以数据的散列值可以检验数据的完整性。因此当发送方将消息和消息摘要发送给接收方时，接受方可以使用相同的单向散列函数验证消息的完整性。

Alice 和 Bob 的通信过程使用了消息摘要的数字签名，如图 3-13 所示。

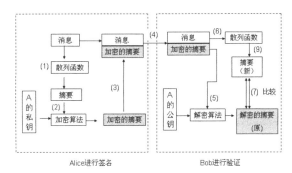

图 3-13　数字签名的原理

过程描述：

（1）发送方 A 使用单向散列函数 H，计算明文 M 的消息摘要。

（2）A 使用自己的私钥和加密算法来加密消息摘要，得到数字签名。

（3）A 将数字签名附在消息文件后面。

（4）A 将签名后的消息在网络信道上发送。

（5）接收方 B，使用 A 的公钥验证数字签名，得到原消息摘要。

（6）B 再通过散列函数 H，对发送过来的消息明文重新计算消息摘要。

（7）B 将原摘要和新摘要进行比较，相同，则证明消息是完整的，而且是 A 发送过来的。

3.5.3　数字信封

数字信封（Digital Envelop）的功能类似于普通信封。普通信封在法律约束下保证只有收信人才能阅读信的内容；数字信封则采用密码技术保证了只有规定的接收人才能阅读信息的内容。数字信封中采用了单钥密钥体制和公钥密码体制。信息发送者首先利用随机产生的对称密码加密信息，再利用接收方的公钥加密对称密码，被公钥加密后的对称密码称为数字信封。

在 3.5.2 节中的数字签名过程保证了消息的可靠性、完整性，但是保密性还没有解决，一般情况下，明文的加密选择对称加密，即使用双方共享的会话密钥加密消息。为了保证会话密钥的安全，需要对其进行保护，即使用数字信封技术。

A 用接收方 B 的公钥加密一个会话密钥 K，这个加密的会话密钥 K 称为"电子信封"。A 使用会话密钥 K 加密消息连同电子信封一起发送给 B，B 使用自己的私钥打开信封，取出会话密钥 K，解密密文，得到明文，过程如图 3-14 所示。

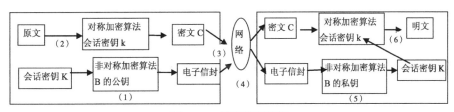

图 3-14　数字信封原理

过程描述如下：

（1）发送方 A 随机产生一个会话密钥 K，用 B 的公钥对会话密钥 K 加密，生成数字信封。

（2）A 用产生的会话密钥 K 对消息进行加密，产生密文 C。

（3）A 将密文 C 和数字信封一同传给 B。

（4）B 收到 A 传送过来的密文和数字信封，先用自己的私钥打开信封，得到会话密钥 K。

（5）B 用会话密钥 K 对收到的密文进行解密，得到明文的信息，然后将会话密钥抛弃。

上述过程保证信息传送的保密性，如果需要同时保证消息的真实性、完整性和不可否认性，则需要对要传送的信息同时进行数字加密和数字签名，其传送过程如下：

（1）A 准备好要传送的数字信息（明文）。

（2）A 对数字信息进行哈希（hash）运算，得到一个消息摘要。

（3）A 用自己的私钥（SK）对消息摘要进行加密得到 A 的数字签名，并将其附在数字信息上。

（4）A 随机产生一个加密的会话密钥 K，并用此密钥对要发送的信息进行加密，形成密文。

（5）A 用 B 的公钥（PK）对刚才随机产生的加密密钥进行加密，将加密后的会话密钥 K 连同密文一起传送给 B。

（6）B 收到 A 传送过来的密文和加密的会话密钥，先用自己的私钥（SK）对加密的会话密钥进行解密，得到会话密钥。

（7）B 然后用会话密钥对收到的密文进行解密，得到明文的信息，然后将会话密钥抛弃（会话密钥作废）。

（8）B 用 A 的公钥（PK）对 A 的数字签名进行解密，得到消息摘要。

（9）B 用相同的 hash 算法对收到的明文再进行一次 hash 运算，得到一个新的消息摘要。

（10）B 将收到的消息摘要和新产生的消息摘要进行比较，如果一致，则说明收到的信息没有被修改过。

3.5.4　常用的散列函数

1. MD5 算法

使用最广的消息摘要算法是 MD5，这是上世纪 90 年代初 Ronald L.Rivest 设计一系列 Hash 函数中的第 5 个。其基本思想就是对于任意长度的明文，MD5 首先对其进行分组，使得每一组的长度为 512 位，然后对这些明文分组重复处理，产生 128 位报文摘要。

2. SHA 家族

近年来，应用最为广泛的散列函数是安全散列算法（SHA）。由于其他每一种被广泛应用的散列函数都已被证实存在着缺陷，截至 2005 年 SHA 或许是仅存的标准散列算法。SHA 由美国国家标准和技术协会于 1993 年提出，并定义为安全散列标准。完整地说，SHA 共有 6 个标准。分别是：SHA-0（1992 年）、SHA-1（1995 年）、SHA224（2002 年）、SHA256（2000

年)、SHA-384（2000 年）和 SHA-512（2000 年），后四者有时并称为 SHA-2。SHA 与普通 Hash 算法最大的不同在于它不是专门为 Intel CPU 设计的。

通常所说的 SHA-1 算法的输入报文小于 264 位，产生 160 位的报文摘要。2005 年，NIST 宣布 2010 年后不再认可 SHA-1，转为信任 SHA-2，最多可产生 512 为报文摘要。

SHA 的算法缺点是速度比 MD5 慢，但是 SHA 的报文摘要要更长，更有利于对抗野蛮攻击。由于对 MD5 出现成功的破解，以及对 SHA-0 和 SHA-1 出现理论上破解的方法，NIST 感觉需要一个与之前算法不同的、可替换的加密散列算法，也就是现在的 SHA-3。

3. SHA-3——Keccak 算法

2012 年 10 月 2 日，Keccak 被选为 NIST 散列函数竞赛的胜利者，成为 SHA-3。 SHA-3 并不是要取代 SHA-2，因为 SHA-2 目前并没有出现明显的弱点。Keccak 算法由意法半导体的 Guido Bertoni、Joan Daemen（AES 算法合作者）和 Gilles Van Assche，以及恩智浦半导体的 Michaël Peeters 联合开发。NIST 计算机安全专家 Tim Polk 说，Keccak 的优势在于它与 SHA-2 设计上存在极大差别，适用于 SHA-2 的攻击方法将不能作用于 Keccak。

3.6 数字证书

公钥密码的出现对于分布式系统的安全来说是一个巨大的突破。利用公钥加密算法，当一个用户和另外一个用户进行安全通信的时候，不需要先商定共享密钥，发送方只需得到接收方公开密钥的一个备份即可。公开密钥一般是以数字证书的方式存在的。

一旦用户得到了接收方的数字证书，就可以使用这个公开密钥加密要发送的消息，对方只有具备相应的私有密钥，才能把加密消息打开。反过来也一样，对方可以把要发送的消息用自己的私有密钥进行"签名"，只有拥有其数字证书备份的用户才能对消息进行验证和解密。

3.6.1 公钥证书

公钥加密的一个重要问题就是公钥的分发，公钥是公开的，任何人都可以向其他人发送其公钥，或向群体广播自己的公钥。虽然这种方法非常方便，但是它也有很大的缺点，任何人都可以伪造公钥，即某用户可以伪装用户 A 向其他人发送公钥或广播公钥。直到一段时间后用户 A 发觉伪造并且告知其他人，那么在此之前伪造者都可以读到试图发送给 A 的加密消息，并且使用假的公钥进行认证。

那么，解决公钥伪造问题的方法是使用数字证书或公钥证书。公钥证书是由本人的公钥加上公钥所有者的用户 ID 及可信的第三方签名等整个数据块组成的。通常，第三方就是用户团体所信任的认证中心（CA），如政府机构或金融机构。用户可以通过安全渠道将其公钥提交给 CA，获取证书，然后用户就可以发布该证书。任何需要该用户公钥的人都可以获取该证书，并且通过所附的可信的签名验证其有效性。图 3-15 描述了这个过程。

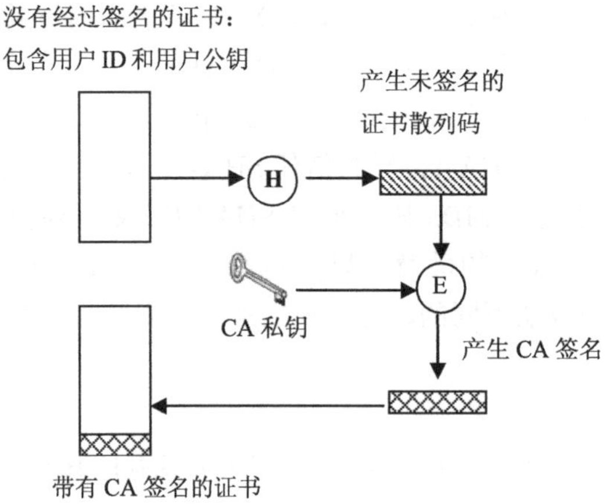

没有经过签名的证书:
包含用户ID和用户公钥

产生未签名的
证书散列码

H

CA 私钥

E

产生 CA 签名

带有 CA 签名的证书

图 3-15 公钥证书的 CA 签名

3.6.2 X.509证书

X.509 是一个重要的标准，因为 X.509 中定义的证书结构和认证协议在很多环境下都会用到。例如，X.509 的证书格式在 S/MIME、IP 安全和 SSL\TLS 中使用。

X.509 最初发布于 1988 年，在 2000 年进行了修订。X.509 基于公钥加密体制和数字签名的使用，这个标准没有强制使用某个特定的算法，但是推荐使用 RSA。数字签名方案假定需要使用散列函数，同样，这个标准也没有强制使用某种特定的散列算法。

X.509 方案的核心是每个用户关联的公钥证书。这些证书是由可信任的认证中心（Certification Authority，CA）创建的，并由 CA 或用户放在目录中，目录服务本身不负责公钥的产生和认证功能，它只为用户获取证书提供一个空间。

图 3-16 所示为 X.509 证书的一般结构，它包含如下要素。

① 版本号。该域用于区分各连续版本的证书，如版本 1、版本 2 和版本 3。

② 序列号。每个证书都有一个唯一的证书序列号。

③ 签名算法。该域用来说明签发证书所使用的算法及相关的参数。

④ 发行机构名称。该域用于标识生成和签发该证书的认证机构的唯一名。

⑤ 有效期。定义了该证书可以被看作有效的时间段，除非该证书被撤销。

⑥ 所有人的名称。该域标识证书拥有者的唯一名，也就是拥有与证书中公钥所对应私钥的主体。

⑦ 所有人的公开密钥。该域含有拥有者的公钥、算法标识符及算法所使用的任何相关参数。

⑧ 证书发行者对证书的签名。即 CA 的签名。

例如，打开 IE 浏览器，选择"工具"→"Internet 选项"→"内容"→"证书"命令，可以打开一个证书，查看内容，如图 3-17 所示。

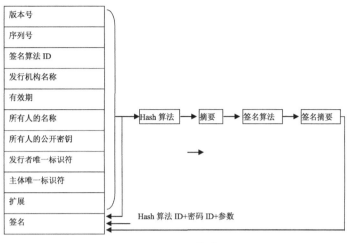

图 3-16 X.509 格式

图 3-17 X.509 证书示意图

　　我们可以使用数字证书，通过运用公钥和私钥密码体制建立起一套严密的身份认证系统，从而保证安全性。信息除发送方和接收方外不被他人窃取；信息在传输过程中不被篡改；发送方能够通过数字证书来确认接收方的身份，发送方对于自己的信息不能抵赖。

3.7　公钥基础设施PKI

3.7.1　PKI概述

　　公钥基础设施（Public Key Infrastructure，PKI）是一个用非对称密码算法原理和技术实现的、具有通用性的安全基础设施。PKI利用数字证书标识密钥持有人的身份，通过对密钥的规范化管理，为组织机构建立和维护一个可信赖的系统环境，透明地为应用系统提供身份认证、数据保密性和完整性、抗抵赖等各种必要的安全保障，满足各种应用系统的安全需求。

简单地说，PKI 是提供公钥加密和数字签名服务的系统，目的是为了自动管理密钥和证书，保证网上数字信息传输的机密性、真实性、完整性和不可否认性。

PKI 产生于 20 世纪 80 年代，发展壮大于 20 世纪 90 年代。近年来，PKI 已经从理论研究阶段过渡到产品开发阶段，市场上也陆续出现了比较成熟的产品或解决方案。目前，PKI 的生产厂家及其产品很多，有代表性的包括 Baltimore Technologies 公司的 UniCERT、Entrust 公司的 EntrustPK I5.0 和 VeriSign 公司的 OnSite。另外，包括一些大的厂商，如 Microsoft、Netscape 和 Novell 等，也已开始在自己的网络基础设施产品中增加 PKI 功能。

目前，广泛任何的 PKI 是以 ITU-T 的 X.509 第 3 版为基础的结构。1995 年成立了 PKIX 工作组，目的是开发以 X.509 为基础的 PKI 标准。PKIX 起草了一系列的 Internet 草案和 RFC 文档。

3.7.2 PKI功能组成结构

PKI 公钥基础设施体系主要由密钥管理中心、CA 认证机构、RA 注册审核机构、证书发布系统和应用接口系统 5 部分组成，其功能结构如图 3-18 所示。

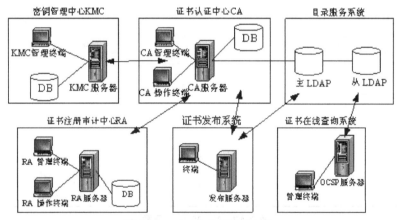

图 3-18　PKI 的功能组成结构

（1）密钥管理中心（KMC）：向 CA 服务提供相关密钥服务，如密钥生成、密钥存储、密钥备份、密钥恢复、密钥托管和密钥运算等。

（2）CA 认证机构：是 PKI 公钥基础设施的核心，它主要完成生成 / 签发证书、生成 / 签发证书撤销列表（CRL）、发布证书和 CRL 到目录服务器、维护证书数据库和审计日志库等功能。

（3）RA 注册审核机构：RA 是数字证书的申请、审核和注册中心。它是 CA 认证机构的延伸。在逻辑上 RA 和 CA 是一个整体，主要负责提供证书注册、审核及发证功能。

（4）证书发布系统：主要提供 LDAP 服务、OCSP 服务和注册服务。注册服务为用户提供在线注册的功能；LDAP 提供证书和 CRL 的目录浏览服务；OCSP 提供证书状态在线查询服务。

（5）应用接口系统：为外界提供使用 PKI 安全服务的入口。应用接口系统一般采用 API、JavaBean、COM 等多种形式。

PKI 的价值在于使用户能够方便地使用加密、数字签名等安全服务，因此，一个完整的 PKI 必须提供良好的应用接口系统，使得各种各样的应用能够得以安全、一致、可信的方式与 PKI 交互，确保所建立起来的网络环境的可信性，同时也可以降低管理维护成本。

3.8　Kerberos认证协议

Internet 安全的一个问题在于用户口令明文传输，认证仅限于 IP 地址和口令。入侵者通过截获可获得口令，IP 地址可以伪装，这样可远程访问系统。此外，系统处于用户控制之下，网络服务不能依靠工作站执行可靠认证。

Kerberos 是一种网络认证协议，是由 MIT（麻省理工学院）"Athena"项目的工程师开发的，第一个公开发行的版本是 Kerberos 版本 4，在被广泛地使用后，协议的开发者发布了 Kerberos 第五版本。这个协议以希腊神话中的人物 Kerberos（或者 Cerberus）命名，他在希腊神话中是 Hades 的一条凶猛的三头保卫神犬。之所以用它来命名一种完全认证协议，是因为整个认证过程涉及三方：客户端、服务端和 KDC（Key Distribution Center）。在 Windows 域环境中，KDC 的角色由 DC（Domain Controller）来担当。Kerberos 作为一种可信任的第三方认证服务，采用对称密钥加密技术执行认证服务。

某个用户采用某个域账户登录到某台主机，并远程访问处于相同域中的另一台主机时，如何对访问者和被访问者进行身份验证（这是一种双向的验证），这就是 Kerberos 需要解决的场景。

Kerberos 实际上是一种基于票据（Ticket）的认证方式。客户端要访问服务器的资源，需要首先购买服务端认可的票据。也就是说，客户端在访问服务器之前需要预先买好票，等待服务验票之后才能入场。在这之前，客户端需要先买票，但是这张票不能直接购买，需要一张认购权证。客户端在买票之前需要预先获得一张认购权证。这张认购权证和进入服务器的入场券均由 KDC 发售。如图 3-19 所示为 Kerberos 认证过程。

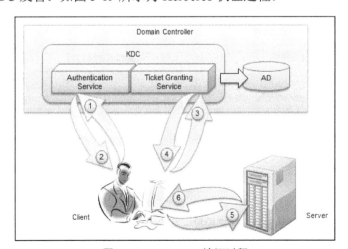

图 3-19　Kerberos 认证过程

Kerberos 系统由认证服务器 AS（Authenticator Server）（起 KDC 的作用）、票据许可服务器 TGS（Ticket Granting Server）、客户 Client、服务器 Server 等组成。

第一阶段：客户端向 KDC 的 AS 服务器请求"票据许可票据"TGT（票证），如图 3-20 所示。

图 3-20　第一阶段：客户端请求票证

（1）首先，当某个用户通过输入域账户和密码试图登录某台主机的时候，本机的 Kerberos 服务会向 KDC 的认证服务发送一个认证请求。该请求主要包括如下两部分内容，明文形式的用户名和用密码信息生成密钥加密的证明访问者身份的认证信息（仅限于验证双方预先知晓的内容，相当于共享口令）。这一步避免了密码直接在网络信道上传输。

当 AS 接收到请求之后，通过 AD 获取该用户的信息。通过获取的密码信息生成一个密钥，再对身份认证信息进行解密。如果解密后的内容和已知的内容一致，则证明请求者提供的密码正确，即确定了登录者的真实身份。

（2）AS 成功认证对方的身份之后，生成一个会话密钥 Kc, tgs（用户 C 和 TGS 之间通信），AS 接着为该用户创建"票证"——TGT。TGT 主要包含如下两方面的内容：用户相关信息和 Kc, tgs，而整个 TGT 则通过 AS 与 TGS 共享密钥进行加密。最终，会话密钥 Kc, tgs 和 TGT 一同用 C 和 AS 间的共享密钥 Kc, as 加密返回给客户端。

第二阶段：客户端用申请的票证向 KDC 的 TGS 服务申请票据 ST，如图 3-21 所示。

图 3-21　第二阶段：客户端用票证申请票据

（3）客户端获取了购买进入同域中其他主机入场券的"票证"——TGT 及 Kc, tgs，它会在本地缓存此 TGT 和 Kc, tgs。如果现在它需要访问某台服务器的资源，它就需要凭借这张 TGT 向 KDC 购买相应的入场券。这里的入场券也有一个专有的名称——服务票据（Service Ticket，ST）。

具体来说，ST 是通过 KDC 的另一个服务 TGS（Ticket Granting Service）出售的。客户端先向 TGS 发送一个 ST 购买请求，该请求主要包含如下内容：客户端用户名；通过 Kc, tgs 加密的认证信息；TGT 和访问的服务名。

（4）TGS 接收到请求之后，现通过自己的密钥解密 TGT 并获取 Kc, tgs，然后通过 Kc, tgs 解密 Authenticator，进而验证了对方的真实身份。

TGS 存在的一个根本的目有两点：一个是避免让用户的密码客户端和 KDC 之间频繁传输而被窃取；另一个是因为密码属于长期密钥（我们一般不会频繁地更新自己的密码），让它作为加密密钥的安全系数肯定小于一个频繁变换的密钥（Short Term Key）。而 Short Term Key 就是 Kc, tgs，它确保了客户端和 KDC 之间的通信安全。

TGS 完成对客户端的认证之后，会生成一个用于确保客户端—服务器之间通信安全的会话密钥 Kc, s，该会话密钥通过 Kc, tgs 进行加密。然后出售给客户端需要的入场券——ST。ST 主要包含如下内容：客户端用户信息和 Kc, s，整个 ST 通过服务器密码派生的密钥进行加密。最终两个被加密的 Kc, s 和 ST 回复给客户端。

第三阶段：客户端使用票据 ST 向服务器请求服务，如图 3-22 所示。

图 3-22 第三阶段：客户端使用票据请求服务

（5）客户端接收到 TGS 回复后，通过缓存的 Kc, tgs 解密获取 Kc, s。同时它也得到了进入服务器的入场券——ST。那么它在进行服务访问的时候就可以借助这张 ST 凭票入场。该 Kc, s 和 ST 会被客户端缓存。

但是，服务端在接收到 ST 之后，如何确保它是通过 TGS 购买，而不是自己伪造的呢？因为 ST 是通过 Ks, tgs 共享密钥进行加密的，所以可以确定 ST 是 TGS 发布的。具体的操作过程是这样的，除 ST 之外，服务请求还附加一份通过 Kc, s 加密的认证信息。服务器在接收到请求之后，先通过 Ks, tgs 解密 ST，并从中提取 Kc, s。 然后通过提取出来的 Kc, s 解密认证信息，进而验证了客户端的真实身份。

（6）实际上，到目前为止，服务端已经完成了对客户端的验证，但整个认证过程还没有结束。谈到认证，很多人都认为只是服务器对客户端的认证，实际上在大部分场合，我们需要的是双向验证（Mutual Authentication）——访问者和被访问者互相验证对方的身份。现在服务器已经可以确保客户端是合法用户，客户端还要确认它所访问的是不是一个钓鱼服务。

为了解决客户端对服务器的验证，服务端需要将解密后的认证信息再次用 Kc, s 进行加密，并发回给客户端。客户端再用缓存的 Kc, s 进行解密，如果和之前的内容完全一样，则可以证明自己正在访问的服务器和自己拥有相同的 Kc, s，而这个会话密钥只有客户端和服务器知道。

在 Kerberos 认证中使用 TGT，是为了减少输入口令的次数，就比如去参观某个公司的工作场所，在进入这个公司时，门卫会要求参观者出示身份证，然后给参观者一个参观券，每次参观者进入不同的工作间的时候，只需出示参观券即可，不需要多次出示身份证，如果参观券丢了，马上可以报废，重新申请一个，这样就可以减少出示身份证的次数，防止身份证丢失或者被人偷走。

从 V4 到 V5，Kerberos 发生了不少变化，由于 Kerberos V4 主要的目标是在内部使用，所以存在很多限制，随着其被广泛应用，尤其是被用于 Internet 中以后，它在环境适应方面的缺点和技术上的缺陷就变得越发明显。Kerberos V5 为了适应 Internet 的应用，做了很多修改。但基本的工作过程是相同的。

虽然 Kerberos 协议验证用户的身份，但它并不授权访问。这是一个重要的区别。在其他情形中的票据，如驾驶执照，就同时提供了身份和驾驶车辆的许可。Kerberos 的票据仅仅用来证明这个用户就是它自己声称的那个用户。在用户身份得以确认后，本地的安全权限将决定给予访问权限或者拒绝访问。

实训3-1 PGP文件加密

（一）实训目的

使用 PGP 软件对文件加密；了解密码体制在实际网络环境中的应用；加深对公钥密码算法的理解。

（二）实训预备知识

PGP（Pretty Good Privacy）是一个基于 RSA 公钥加密体系的邮件加密软件。可以用它对邮件保密以防止非授权者阅读，它还能对邮件加上数字签名从而使收信人可以确认邮件的发送者，并能确信邮件没有被篡改。它可以提供一种安全的通信方式，而事先并不需要任何保密的渠道用来传递密钥。它采用了一种 RSA 和传统加密的杂合算法，用于数字签名的邮件文摘算法、加密前压缩等，还有一个良好的人机工程设计。它的功能强大，其速度很快。而且它的源代码是免费的。

PGP 能够提供独立计算机上的信息保护功能，使得这个保密系统更加完备。它能够对电子邮件、任何储存起来的文件，还有即时通信（例如 ICQ 等）信息的数据加密。 数据加密功能让使用者可以保护他们发送的信息，如电子邮件、其储存在计算机上的信息。文件和信息通过使用者的密钥，通过复杂的算法运算后编码，只有它们的接收人才能对这些文件和信息进行解码。

PGP 10.0.2 ［build13］（PGP SDK 4.0.0）是最终版本。 由于赛门铁克的公司的收购影响，PGP 从 10.0.2 以后，将不再单独放出 PGP 版本的独立安装包形式，将会以安全插件等的形式集成于诺顿等赛门铁克公司安全产品中。

（三）实训拓扑

一家私有企业组建了一个局域网。局域网通过 FTP 来相互传送资料，公司的员工小李和小陈有时需要通过 FTP 传送一些保密资料和重要合同，为了防止其他人偷看这些重要信息和抵赖，他们安装了最简单的加密和数字签名工具 PGP，实现对文件进行加密或数字签名。公司有一名员工小黑看到小李和小陈在 FTP 服务器传递重要资料，便下载该资料，也安装PGP 软件尝试看能否打开这些资料。实验拓扑如图 3-23 所示。

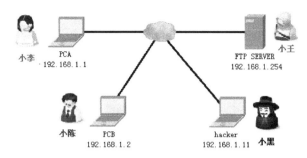

图 3-23　实验拓扑

（四）实训步骤

1. 小李、小王和小陈分别安装 PGP 软件（PGP Desktop Win32-10.0.3）。

（1）安装过程提示"是否重启系统"，选择"No"，然后在 PGP 的注册机上打上补丁，单击"Patch"按钮，如图 3-24 所示，打补丁成功。

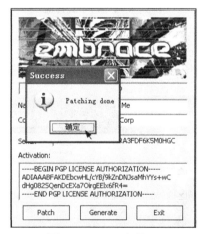

图 3-24　PGP 打补丁

（2）在注册机 keygen.exe 生成序列号和激活码，安装过程会提示输入"用户名"、"组织名"、"序列号"，复制并输入激活码"Activation"，注册成功界面如图 3-25 所示。

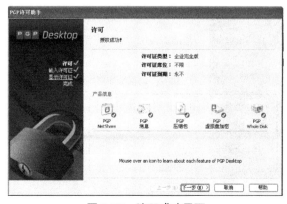

图 3-25　注册成功界面

（3）退出 PGP 服务,实现汉化 PGP。在 PGP 安装文件包中,将中文语言包中的文件复制到 C：\Program Files\Common Files\PGP Corporation\Strings 目录下,打开中文界面的 PGP, 说明汉化成功,如图 3-26 所示。

图 3-26　PGP 中文界面

2. 小李、小陈、小黑分别生成自己的密钥对。

以小李为例,开启 PGP Desktop 主窗口,单击"文件"菜单,选择"新建 PGP 密钥"命令,如图 3-27 所示。

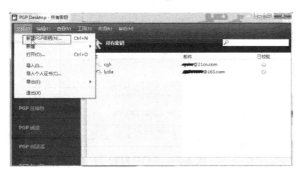

图 3-27　新建 PGP 密钥对

弹出"密钥生成助手"窗口,输入密钥对的名称和邮件地址,如图 3-28 所示。

图 3-28　输入密钥对的名称和邮件地址

输入保护该用户私钥的口令，在使用该私钥进行签名和解密时，需要输入口令，如图 3-29 所示。

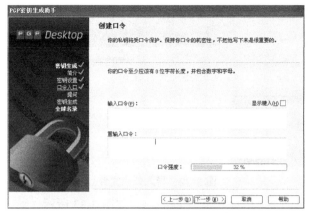

图 3-29 输入保护私钥的口令

小李的密钥对"lydia"创建成功，如图 3-30 所示。

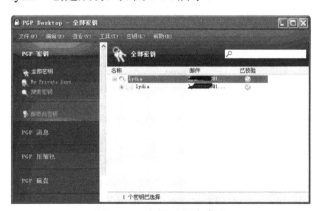

图 3-30 密钥对创建成功

3. 小李和小陈分别导出自己的公钥，保存为 .asc 文件，并发布自己的公钥。以小李为例，在 PGP 密钥环中单击自己的密钥"lydia"，选择"导出"命令，如图 3-31 所示，依此类推，小陈也导出自己的公钥文件——cgh.asc。

图 3-31 导出公钥文件

4. 小陈将自己的公钥文件"cgh.asc"发给小李，小李导入小陈的公钥文件。小李在 PGP 菜单中选择"文件"→"导入"命令，如图 3-32 所示。

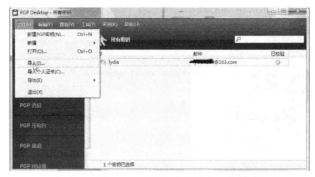

图 3-32　导入公钥文件

小李导入下载下来的小陈的公钥文件 cgh.asc，如图 3-33 所示。

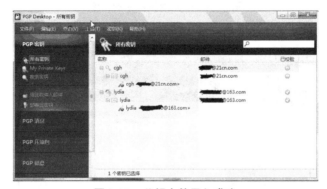

图 3-33　公钥文件导入成功

5. 小李使用小陈的公钥文件加密文件——"合同 .doc"。

在小李拟好的合同文件上单击鼠标右键，在弹出的快捷菜单中选择"PGP Desktop"→"使用密钥保护'合同（机密）.doc'"命令，将选择小陈的公钥文件添加到公钥列表，此时如果本地密钥环有多个公钥，可以同时添加，如图 3-34 所示。

图 3-34　添加加密收件人的公钥

6. 单击"下一步"按钮,文件被加密,生成扩展名为"pgp"的文件,如图 3-35 所示。

图 3-35 生成 PGP 加密文件

7. 小李将加密的合同文件上传到小王的 FTP 服务器,小陈下载该加密文件,在该文件上单击鼠标右键,在弹出的快捷菜单中选择"PGP Desktop"→"Decrypt&Verify'合同(机密).doc'"菜单,解密该文件。由于小陈拥有加密使用的公钥文件对应的私钥,所以解密成功,如图 3-36 所示。

图 3-36 文件解密成功

8. 测试小黑能否进行解密这份加密的文件,结果是无法解密,因为他没有小陈的私钥。

实训3-2 数字证书实现邮件加密与签名

(一)实训目的

本实验主要实践一个 CA 的搭建和数字证书的申请的过程,让学生理解一个实体的 CA 系统及基本架构,以及数字证书的功能和使用。重点在于理解证书的申请、导入、导出,以及如何使用证书对邮件进行加解密和签名。

实验主要内容是用户张三(zhang San)和李四(Li Si)分别向 CA 服务器申请证书,张三向李四发送加密(用李四的公钥)和签名邮件(用张三自己的私钥)。李四收到邮件,对邮件进行解密(用李四自己的私钥)和验证(用张三的公钥)。

(二)实训环境

Windows 2003 Server 作为证书服务器 CA,邮件服务器(域为 ld.com)。

两个 Windows Xp 主机分别作为用户 Zhang San、Li Si 客户端。实验拓扑如图 3-37 所示。

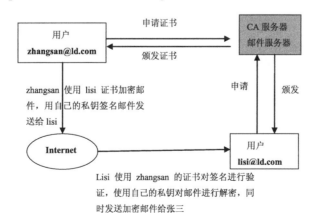

图 3-37 实验拓扑

（三）实训步骤

1. 在 Windows Server 2003 中自己搭建 CA 服务器。注意：先安装 IIS，然后安装证书服务，如图 3-38 所示。

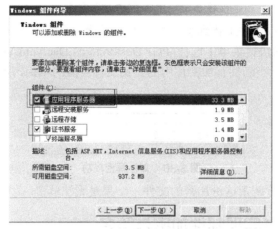

图 3-38　安装证书服务

2. 查看安装好的 CA，如图 3-39 所示。

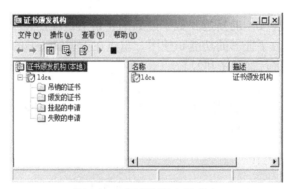

图 3-39　证书服务安装成功

3. 查看 IIS 中添加的证书服务目录，如图 3-40 所示。

图 3-40　IIS 中添加证书服务目录

4. 使用 Web 方式访问 CA 服务，申请证书，看到这个界面说明 CA 搭建好了，单击"申请一个证书"按钮，如图 3-41 所示。

图 3-41 使用 Web 方式访问证书服务

5. 用户 Zhang San 申请证书

（1）在张三所在的 IE 中输入 http://CaServerIp/certsrv，选择"高级证书申请"，安装证书，如图 3-42 所示。

图 3-42 证书申请

（2）单击"创建并向此 CA 提交一个申请"按钮，填写个人注册信息，如图 3-43 所示，选择"电子邮件保护证书"，标记密钥可导出。证书申请成功，等待审核成功后颁发。

图 3-43 填写个人信息

6. 在 CA 服务器的证书颁发机构中审核张三申请的证书，颁发证书，如图 3-44 所示。

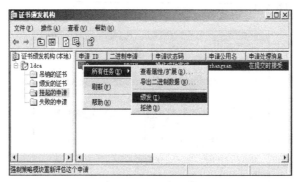

图 3-44　颁发证书

7. 用户 Zhang San 查看挂起的证书申请，下载安装证书，如图 3-45 所示。

图 3-45　下载申请的证书

8. 用户 Zhang San 在 IE 浏览器的"工具→Internet 选项→内容→证书"查看安装后的证书，如图 3-46 所示。

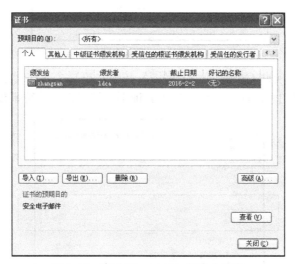

图 3-46　查看 Zhang San 的个人证书

用户 Li Si 使用 Win 7 系统，同上述步骤申请和安装证书后，在浏览器中查看安装好的证书，如图 3-47 所示。

图 3-47 查看 Li Si 的个人证书

9. 用户 Zhang San 在 Foxmail 账户中绑定申请的电子邮件证书，右 zhangsan@ld.com 邮件上单击鼠标右键，在弹出的快捷菜单中选择"属性"，在属性面板中选择"安全"选项卡，单击"选择"按钮，选择 Zhang San 的证书，如图 3-48 所示。

图 3-48 绑定个人证书

10. Zhang San 要给 Li Si 发送加密邮件，需要 Li Si 的公钥证书，所以先把 Li Si 的公钥证书导出。

（1）选中 Li Si 的电子邮件证书（Li Si 的客户端浏览器），单击"导出"按钮，如图 3-49 所示。

图 3-49 导出公钥证书

（2）选择"不，不要导出私钥"单选按钮，单击"下一步"按钮，如图 3-50 所示。

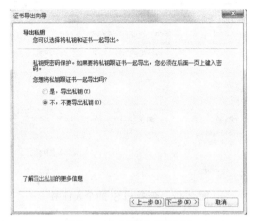

图 3-50　导出公钥证书

（3）Li Si 将自己的公钥证书文件"lisi.cer"导出，发给张三，张三将其导入到本地，如图 3-51
所示。

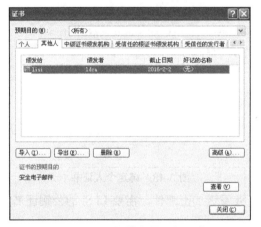

图 3-51　导入他人的公钥证书

11. 用户 Zhang San 发送加密和签名邮件给用户 Li Si，如图 3-52 所示。

图 3-52　Zhang San 给 Li Si 发送加密和签名邮件

提示要选择加密使用的证书，选择 "Li Si" 的公钥证书来加密邮件，如图 3-53 所示。

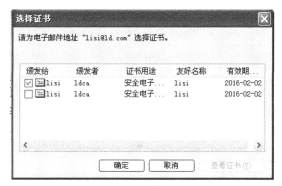

图 3-53 选择加密使用的公钥证书

12. Zhang San 和 Li Si 在申请安装自己电子邮件证书的同时，还需安装 CA 的根证书，这样自己的证书才受信任。安装 CA 根证书，如图 3-54 所示。

图 3-54 安装 CA 根证书

安装好 CA 的根证书，在浏览器→ Internet 选项→内容→证书→受信任的根证书颁发机构中查看，发现已有 ldca 证书机构的根证书，如图 3-55 所示。

图 3-55 查看受信任的根证书颁发机构

13. 用户 Li Si 在 Foxmail 中收取 Zhang San 发过来的签名和加密的邮件。

（1）显示"邮件被加密"，单击"继续"按钮，如图 3-56 所示。

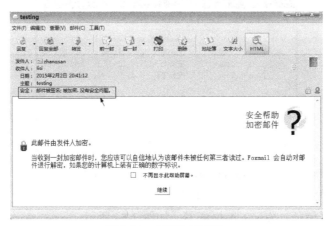

图 3-56　显示加密邮件

（2）显示"邮件已签名"，单击"继续"按钮，如图 3-57 所示。

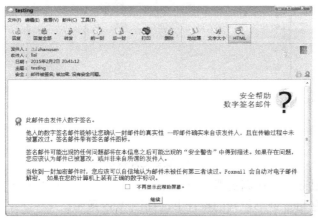

图 3-57　显示签名邮件

（3）Li Si 用自己的私钥解密邮件，用张三的公钥验证邮件，可以看到邮件正文，如图 3-58 所示，实验完毕。

图 3-58　浏览邮件正文

本章小结

本章首先介绍了密码学的发展，经历了四个主要阶段，介绍了几种古典密码的加密方式，让学生对密码学的由来和发展有一个感性的认识。重点讲解了两种主要的密码体制——对称密码和非对称密码，以及两种密码体制下的加密算法——DES 算法和 RSA 算法。简单介绍了两种算法的原理，使学生对于密码算法有基本的了解。在密码学的两个重要应用——数字签名和数字证书小节，要求学生能够掌握数字签名和数字证书的原理和作用，加深对公钥密码体制的理解。PKI 公钥基础设施可以方便地使用加密、数字签名和数字证书服务；Kerberos 认证协议使用对称加密技术，体现了对称加密在认证方面的应用。

本章习题

一、选择题

1. 以下算法中属于非对称算法的是（　　　）。
   A. DES　　　　　　B. RSA算法　　　　C. IDEA　　　　　　D. 三重DES
2. 在混合加密方式下,真正用来加解密通信过程中所传输数据（明文）的密钥是（　　　）。
   A. 非对称算法的公钥　　　　　　　B. 对称算法的密钥
   C. 非对称算法的私钥　　　　　　　D. CA中心的公钥
3. 以下关于对称密钥加密说法正确的是：（　　　）。
   A. 加密方和解密方可以使用不同的算法
   B. 加密密钥和解密密钥可以是不同的
   C. 加密密钥和解密密钥必须是相同的
   D. 密钥的管理非常简单
4. 以下关于非对称密钥加密说法正确的是：（　　　）。
   A. 加密方和解密方使用不同的算法
   B. 加密密钥和解密密钥是不同的
   C. 加密密钥和解密密钥是相同的
   D. 加密密钥和解密密钥没有任何关系
5. 数字签名是用来作为（　　　）。
   A.身份鉴别的方法　　　　　　　　　　　　B. 加密数据的方法
   C. 传送数据的方法　　　　　　　　　　　　D. 访问控制的方法
6. 关于 CA 和数字证书的关系，以下说法不正确的是：（　　　）。
   A. 数字证书是保证双方之间的通信安全的电子信任关系，由CA签发
   B. 数字证书一般依靠CA中心的对称密钥机制来实现
   C. 在电子交易中，数字证书可以用于表明参与方的身份
   D. 数字证书能以一种不能被假冒的方式证明证书持有人身份
7. 数字证书上除有签证机关、序列号、加密算法、生效日期等外，还有（　　　）。
   A. 公钥　　　　　　B. 私钥　　　　　C. 用户账户

8．加密有对称密钥加密、非对称密钥加密两种，数字签名采用的是（　　）。

    A．对称密钥加密　　　　　　　　B．非对称密钥加密

9．Alice 向 Bob 发送数字签名的消息 M，则不正确的说法是（　　）。

    A．Alice可以保证Bob收到消息M

    B．Alice不能否认发送过消息M

    C．Bob不能编造或改变消息M

    D．Bob可以验证消息M确实来源于Alice

10．某 Web 网站向 CA 申请了数字证书。用户登录该网站时，通过验证 (1) 来确认该数字证书的有效性，从而 (2) 。在用户与网站进行安全通信时，用户可以通过 (3) 进行加密和验证，该网站通过 (4) 进行解密和签名。

    (1) A. CA 的签名　　　B. 网站的签名　　　C. 会话密钥　　　D. DES 密码

    (2) A. 向网站确认自己的身份　　　　　　B. 获取访问网站的权限

        C. 和网站进行双向认证　　　　　　　　D. 验证该网站的真伪

    (3) A. CA 的签名　　　B. 证书中的公钥　　　C. 网站的私钥　　　D. 用户的公钥

    (4) A. CA 的签名　　　B. 证书中的公钥　　　C. 网站的私钥　　　D. 用户的公钥

二、简答题

1．对称加密体制和非对称加密体制的原理和优缺点。

2．数字签名的原理。

3．什么是数字信封？

4．数字证书的内容和作用。

5．简述 PKI 的功能。

6．简述 Kerberos 协议的工作原理及 TGT 的作用。

三、操作题

1．让学生安装 PGP 10 软件，每人使用自己的邮箱创建一个密钥对，然后导出自己的公钥文件，上传到 FTP 服务器，老师下载学生的公钥文件，使用这些公钥文件加密实验文档，然后发给学生，学生使用自己的私钥解密文档。

2．使用 PGP 软件实现邮件的签名与加密。

四、论述题

请查资料，调查网上银行服务的认证是怎样的，如何保证交易的安全。

第4章

系统安全

本章要点

- 认识系统安全的重要性。
- UNIX 系统的口令与账户安全、文件系统安全。
- Windows 系统的口令与账户安全、文件系统安全。
- Windows 的 NTFS 文件系统格式。
- 计算机系统安全与评价标准——TCSEC 准则。

4.1 系统安全是安全基础

网络安全实际上主要分成两大块，一部分是操作系统自身的系统漏洞，比如溢出；另一部分是针对系统的各种应用，包括单机应用和 Web 应用形成的攻击。归根结底，之所以网络攻击能成功，还是由于操作系统中应用程序的漏洞所致。各种应用程序运行的基础平台还是我们的操作系统，因此，操作系统的安全性是网络安全当中关键的一环，操作系统的安全是很重要、不可忽视的问题。计算机层次结构如图 4-1 所示。

作为信息技术最重要的基石，功能日益完备的操作系统正在迅速改变人们生活的旧有模式。一方面，系统带来的舒适、便捷让人们面对各种事务和问题时更为强大；而另一方面，系统中持续激增的各种信息安全问题，也让人们在遭受威胁时更为脆弱。而人们认识到信息安全问题通常是从对系统所遭到的各种成功或者未成功的入侵攻击的威胁开始的，这些威胁大多通过挖掘系统的弱点或者缺陷来实现，有记录的第一次这样的大规模攻击当属 1988 年的"蠕虫"事件。同时 AT&T 实验室的 S.Bellovin 博士曾对计算机安全响应组（Computer Emergency Response Term，CERT）提供的安全报告进行过分析，结果表明很多安全问题源于操作系统的安全脆弱性。

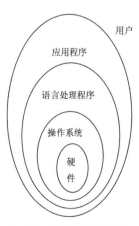

图 4-1 计算机层次结构

从安全角度来看，操作系统配置是很困难的，配置时一个很小的错误就可能导致一系列安全漏洞。例如，文件系统常被配置得缺乏安全性，所以应对其进行仔细的检查。在配置文件所有权和权限时，常常由于文件的账户所有权不正确或文件权限设置得不正确而导致潜在漏洞。目前市场上尚无任何一个大型操作系统可以做到完全安全。工业界已经承认这样一个事实：任何操作系统都是有缺陷的。但是，另一方面，绝大多数操作系统是可靠的，可以基本完成其设计功能。

就计算机安全而言，一个操作系统仅仅完成其大部分的设计功能是远远不够的。当发现计算机操作系统的某个功能模块上只有一个故障时，可以忽略，这对整个操作系统的功能影响甚微；若干种故障的某种组合才会对操作系统造成致命的影响。但是，信息系统安全的每一个漏洞都会使整个系统的安全控制机制变得毫无价值。这个漏洞如果被蓄意入侵者发现，后果将十分严重。这如同一个墙上有洞的房间，虽然可以居住，却无法将盗贼拒之门外。

另外，从计算机信息系统的角度分析，信息系统安全涉及的众多内容中，操作系统、网络系统与数据库管理系统的安全问题是核心。操作系统用于管理计算机资源，控制整个系统的运行，它直接与硬件打交道，并为用户提供接口，是计算机软件的基础。数据库通常建立在操作系统之上，若没有操作系统安全机制的支持，数据库就不可能具有访问控制的安全可信性。在网络环境中，网络的安全可信性依赖于各主机系统的安全可信性，而主机系统的安全性又依赖于其操作系统的安全性。因此，若没有操作系统的安全性，就没有主机系统的安全性，从而就不可能有网络系统的安全性。因此，可以说操作系统的安全是整个计算机系统安全的基础，没有操作系统安全，就不可能真正解决数据库安全、网络安全和其他应用软件的安全问题。

第3章讲述了数据加密在信息处理中的作用，它是保密通信中必不可少的手段，也是保护存储文件的有效方法。但数据加密、解密所涉及的密钥分配、转储等过程必须用计算机实现。如果不相信操作系统可以保护数据文件，那就不应相信它总能适时地加密文件并能妥善地保护密钥。这就导致：若无安全的计算机操作系统作保护，数据加密就可比喻为"纸环上套了个铁环"。数据加密并不能提高操作系统的可信度，要解决计算机内信息的安全性，必须解决操作系统的安全性。

因此，操作系统的安全性在计算机信息系统整体安全中具有至关重要的作用，没有操作系统提供的安全性，信息系统的安全性是没有基础的。

4.2 UNIX系统安全

UNIX 是一种适用于多种硬件平台的多用户、多任务操作系统。最初的 UNIX 操作系统是 1969 年由美国 AT&T 公司贝尔实验开发出来的。从 1969 年至今，它经历了一个从开发、发展、不断演变和获得广泛应用，以至逐渐成为网络服务器和工作站的最重要的操作系统平台的过程。由于 Linux 是一种与 UNIX 安全兼容的操作系统，所以下面所讨论的 UNIX 系统的一般安全性问题基本上也适用于目前广泛流行的 Linux 系统。

4.2.1 口令与账户安全

用户账户和口令是系统安全的第一道防线。对入侵者来说，进入系统最直接的方法就是获取用户账户和口令。由于有些用户账户和口令安全性差、比较脆弱，很容易被猜中，这给入侵者提供了可乘之机。本节主要阐述设置安全口令和账户的要点。

1. UNIX 登录认证机制

UNIX 的用户身份认证采用账户 / 口令的方案。用户提供正确的账户和口令后，系统才能确认其合法身份。一般来说，通过终端登录 UNIX 系统的过程可描述如下：

（1）init 确保为每个终端连接（或虚拟终端）运行一个 getty 程序。

（2）getty 监听对应的终端并等待用户准备登录。

（3）getty 输出一条欢迎信息（保存在 /etc/issue 中），并提示用户输入用户名，最后运行 login 程序。

（4）login 以用户作为参数，提示用户输入口令。

（5）如果用户名和口令相匹配，则 login 程序为该用户启动 shell；否则，login 程序退出，进程终止。

（6）init 程序注意到 login 进程已终止，则会再次为该终端启动 getty。

UNIX 登录认证过程如图 4-2 所示，上述过程中，init、getty、login 均为进程。

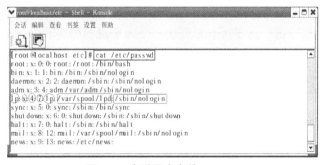

图 4-2　UNIX 登录认证

UNIX 在文本文件 /etc/passwd（口令文件）中保存基本的用户数据库，其中列出了系统中的所有用户及其相关信息。在默认情况下，系统在该文件中保存加密后的口令。/etc/passwd 文件是 UNIX 安全的关键文件之一，该文件就用于在上述用户登录过程中校验用户的口令，它列出所有有效用户名及其相关信息，如图 4-3 所示。

文件的每个用户一行，每行的一般格式为"LOG-NAME：PASSWORD：UID：GID：USERINFO：HOME：SHELL"，即每行包括用"："分隔开 7 个域，其中每个域的含义如下：用户名、加密格式的口令、用户 ID、用户所在组的 ID、全名或账户的其他说明、用户主（home）目录、用户登录使用的 shell（登录时运行的程序）。

图 4-3　查看用户文件 passwd

因为系统中的任何用户均可以读取 /etc/passwd 文件的内容，因此所有人均可以读取任意一个用户的口令字段，即 passwd 文件每行的第二个字段。尽管口令是加密保存的，但是在现有黑客技术条件下，这种加密后的口令并不难以被黑客破译，尤其是简单的口令，更可以不花大量时间就可以破译。

为了加强安全，许多 UNIX 系统利用影像口令以避免在口令文件中保存加密的口令。它们将口令保存在单独的 /etc/shadow 文件中，只有 root 才能读取该文件，而 /etc/passwd 文件只在第二个字段中包含特殊的标记，如图 4-4 所示。

图 4-4 查看口令文件 shadow

2. 口令安全

口令是账户安全最关键的部分。如果入侵者获得一个用户的口令，其就可以轻易地登录到系统上，并且拥有这个用户的所有权限。如果超级用户的口令被窃取，后果将不堪设想：入侵者控制了整个系统，可以为所欲为，可以获取系统上的任何信息，还可以将系统随时摧毁。因此，选择一个安全的口令是非常必要的。

1）选择安全的口令

一个好的口令应当至少有 6 个字符长，最好是大小写字母混合，并且口令中最好有一些非字母（如数字、标点符号、控制字符等），还要好记一些。选择口令的一个好方法是将两个不相关的词用一个数字或控制字符相连，并截断为 8 个字符。当然，如果你能记住 8 位乱码自然更好。另外，系统管理员一定要用 8 位口令，而且有 ~、！、@、#、$、%、<、>、*、?、:、"、{、} 等符号。

下面列出使用安全口令应该避免的几种情况：

（1）使用用户名（账户）作为口令。尽管这种方法在便于记忆方面有着相当的优势，可是在安全方面几乎不堪一击。几乎所有以破解口令为手段的黑客软件，都会首先将用户名作为口令的突破口，而破解这种口令几乎不需要时间。在一个用户数超过 1 000 的计算机网络中，一般可以找到 10 ～ 20 个这样的用户。

（2）使用用户名（账户）的变换形式作为口令。将用户名颠倒或者加前后缀作为口令，既容易记忆又可以防止许多黑客软件。不错，对于这种方法的确有相当一部分黑客软件无用武之地，不过那只是一些初级的软件。比如著名的黑客软件 John，如果你的用户名是 fool，那么它在尝试使用 fool 作为口令之后，还会试着使用诸如 fool123、fooll、loof、loof123、lofo 等作为口令。只要是你想得到的变换方法，John 也会想得到，它破解这种口令，几乎也不需要时间。

（3）使用自己或亲友的生日作为口令。这种口令有着很大的欺骗性，因为这样往往可以得到一个 6 位或 8 位的口令，但实际上可能的表达方式只有 100×12×31=37 200 种，即使再考虑到年、月、日三者共有 6 种排列顺序，一共也只有 37 200×6=223 200 种。

（4）使用常用的英文单词作为口令。这种方法比前几种方法要安全一些。如果你选用的单词十分生僻，那么黑客软件将可能无能为力。不过黑客多有一个很大的字典库，一般包含 10 万~20 万个英文单词及相应的组合。如果你不是研究英语的专家，那么你选择的英文单词恐怕十之八九可以在黑客的字典库中找到。这样，以 20 万单词的字典库计算，再考虑到一些 DES（数据加密算法）的加密运算，每秒 1 800 个的搜索速度也只需要 110 秒。

（5）使用 5 位或 5 位以下的字符作为口令。从理论上来说，一个系统包括大小写、控制符等可以作为口令的一共有 95 个，5 位就是 7 737 809 375 种可能性。使用 P200 破解虽说要多花些时间，但最多也只需要 53 个小时，可见 5 位的口令是很不可靠的。而 6 位口令也不过将破解的时间延长到一周左右。

2）口令安全使用策略

选择安全的口令是非常必要的，但仅有这一点还远远不够。为进一步提高口令的安全性，还必须要求用户采用正确的使用策略。安全使用口令需要注意的要点如下：

（1）口令不能写在笔记本或书上，也不能存放在计算机上的某个文件中。因为无论是记在纸上还是存到文件中，它们的安全性都大大降低。所以把口令记在脑海中才是最可靠、最安全的。

（2）为防止眼明手快的人窃取口令，在输入口令时应确认无人在身边。

（3）用户口令必须经常更换。一般来说，一个月或更短时间就必须更换一次口令，几个月甚至半年、一年都不换口令的用户是严重缺乏安全意识的。系统管理员应该定期通知、严格要求用户及时更改口令，以保证口令安全。

（4）不应在不同机器中使用同一个口令，特别是在不同级别的用户上使用同一口令会引起全盘崩溃。

3）账户安全

攻击都是从在系统中获得一个账户开始的。所以，设置安全账户、安全使用账户，是保证 UNIX 系统安全任务中最重要的一项工作。一般而言，保证账户安全要注意如下几个问题：

（1）谨慎使用 root 账户。root 用户在系统上拥有至高无上的权利，它可以读、写任何文件，运行任何程序。由于 root 用户可以完全控制整个系统，所以获得 root 用户的访问权限是"黑客"的最高愿望。系统管理员应该记住：不要滥用 root 账户，只在必需的时候才使用 root 账户，而一般情况下应该使用普通用户账户。经常以 root 身份运行容易给入侵者带来可乘之机。

例如，使用 useradd 命令新建一个 tom 用户，然后使用 su 命令切换到 tom 用户，以 tom 用户登录系统，如图 4-5 所示。

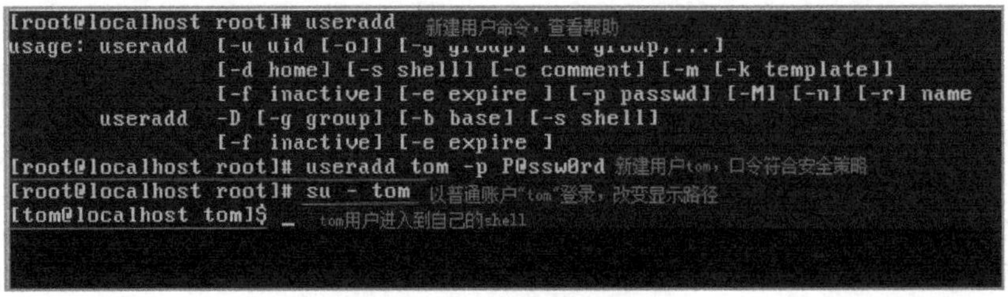

图 4-5　以普通账户登录系统

（2）经常更换账户口令。再安全的口令在经过一段时间后也会变得不安全，经常更换口令可以加强系统的安全性。然而，用户一般都很少更换口令，为此可以采用强制周期性更换口令的办法，防止因某一口令长期使用而引起的安全隐患。

（3）不要保留旧账户。一些规模庞大的 UNIX 系统可能具有许多旧账户，这些旧账户的用户可能已离开该组织或已搬迁到别的地方，账户长期没人使用，所以这类账户便成为了不安全的因素。为此，创建的账户应设置截止日期，若发现有超过截止日期的账户，可以同该用户联系，确定是否删除它。

（4）注意账户有效期。在拥有大量用户的系统中，经常有一些长期无人使用的账户。这些账户是系统潜在的安全漏洞，入侵者往往可以通过这些账户的不安全口令来攻击系统，而且由于账户长期无人使用，使得入侵者的攻击行为不易被及时发现。因此，系统管理员必须给每个账户设置使用期限。这个期限应该长短合适，既要能禁止废弃账户的使用，又要避免给用户带来不方便。

账户期限可以在 passwd 文件中设置，然后可以使用 shell 脚本程序定期地检查每个账户的有效期。临时出差、休假的用户，可暂时将其账户禁用（用"*"号替换 passwd 文件中该账户的加密口令即可）。这样就可以防止其他人使用该账户，等该用户回来后，再恢复账户。

（5）删除默认账户。许多 UNIX 系统中都设置默认账户，有时甚至存在默认口令或者没有口令的账户。所以，在刚安装完系统时，对这些默认账户要及时设置或更改口令或者直接删除。同时，不要随便设置组和组账户。

（6）guest 账户。为了方便外单位的临时用户，很多系统都提供了一个 guest 账户。guest 账户是为短期使用系统的用户提供的，一般情况下很少使用。最安全的处理方法是，只在需要时才建立 guest 账户，等账户不再需要时，就立即把它从系统中删掉。不能把 guest 账户的口令设置得太简单，如 guest、visitor 等。

4.2.2　文件系统安全

UNIX 文件系统是 UNIX 系统的心脏部分，提供了层次结构的目录和文件。ext 2 是 Linux 中使用最多的一种文件系统，因为它是专门为 Linux 设计，拥有最快的速度和最小的 CPU 占用率。ext 2 既可以用于标准的块设备（如硬盘），也被应用在软盘等移动存储设备上。现在已经有新一代的 Linux 文件系统，如 SGI 公司的 XFS、ReiserFS、ext 3 文件系统等出现。

文件系统将磁盘空间划分为每 1 024 字节一组，称为 block（也有用 512 字节为一块的，如 SCOXENIX）。文件的逻辑结构和物理结构不同，逻辑结构是用户敲入 cat 命令后所看到的文件，用户可得到表示文件内容的字符流；物理结构是文件实际上如何存放在磁盘上的存储格式。然而当用户存取文件时，UNIX 文件系统将以正确的顺序取各块，给用户提供文件的逻辑结构。

1. 文件许可权

文件属性决定了文件的被访问权限，即准确存取或执行该文件。用 ls -1 可以列出详细的文件信息，包括文件许可、文件联结数、文件所有者名、文件相关组名、文件长度、上次存取日期和文件名。

其中文件许可分为 3 部分，第一个 rwx 表示文件属主的访问权限；第二个 rwx 表示文件同组用户的访问权限；第三个 rwx 表示其他用户的访问权限，若某种许可被限制则相应的字母换为"–"。

例如，查看 /home/tom 目录下文件和文件的许可权限属性，如图 4-6 所示。其中，music 目录、myfile 目录及 test 文件的属主均为 tom 用户，属主组为 tom 组。

```
[tom@localhost tom]$ ls -1
×üÓññ£ 12
drwxrwxr-x    2 tom       tom        4096 11ôÂ 11 03:36 music
drwxrwxr-x    代表目录文件，-代表普通文件  4096 11ôÂ 11 03:36 myfile
-rw-rw-r--    1 tom       tom          14 11ôÂ 11 03:35 test
[tom@localhost tom]$ _
```

图 4-6 查看文件许可权限

改变文件许可方式可使用 chmod 命令，并以新许可方式和该文件名为参数。新许可方式以 3 位八进制数给出，第一位八进制数代表文件拥有者权限值和，第二位八进制数代表文件同组用户权限值和，第三个八进制数代表其他用户权限值和。

读权限 r 的值为 4，写权限 w 的值为 2，执行权限 x 的值为 1。如果用户拥有"读、写、执行"权限，则权限值和为 7，如果用户没有任何权限，权限值为 0，以此类推。如"rwx r-x r--"，则这个许可方式就可以用"754"表示。改变文件的属主和组员可用 chown 和 chgrp，但修改后原属主和组员就无法修改回来。

例如，修改 tom 目录下 test 文件的许可权，不允许其他用户对 test 读写，使用 chmod 命令修改 test 文件的权限"chmod 660 test"，如图 4-7 所示。

```
[tom@localhost tom]$ ls
file   music   test
[tom@localhost tom]$ ls -1
×üÓññ£ 12
drwxrwxr-x    2 tom       tom        4096 11ôÂ 11 06:36 file
drwxrwxr-x    2 tom       tom        4096 11ôÂ 11 06:36 music
-rw-rw-r--    1 tom       tom          30 11ôÂ 11 06:37 test
[tom@localhost tom]$ chmod 660 test   改变test文件的许可权限，其他用户不能读
[tom@localhost tom]$ ls -1
×üÓññ£ 12
drwxrwxr-x    2 tom       tom        4096 11ôÂ 11 06:36 file
drwxrwxr-x    2 tom       tom        4096 11ôÂ 11 06:36 music
-rw-rw----    1 tom       tom          30 11ôÂ 11 06:37 test
[tom@localhost tom]$ _
```

图 4-7 修改 test 文件的许可权限

test 文件原来属于"tom"用户和"tom"用户组，如果改变其属主（拥有者）和组为"marry"，则使用 chown 命令。命令为"chown marry : marry test"，如图 4-8 所示。

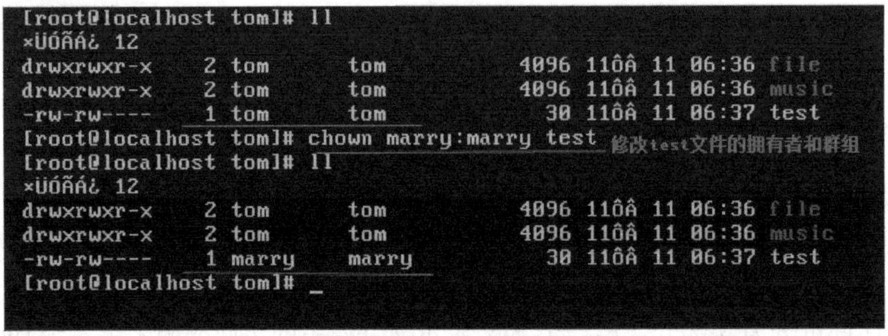

图 4-8　修改文件拥有者和群组

2. 目录许可权

在 UNIX 系统中，目录也是一个文件，用 ls -1 列出时，目录文件的属性前面带一个 d。目录许可也类似于文件许可，用 ls 列目录要有读许可，在目录中增删文件要有写许可，进入目录或将该目录作为路径分量时要有执行许可，故要使用任意一个文件，必须有该文件及找到该文件的路径上所有目录分量的相应许可。仅当要打开一个文件时，文件的许可才开始起作用，而 rm（删除）、mv（移动）只要有目录的搜索和写许可，不需要文件的许可，这一点应注意。

3. 文件系统安全性检查

定期对文件系统安全性进行检查是保证系统安全的一个重要措施。检查内容包括：是否存在普通用户可以随意修改的文件、被授予过多权限的文件，以及可以被入侵者访问的文件；是否出现一些陌生的新文件；配置文件是否被未授权用户修改等。对文件系统安全性进行检查的一个常用工具是 find。该命令可以用文件名称、类型、存取权限、所有者、修改时间等选项来查找特定属性的文件。find 命令将搜索结果输出到屏幕或文件中。

实训4-1　Linux系统账户和口令的安全设置

实训项目要求

（1）在 Linux 系统中新建两个账户 user 1 和 user 2，并为两个账户设置安全的口令。

（2）以 user 1 用户身份登录系统，创建文件 myfile，使用 ll 命令查看文件的访问权限、所有者等信息。

（3）切换到 user 2 用户，尝试对 myfile 进行读写操作，记录结果。

（4）切换到 user 1 用户，使用 chown 命令修改 myfile 文件的属主为 user 2 和组为 user 2，

（5）切换到 user 2 用户，查看 myfile 文件的访问权限和所有者信息，尝试对 myfile 文件进行读、写操作，记录结果。

（6）在 user 2 用户下，使用 chmod 命令修改 myfile 文件的访问权限，拒绝其他用户对该文件读写，只允许所有者和组对其进行读写，查看修改后的文件访问权限。

（7）切换到 user 1 用户，尝试对 myfile 文件读写。

4.3 Windows系统安全

4.3.1 安全账户管理器SAM

Windows 核心安全组件是 LSA、SRM、SAM，它们的工作过程简单描述如图 4-9 所示。

如果一个用户要登录系统，则要取得用户证明（用户名和口令），并且用安全账户管理器（SAM）验证。如果一个用户已经登录，而且试图访问另一个系统的其他资源，这个进程就会验证到另一系统的用户，可以提供域间登录。用户登录以后，由本地安全授权管理器（LSA）负责鉴别用户的身份，以及它们对系统的访问权限，产生令牌，根据本地安全管理策略设置 ACL，然后由用户身份标识和 ACL 进行访问控制，同时整个过程由 SRM 产生审查记录信息。

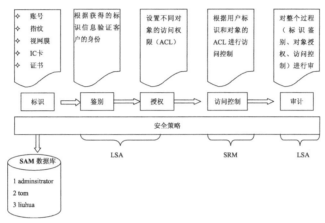

图 4-9 Windows 核心安全组件的工作过程

Win XP 及 2000 以上版本、Win7 系统中对用户账户的安全管理使用了安全账户管理器 SAM（Security Account Manager）的机制，安全账户管理器对账户的管理是通过安全标识（SID）进行的，安全标识在账户创建时就同时创建，一旦账户被删除，安全标识也同时被删除。安全标识是唯一的，即使是相同的用户名，在每次创建时获得的安全标识都是完全不同的。因此，一旦某个账户被删除，其安全标识就不再存在，即使用相同的用户名重建账户，也会被赋予不同的安全标识，不会保留原来的权限。

安全账户管理器的具体表现就是 %SystemRoot%\system32\config\sam 这个文件。sam 文件是 Windows 的用户账户数据库，所有用户的登录名及口令等相关信息都会保存在这个文件中。可以认为 SAM 文件类似于 UNIX 系统中的 passwd 文件，不过没有 UNIX 的 passwd 文件那么直观，当我们忘记密码的时候，就可以通过删除 SAM 文件快速地进入系统。

4.3.2 文件系统安全

1. 文件系统的类别

文件系统是操作系统中组织、存储和命名文件的结构。磁盘或分区和它所包括的文件系

统的不同对系统的安全和效率有重要的影响，大部分应用程序都基于文件系统进行操作。

MS-DOS 和 Windows 3.x 使用 FAT 16 文件系统，默认情况下 Windows 98 也使用 FAT 16，Windows 98 和 Me 可以同时支持 FAT 16、FAT 32 两种文件系统，Windows NT 则支持 FAT 16、NTFS 两种文件系统，Windows 2000 可以支持 FAT 16、FAT 32、NTFS 三种文件系统，Linux 则可以支持多种文件系统，如 FAT 16、FAT 32、NTFS、Minix、ext、ext 2、xiafs、HPFS、VFAT 等，不过 Linux 一般都使用 ext 2 文件系统。

1）FAT 16 格式

文件分配表系统（File Allocation Table），FAT 最早于 1982 年开始应用于 MS-DOS 中。FAT 文件系统主要的优点就是它可以允许多种操作系统访问，如 MS-DOS、Windows 3.x、Windows 9x、Windows NT 和 OS/2 等。这一文件系统在使用时遵循 8.3 命名规则（文件名最多为 8 个字符，扩展名为 3 个字符），最大可以管理 2GB 的分区。

2）FAT 32 格式

FAT 32 主要应用于 Windows 98 系统，它可以增强磁盘性能并增加可用磁盘空间。因为与 FAT 16 相比，它的一个簇的大小要比 FAT 16 小很多，所以可以节省磁盘空间。而且它支持 2TB（2 048G）的分区大小。

3）NTFS 格式

NTFS 是专用于 Windows NT/2000 操作系统的高级文件系统，它支持文件系统故障恢复，尤其是大存储媒体、长文件名。设计目标是在大容量的硬盘上能够很快地执行读、写和搜索等标准的文件操作，甚至包括文件系统恢复等高级操作；支持对于关键数据、十分重要的数据访问控制和私有权限；是唯一允许为单个文件指定权限的文件系统；支持最大达 2TB 的大硬盘，并且随着磁盘容量的增大，NTFS 的性能不像 FAT 那样随之降低；支持磁盘压缩功能；支持磁盘配额：可以管理和控制每个用户所能使用的最大磁盘空间。

NTFS 的主要弱点是它只能被 Windows NT/2000 以上版本所识别，虽然它可以读取 FAT 文件系统和 HPFS 文件系统的文件，但其文件却不能被 FAT 文件系统和 HPFS 文件系统所存取，因此兼容性方面比较成问题。

NTFS 系统对于文件夹有如下几种权限。

- 完全控制：可执行所有操作。
- 修改：可以修改和删除。
- 读取和运行：可以读取内容，并且可以执行应用程序。
- 列出文件夹目录：可以列出文件夹的内容。
- 读取：可以读取内容。
- 写入：可以创建文件夹或者文件。
- 特别权限：与文件和文件夹的数据无关，与"安全"选项卡读取、更改相关。

在 NTFS 格式的磁盘中，系统会自动设置默认的权限值，并且这些权限会被其子文件夹和文件所继承。为了控制用户对某个文件夹及该文件夹中的文件和子文件的访问，就需指定文件夹权限。不过，要设置文件或文件夹的权限，必须是 Administrators 组的成员、文件 / 文件夹的所有者、具备完全控制权限的用户。

对于文件的权限，基本和上述相同，没有"列出文件夹目录"权限。每一种权限都有两个状态——允许和拒绝，如图 4-10 所示。

图 4-10　NTF 权限与状态

管理员可以取得文件的所有权。选中文件或文件夹属性→"安全"→"高级"→"所有者"，如图 4-11 所示，如果管理员没有所有权则不能修改权限，如果管理员取得所有权则可以修改权限。

图 4-11　文件所有者的设置

2. NTF 权限原则

NTFS 权限是基于 NTFS 分区来实现的，其可以实现高度的本地安全性。通过对用户赋予 NTFS 权限可以有效地控制用户对文件和文件夹的访问。在 NTFS 分区上的每一个文件和文件夹都有一个列表，称为 ACL（访问控制列表）。该列表记录了每一个用户和组对该资源的访问权限。该默认情况下 NTFS 权限具有继承性，即文件和文件夹继承来自上层文件夹的权限。一个用户可以属于多个组，而这些组又有可能对某种资源赋予不同的访问权限。另外，用户或组可能会对某个文件夹和该文件夹下的文件有不同的访问权限。在这种情况下就必须通过 NTFS 权限原则来判断到底用户对资源有何种访问权限。

1）权限最大原则

当一个用户同时属于多个组，而这些组又有可能被某种资源赋予了不同的访问权限，则用户对该资源的最终有效权限是在这些组中最宽松的权限，即加权限，将所有的权限加在一起即为该用户的权限。

2）文件权限超越文件夹权限原则

当用户或组某个文件夹及该文件夹下的文件有不同的访问权限时，用户对文件的最终权限是用户被赋予访问该文件的权限，即文件权限超越文件的上级文件夹的权限，用户访问该文件夹下的文件不受文件夹权限的限制，而只受被赋予的文件权限的限制。

3）拒绝权限超越其他权限原则

当用户对某个资源有拒绝权限时，该权限覆盖其他任何权限，即在访问该资源的时候只有拒绝权限是有效的。当有拒绝权限时权限最大原则无效，因此对于拒绝权限的授予应该慎重考虑。

实训4-2　共享文件夹权限与NTFS权限的设置

（一）实训知识

共享文件夹权限和 NTFS 权限是可以叠加的。共享文件夹权限为资源提供有限的安全性，而 NTFS 权限为共享文件夹提供最大的灵活性。不论是在本地访问资源，还是通过网络访问该资源，NTFS 权限都是非常有用的。因此，除设置 NTFS 权限外，还需要设置共享文件夹权限。当管理员对 NTFS 权限和共享文件夹的权限进行组合时，组合结果所产生的权限或者是组合的 NTFS 权限，或者是组合的共享文件夹权限，哪个范围更窄、更严格就是哪一个。

当在 NTFS 卷上为共享文件夹授予共享权限时，应当遵守如下规则：可以对共享文件夹中包含的每个文件和子文件夹应用不同的 NTFS 权限。除共享文件夹权限外，用户必须要有该共享文件夹包含的文件和子文件夹的 NTFS 权限，才能访问那些文件和子文件夹。在 FAT 卷上，共享文件夹权限是保护该共享文件夹中的文件和子文件夹的唯一权限。在 NTFS 卷上必须要求 NTFS 权限。默认情况下，Everyone 组具有“完全控制”权限。

（二）实训内容

Folder 文件夹是 NTFS 分区上的共享文件夹。共享文件夹权限为写入；NTFS 权限为读取。网络用户最终的访问权限即为读取，不允许写入，这样可以更加有效地确保网络安全。

（三）实训步骤

1. 在“Folder”文件夹上单击鼠标右键，在弹出的快捷菜单中选择“属性”菜单，选择“共享”选项卡，单击“高级共享”按钮，如图 4-12 所示。

2. 在"高级共享"对话框中，设置"Folder"文件夹为共享并设置共享名，同时选择"权限"来为共享文件夹设置共享权限，如图 4-13 所示。

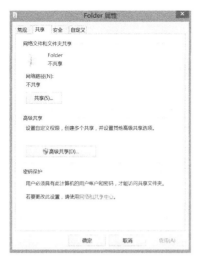

图 4-12 打开 Folder 文件夹属性菜单

图 4-13 设置 Folder 为共享文件夹

3. 单击"添加"按钮，添加 ld 用户对此共享文件夹具有完全控制的权限，删除原来的 Everyone 用户权限，如图 4-14 所示。

4. 在"Folder"文件夹上单击鼠标右键，在弹出的快捷菜单中选择"属性"→"安全"，设置本地安全权限，如图 4-15 所示，Authenticated Users 对其具有读取和执行、列出文件夹内容和修改、写入权限，根据共享文件夹和 NTFS 权限的原则，网络访问的 ld 用户对 Folder 文件夹具有读取和执行、列出文件夹内容和修改、写入权限。

图 4-14 设置共享文件夹 Folder 的共享权限

图 4-15 查看 Folder 文件夹本地 NTFS 权限

5. 打开共享文件夹 Folder，选中 sharefile.txt 文件，设置该文件的本地安全属性——NTF 权限，在 sharefile 文件上单击鼠标右键，在弹出的快捷菜单中选择"属性"菜单，单击"安全"选项卡，单击"编辑"按钮，如图 4-16 所示。

图 4-16　设置 sharefile 文件的本地安全属性

6. 在图 4-16 中，单击"高级"按钮，如图 4-17 所示。

7. 单击"禁用继承"按钮，从 sharefile 文件中删除所有已继承的权限，如图 4-18 所示。

图 4-17　查看 sharefile 文件的高级安全设置

图 4-18　　sharefile 文件高级安全设置

8. 在上一步中，也可以查看和修改 sharefile 文件的所有者，选择"共享"选项卡，查看 sharefile 文件的共享权限，如图 4-19 所示。

图 4-19　查看 sharefile 文件的共享权限

9. 在 sharefile 文件的"安全"选项卡中，添加管理组用户对其具有完全控制权限，添加 ld 用户，对其具有权限为读取，如图 4-20 所示。

图 4-20　sharefile 文件本地安全设置

10. 在远程网络的客户端主机上以 ld 用户访问共享文件夹 Folder 的 sharefile 文件，如图 4-21 所示。

11. 远程访问到共享文件夹 Folder，如图 4-22 所示。

图 4-21　访问远程共享主机

图 4-22　远程访问 Folder 文件夹

12. 远程访问到共享文件 sharefile，如图 4-23 所示。

13. 读取到 sharefile 文件的数据内容，如图 4-24 所示，可以看出 ld 用户对 sharefile 文件具有读取权限。

图 4-23　远程访问 sharefile 文件

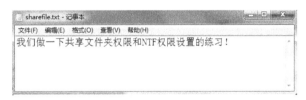

图 4-24　读取 sharefile 文件内容

14. 测试以 ld 用户远程访问 sharefile 文件，是否可以对其进行写入，如图 4-25 所示。

图 4-25　对 sharefile 文件进行写入操作

15. 写入操作失败，说明最终 ld 用户对于共享文件 sharefile 只能读取，如图 4-26 所示。

图 4-26   sharefile 文件不能写入

16. 但 ld 用户对于共享文件夹 Folder 是可以修改和写入的，试一试在 Folder 文件夹内创建新的文件。

实训4-3   Windows 系统安全配置

（一）基础的安全配置

常规的操作系统安全配置，包括 12 条基本配置原则：物理安全、停止 Guest 账户、限制用户数量、创建多个管理员账户、管理员账户改名、陷阱账户、更改默认权限、设置安全密码、屏幕保护密码、使用 NTFS 分区、运行防病毒软件、确保备份盘安全。

1）物理安全

服务器应该安放在安装了监视器的隔离房间内，并且监视器要保留 15 天以上的摄像记录。另外，机箱、键盘、电脑桌抽屉要上锁，以确保旁人即使进入房间也无法使用电脑，钥匙要放在安全的地方。

2）停止 Guest 账户

在"计算机管理"的"用户"中将 Guest 账户停用，任何时候都不允许 Guest 账户登录系统。为了保险起见，最好给 Guest 设置一个复杂的密码，包含特殊字符、数字、字母的长字符串，用它作为 Guest 账户的密码，并且修改 Guest 账户属性，设置拒绝远程访问，如图 4-27 所示。

图 4-27   停用 Guest 账户

3）限制用户数量

去掉所有的测试账户、共享账户和普通部门账户等。用户组策略设置相应权限，并且经常检查系统的账户，删除已经不使用的账户。账户大多是黑客入侵系统的突破口，系统的账户越多，黑客得到合法用户的权限可能性一般也就越大。对于 Windows NT/2000 主机，如果系统账户超过 10 个，一般能找出一两个弱口令账户，所以账户数量不要大于 10 个。

4）多个管理员账户

虽然这点看上去和上述有些矛盾，但事实上是服从上述规则的。创建一个一般用户权限账户用来处理电子邮件，以及处理一些日常事物，另一个拥有 Administrator 权限的账户只在需要的时候使用。因为只要登录系统以后，密码就存储在 WinLogon 进程中，当有其他用户入侵计算机的时候就可以得到登录用户的密码，尽量减少 Administrator 登录的次数和时间。

5）管理员账户改名

Windows 2000 中的 Administrator 账户是不能被停用的，这意味着别人可以一遍又一遍地尝试这个账户的密码。把 Administrator 账户改名，可以有效地防止这一点。不要使用 Admin 之类的名字，改了等于没改，尽量把它伪装成普通用户，比如改成：guestone。具体操作的时候只要选中账户名，改变名字即可，如图 4-28 所示。

图 4-28 管理员账户改名

6）陷阱账户

所谓的陷阱账户是创建一个名为 Administrator 的本地账户，把它的权限设置成最低，并且加上一个超过 10 位的超级复杂密码。这样可以让那些企图入侵者忙上一段时间，并且可以借此发现其入侵企图，可以将该用户隶属的组修改成 Guests 组，如图 4-29 所示。

图 4-29 创建陷阱用户

7）更改默认权限

共享文件的权限从"Everyone"组改成"授权用户"。"Everyone"在 Windows 2000 中意味着任何有权进入你的网络的用户都能够获得这些共享资料。任何时候不要把共享文件的用户设置成"Everyone"组。包括打印共享，默认的属性就是"Everyone"组的，一定要进行修改，设置某文件夹共享默认设置，如图 4-30 所示。

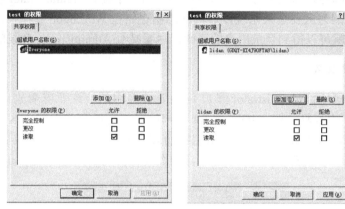

图 4-30　修改共享权限

8）安全密码

一些网络管理员创建账户的时候往往用公司名、计算机名或者一些别的轻易就能猜到的字符做用户名，然后又把这些账户的密码设置得比较简单，这样的账户应该要求用户首次登录的时候更改成复杂的密码，还要注意经常更改密码。这里给好密码定义如下：安全期内无法破解出来的密码就是好密码，也就是说，如果得到了密码文档，必须花 43 天或者更长的时间才能破解出来，密码策略是 42 天必须改密码。

9）屏幕保护密码

设置屏幕保护密码是防止内部人员破坏服务器的一个屏障。另外，所有系统用户所使用的机器也最好加上屏幕保护密码。将屏幕保护的选项"密码保护"选中即可，并将等待时间设置为最短时间"1 秒"。

10）NTFS 分区

把服务器的所有分区都改成 NTFS 格式，NTFS 文件系统要比 FAT、FAT 32 的文件系统安全得多。

11）防毒软件

服务器操作系统一般都安装防毒软件，一些好的杀毒软件不仅能杀掉一些著名的病毒，还能查杀大量木马和后门程序。要经常升级病毒库。

12）备份盘的安全

一旦系统资料被黑客破坏，备份盘将是恢复资料的唯一途径。备份完资料后，把备份盘放在安全的地方。不能把资料备份在同一台服务器上。这样，还不如不要备份。

（二）高级安全策略配置

高级的安全配置主要介绍操作系统的安全策略配置，包括10条基本配置原则：操作系统安全策略、关闭不必要的服务、关闭不必要的端口、开启审核策略、开启密码策略、开启账户策略、备份敏感文件、不显示上次登录名、禁止建立空连接和下载最新的补丁。

1）操作系统安全策略

利用 Windows 2003 的安全配置工具来配置安全策略，微软提供了一套基于管理控制台的安全配置和分析工具，可以配置服务器的安全策略。在管理工具中可以找到"本地安全策略"，路径和主界面如图 4-31 所示。

可以配置4类安全策略：账户策略、本地策略、公钥策略和IP安全策略。在默认的情况下，这些策略都是没有开启的。

图 4-31　本地安全策略

2）关闭不必要的服务

Windows 的 Terminal Services（终端服务）和 IIS（Internet 信息服务）等都可能给系统带来安全漏洞。为了能够在远程方便地管理服务器，很多机器的终端服务都是开着的，如果开了，要确认已经正确地配置了终端服务。有些恶意的程序也能以服务方式悄悄地运行服务器上的终端服务。要留意服务器上开启的所有服务并每天检查。服务器可禁用的网络服务及其相关说明如表 4-1 所示。

表4-1　服务器可禁用的网络服务及其相关说明

服务名	说　　明
Computer Browser	维护网络上计算机的最新列表，以及提供这个列表
Task Schedule	允许程序在指定时间运行
Routing and Remote Access	在局域网及广域网环境中为企业提供路由服务
Removable Storage	管理可移动媒体、驱动程序和库
Remote Registry Service	允许远程注册表操作
Print Spooler	将文件加载到内存中以便以后打印。要用打印机的用户不能禁用这项服务
IPSEC Policy Agent	管理IP安全策略，以及启动 ISAKMP/Oakley(IKE)和IP安全驱动程序
Distributed Link Tracking Client	当文件在网络域的 NTFS 卷中移动时发送通知
Com+ Event System	提供事件的自动发布到订阅 COM 组件

3）关闭不必要的端口

关闭端口意味着减少功能，如果服务器安装在防火墙的后面，被入侵的机会就会少一些，但是不可认为高枕无忧。用端口扫描器扫描系统所开放的端口，在 Winnt\system 32\drivers\etc\services 文件中有知名端口和服务的对照表可供参考。该文件用记事本打开如图 4-32 所示。

图 4-32 服务与端口对照表

设置本机开放的端口和服务，在 IP 地址设置窗口中单击"高级"按钮，如图 4-33 所示。

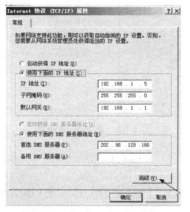

图 4-33 设置 TCP/IP 高级属性

在出现的对话框中选择"选项"选项卡，选中"TCP/IP 筛选"，单击"属性"按钮，设置端口界面如图 4-34 所示。

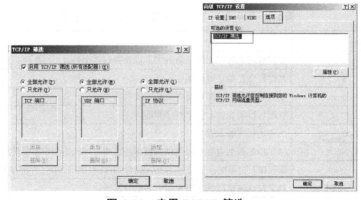

图 4-34 启用 TCP/IP 筛选

一台 Web 服务器只允许 TCP 的 80 端口通过即可,如图 4-35 所示。个人计算机可以不使用,我们说的禁止端口就可以在这里进行,而不用防火墙来进行。 TCP/IP 筛选器是 Windows 自带的防火墙,功能比较强大,可以替代防火墙的部分功能。

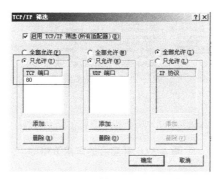

图 4-35 只开放 TCP 的 80 端口

4)开启审核策略

安全审核是 Windows 最基本的入侵检测方法。当有人尝试对系统进行某种方式(如尝试用户密码,改变账户策略和未经许可的文件访问等)入侵时,都会被安全审核记录下来。很多管理员在系统被入侵了几个月都不知道,直到系统遭到破坏。表 4-2 中的这些审核是必须开启的,其他的可以根据需要增加。

表4-2 审核策略设置

策 略	设 置
审核系统登录事件	成功,失败
审核账户管理	成功,失败
审核登录事件	成功,失败
审核对象访问	成功
审核策略更改	成功,失败
审核特权使用	成功,失败
审核系统事件	成功,失败

审核策略在默认的情况下都是没有开启的,双击审核列表的某一项,出现设置对话框,将复选框"成功"和"失败"都选中,如图 4-36 所示。

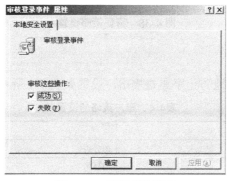

图 4-36 设置审核策略

在本地安全设置中，查看审核策略更改的情况，如图 4-37 所示。

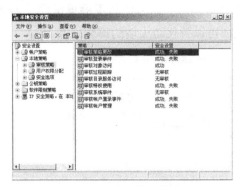

图 4-37 开启后的审核策略

5）开启密码策略

密码对系统安全非常重要。本地安全设置中的密码策略在默认的情况下都没有开启。需要开启的密码策略如表 4-3 所示。

表4-3 需要开启的密码策略

策　　　略	设　　　置
密码复杂性要求	启用
密码长度最小值	6 位
密码最长存留期	15 天
强制密码历史	5 次

密码策略设置如图 4-38 所示。

图 4-38 密码策略设置

6）开启账户策略

开启账户策略可以有效地防止字典式攻击，设置如表 4-4 所示。

表4-4 账户策略的设置

策　　　略	设　　　置
复位账户锁定计数器	30分钟
账户锁定时间	30分钟
账户锁定阈值	5次

账户策略设置的结果如图4-39所示。

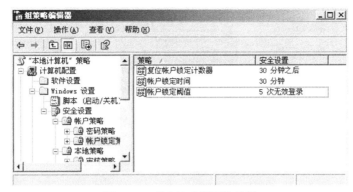

图4-39 账户策略设置的结果

7）备份敏感文件

把敏感文件存放在另外的文件服务器中，虽然服务器的硬盘容量都很大，但还是应该考虑把一些重要的用户数据（文件、数据表和项目文件等）存放在另外一个安全的服务器中，并且经常备份它们。

8）不显示上次登录名

默认情况下，终端服务接入服务器时，登录对话框中会显示上次登录的账户，本地的登录对话框也一样。黑客可以得到系统的一些用户名，进而做密码猜测。修改注册表禁止显示上次登录名，在HKEY_LOCAL_MACHINE主键下修改子键：Software\Microsoft\WindowsNT\CurrentVersion\Winlogon\DontDisplayLastUserName，将键值改成1，如图4-40所示。

图4-40 注册表修改"不显示上次登录名"

9）禁止建立空连接

默认情况下，任何用户通过空连接连上服务器，进而可以枚举出账户，猜测密码。可以通过修改注册表来禁止建立空连接。在HKEY_LOCAL_MACHINE主键下修改子键：System\CurrentControlSet\Control\LSA\RestrictAnonymous，将键值改成"1"即可，如图4-41所示。

图 4-41　注册表修改"禁止建立空连接"

10）下载最新的补丁

很多初学者没有访问安全站点的习惯，以至于一些漏洞出现后很长时间还没得到及时修补，成为黑客的目标。谁也不敢保证数百万行以上代码的 Windows 不出一点安全漏洞。经常访问微软和一些安全站点，下载最新的 Service Pack 和漏洞补丁，是保障服务器长久安全的唯一方法。单击"开始"→ Windows Update 打上最新补丁。

4.4　国内外操作系统发展历史与现状

4.4.1　国外安全操作系统发展

Multics 是开发安全操作系统最早期的尝试。1965 年美国贝尔实验室和麻省理工学院的 MAC 课题组等一起联合开发一个称为 Multics 的新操作系统，其目标是要向大的用户团体提供对计算机的并发访问，支持强大的计算能力和数据存储，并具有很高的安全性。贝尔实验室中后来参加 UNIX 早期研究的许多人当时都参加了 Multics 的开发工作。由于 Multics 项目目标的理想性和开发中所遇到的远超预期的复杂性使得结果不是很理想。事实上连他们自己也不清楚什么时候、开发到什么程度才算达到设计的目标。

虽然 Multics 未能成功，但它在安全操作系统的研究方面迈出了重要的第一步。Multics 为后来的安全操作系统研究积累了大量的经验，其中 Mitre 公司的 Bell 和 La Padula 合作设计的 BLP 安全模型首次成功地用于 Multics。BLP 安全模型后来一直都作为安全操作系统开发所采用的基础安全模型。

美国国防部于 1983 年出版了历史上第一个计算机安全评价标准——《可信计算机系统评价准则（TCSEC）》，1985 年，美国国防部对 TCSEC 进行了修订。TCSEC 提供了 D、C1、C2、B1、B2、B3 和 A1 七个从低到高的可信系统评价等级，每个等级对应确定的安全特性需求和保障需求，为计算机系统的可信程度划分和评价提供了准则。TCSEC 的封面是橘黄色的，所以一般又称为橘皮书。虽然橘皮书并不是一本设计说明书，但现在设计者已把橘皮书中的思想融于安全操作系统的设计之中。

1991 年，在欧洲共同体的赞助下英、德、法、荷四国制定了拟为欧共体成员国使用的共同标准——《信息技术安全评定标准（ITSEC）》。随着各种标准的推出和安全技术产品的发展，美国和加拿大及欧共体国家一起制定了通用安全评价准则（Common Criteria for IT Security Evaluation，CC），1996 年 1 月发布了 CC 的 1.0 版。CC 标准的 2.0 版已于 1997 年 8 月颁布，并于 1999 年 7 月通过国际标准组织认可，确立为国际标准，即 ISO/IEC 15408。

CC 本身由两个部分组成：一部分是一组对信息技术产品的安全功能需求的定义，另一部分是对安全保证需求的定义。CC 标准吸收了各国对信息系统安全的经验与知识，将会对信息安全的研究与应用带来重大影响。

2001 年，Flask 由 NSA 在 Linux 操作系统上实现，并且不同寻常地向开放源码社区发布了一个安全性增强型版本的 Linux（SELinux），包括代码和所有文档。

SELinux 以 Flask 安全体系结构为指导，通过安全判定与安全实施的分离实现了安全策略的独立性，借助访问向量缓存（AVC）实现了对动态策略的支持。SELinux 定义了一个由类型实施（TE）策略、基于角色的访问控制（RBAC）策略和多级安全（MLS）策略组合的安全策略，其中 TE 和 RBAC 策略总是系统实现的安全策略的有机组成。

还有其他一些安全操作系统开发项目，如 Honeywell 公司的 STOP、Gemini 公司的 GEMSOS、DEC 公司的 VMM（Virtual Machine Monitor）等，以及 HP 和 Data General 等公司开发的安全操作系统。

4.4.2 国内安全操作系统发展历史与现状

在我国，发展国产操作系统才是维护国家信息安全的唯一出路。近日，中央机关采购中心发出通知，禁止计算机类安装 Win 8 系统。有分析指出，从我国的政策导向上来看，政府已将信息安全上升到国家安全。中国工程院院士倪光南建议："政府应该做好顶层设计，相关企业与机构筹建产业发展联盟，加快发展国产操作系统替代进口。"

"棱镜门"事件表明重视信息安全不是杞人忧天,中国要不断提高网络空间整体防护能力。目前国产软硬件水平已经成熟,可以替代国外产品,政府需要整合资源,突出信息安全,通过"首购"等方式,进一步支持国产操作系统等软件形成良性发展循环。目前,我国信息系统中采用的软硬件大多来自国外。据有关机构统计,国内经济部门 70% 的信息设备来自国外,特别是信息系统和网络设备使用的关键芯片、核心软件和部件绝大部分依赖进口,存在重大安全隐患。

芯片、操作系统等处于信息系统的底层,处于上层的安全设备或安全软件无法对它们的行为进行控制。另外,信息设备和软件的使用离不开系统维护,维护者可以确知每个设备和软件的具体使用信息,在他们面前,信息系统根本无法做到保密。

在我国也进行了许多有关安全操作系统的开发研制工作,并取得了一些研究成果。1990年前后,海军计算技术研究所和解放军电子技术学院分别开始了安全操作系统技术方面的探讨,他们都是参照美国 TCSEC 标准的 B2 级安全要求,基于 UNIX System V 3.2 进行安全操作系统的研究与开发。

1993 年,海军计算技术研究所继续按照美国 TCSEC 标准的 B2 级安全要求,围绕 UNIX SVR4.2/SE 实现了国产自主的安全增强包。

1995 年,在国家"八五"科技攻关项目——"COSA 国产系统软件平台"中,围绕 UNIX 类国产操作系统 COSIX V 2.0 的安全子系统的设计与实现,中国计算机软件与技术服务总公司、海军计算技术研究所和中国科学院软件研究所一起参与了研究工作。COSIX V 2.0 安全子系统的设计目标介于美国 TCSEC 的 B1 和 B2 级安全要求之间，当时定义为 B1+，主要实现的安全功能包括安全登录、自主访问控制、强制访问控制、特权管理、安全审计和可信通路等。

1996 年，由中国国防科学技术工业委员会发布了军用计算机安全评估准则 GJB 2646—1996（一般简称为军标），它与美国 TCSEC 基本一致。

1998 年，电子工业部十五所基于 UNIX Ware V 2.1 按照美国 TCSEC 标准的 B1 级安全要求，对 UNIX 操作系统的内核进行了安全性增强。

1999 年 10 月 19 日，我国国家技术监督局发布了国家标准 GB 17859—1999《计算机信息系统安全保护等级划分准则》，为计算机信息系统安全保护能力划分了等级。该标准已于 2001 年起强制执行。

2002 年，公安部在 GB 17859 的基础上，发布实施了 5 个行业新标准，其中包括 GA 388—2002《计算机信息系统安全等级保护操作系统技术要求》。为了适应我国等级保护的要求，先后形成了相应的国家标准：GB/T 20008—2005《信息安全技术操作系统安全评估准则》、GB/T 20270—2006《信息安全技术操作系统安全技术要求》。

Linux 自由软件的广泛流行对我国安全操作系统的研究与开发具有积极的推进作用。2001 年前后，我国安全操作系统研究人员相继推出了一批基于 Linux 的安全操作系统开发成果。

（1）中国科学院信息安全技术工程研究中心基于 Linux 资源，先后于 2001 年和 2005 年开发完成了符合我国 GB 17859—1999 第三级（相当于美国 TCSEC B1）和第四级（相当于美国 TCSEC B2）安全要求的安全操作系统安胜 3.0 和安胜 4.0。安胜 3.0 系统提供了身份标识与鉴别、自主访问控制、强制访问控制、最小特权管理、安全审计、可信通路、密码服务、网络安全服务等方面的安全功能。安胜 4.0 提供了更完备的上述安全功能，并实现了强制完整性控制、客体重用控制、隐蔽存储通道分析和处理，建立了明确定义的形式化安全策略模型，以及设计实现了一种支持多策略的安全体系结构。

（2）依托南京大学的江苏南大苏富特软件股份有限公司开发完成了基于 Linux 的安全操作系统 SoftOS，实现的安全功能包括：强制访问控制、审计、禁止客体重用、入侵检测等。

（3）原信息产业部电子第 30 研究所控股的三零盛安公司推出的强林 Linux 安全操作系统，达到了我国 GB 17859—1999 第三级的安全要求。

（4）中国科学院软件所开放系统与中文处理中心的基于红旗 Linux 操作系统，实现了符合我国 GB 17859—1999 第三级要求的安全功能。

（5）中国计算机软件与技术服务总公司以美国 TCSEC 标准的 B1 级为安全目标，对其 COSIX V2.0 进行了安全性增强改造。

（6）国防科技大学、总参 56 所等其他单位也开展了安全操作系统的研究与开发工作。其中，2006 年 12 月 4 日，国防科大等单位共同研制的"银河麒麟"操作系统，由自主研发的内核层和基于 FreeBSD（一种 UNIX 操作系统）改造的系统服务层组成，是一个拥有层次式内核、安全等级达到结构化保护级、能支持多种微处理器和多种计算机体系结构，并与 Linux 目标代码兼容的国产服务器操作系统。

特别的，2001 年 3 月 8 日，我国国家技术监督局发布了国家标准 GB/T 18336—2001《信

息技术安全技术 信息技术安全性评估准则》，它基本上等同采用了国际通用安全评价准则CC。该标准已于2001年12月1日起推荐执行，这对我国安全操作系统研究与开发产生了进一步的影响。

4.4.3 智能终端操作系统现状

中国3G时代已经开启，4G时代即将到来，移动互联网大门已向各方敞开。除网络不断演进所带来的巨大推力外，智能终端的大量普及也已成为移动互联网飞速发展的核心动力。但是，目前国外企业正主导着智能终端技术的发展，因此，产业利润的大头主要在国外；同时，国外企业已逐步主导智能终端操作系统的发展。长此以往，移动互联网产业发展将存在被国外企业垄断的风险。

事实上，基于PC传统电脑的操作系统已经是Windows的天下，在全球也不可能有第二种操作系统能取得突破。但是，信息产业技术的革命性变革给我们带来了历史性的基于，谷歌、苹果公司这两年的发展表明了在嵌入式操作系统领域我们完全有成功的可能性。

与此同时，谷歌、苹果及微软三家美国公司已占据了先发优势和规模优势，在这种竞争环境下，如果仅靠中国的现有企业分别发展各自的操作系统，是很难成功的。由政府和运营商来主导一套自主智能终端操作系统，才有可能取得成功。

我国应全力推进智能终端操作系统的发展，这样不但能获得产业安全发展的先机，还将占据移动互联网产业制高点，促进移动互联网安全、健康发展。

目前，3G用户大量使用智能手机上网、聊QQ、发电邮，大量互联网应用已经迁移到手机，移动互联网取得了飞速发展。在国内，我国网民规模达到4.57亿人，其中手机网民规模达3.03亿人，移动互联网用户的快速增长成为拉动中国总体网民规模攀升的主要动力。

其实，移动互联网用户之所以呈现爆炸式增长，除网络持续升级原因外，主要得益于智能终端的大量普及。2010年，全球智能手机销量达到3.04亿部，同比增长72%，首次超过个人电脑的销量。在国内，2010年中国智能手机销量达到2 800万台，同比增长65%。

在智能手机市场竞争中，争夺的焦点已从硬件转向操作系统。目前，国外公司基本上主导了智能终端操作系统的发展，谷歌、苹果及微软三家美国公司已占据了先发优势和规模优势。

数据显示，2007年四季度，谷歌仅仅推出两年的Android操作系统以3 290万台的季度销量成为全球最大的智能手机平台，谷歌Android应用商店从2008年10月推出以来，到2010年年底应用数量已经达到20万个；苹果应用商店App Store于2008年6月推出，到今年1月累计应用下载达到100亿次，应用数量达到35万个。

如果智能终端操作系统长期被国外企业主导，移动互联网发展将存在被国外企业垄断的风险。移动互联网产业一旦被国外企业垄断，将使我国移动互联网发展面临信息安全和经济安全等诸多问题。因此，我国应全力推进智能终端操作系统的发展。

目前，主导开发操作系统主要有两种途径：一种是基于谷歌Android等完整操作系统的开源代码，进行业务和应用的二次开发，但这种做法不能掌握核心技术，只是被动地跟随；另一种是基于Linux内核标准，自主开发GUI、安全组件、应用框架、SDK、核心业务功能、基础应用，这种做法更为开放、安全、稳定，可及时满足市场。

目前，工信部正在动员三大运营商共同开发自主智能终端操作系统。这种做法一旦成功，将为我国信息产业发展作出巨大贡献，使我国移动互联网产业发展迈向一个新的高度。

4.5 系统安全

为了对现有计算机系统的安全性进行统一的评价，为计算机系统制造商提供一个有权威的系统安全性标准，需要有一个计算机系统安全评测准则。

4.5.1 系统安全评测准则

美国国防部于 1983 年推出了历史上第一个计算机安全评价标准——《可信计算机系统评测准则》（Trusted Computer System Evaluation Criteria，TCSEC），又称为橘皮书。TCSEC 带动了国际上计算机安全评测的研究，德国、英国、加拿大、西欧四国等纷纷制定了各自的计算机系统评价标准。近年来，我国也制定了相应的强制性国家标准 GB 17859—1999《计算机信息系统安全保护等级划分准则》和推荐标准 GB/T 18336—2001《信息技术安全技术 信息技术安全性评估准则》。表 4-5 所示为国内外计算机系统评价标准的概况。

表4-5 国内外计算机系统评价标准的概况

标准名称	颁布的国家或组织	颁布年份
美国TCSEC	美国国防部	1983
美国TCSEC修订版	美国国防部	1985
德国标准	西德	1988
英国标准	英国	1989
加拿大标准V1	加拿大	1989
欧洲ITSEC	西欧四国（英、法、荷、德）	1991
联邦标准草案	美国（FC）	1992
加拿大标准V3	加拿大	1993
CC V1.0	美、荷、法、德、英、加	1996
中国军标GJB 2646—1996	中国国防科学技术委员会	1996
CC V2.0	美、荷、法、德、英、加	1997
ISO/IEC 15408	国际标准组织	1999
中国GB 17859—1999	中国国家质量技术监督局	1999
中国GB/T 18336—2001	中国国家质量技术监督局	2001

1. 德国标准

德国标准是由德国（西德）信息安全局推出的计算机系统安全评价标准，又称为德国绿皮书。该标准定义了 10 个功能类，并用 F1～F10 加以标识。其中，F1～F5 类对应到美国 TCSEC 的 C1～B3 等级的功能需求，F6 类定义的是数据和程序的高完整性需求，F7 类适合于高可用性，F8～F10 类面向数据通信环境。另外，该标准定义了 Q0～Q7 的 8 个表示保证能力的质量等级，分别大致地对应到 TCSEC 标准 D～A1 级的保证需求。该标准的功能类和保证类可以任意组合，潜在地产生 80 种不同的评价结果，很多组合结果超过了 TCSEC 标准的需求范围。

2. 加拿大标准

加拿大政府设计开发了自己的可信任计算机标准——加拿大可信计算机产品评估标准（Canadian Trusted Computer Product Evaluation Criteria，CTCPEC）。CTCPEC 提出了在开发或评估过程中产品的功能（Functionality）和保证（Assurance）。功能包括机密性（Confidentiality）、完整性（Integrity）、可用性（Availability）和可追究性（Accountability）。保证说明安全产品实现安全策略的可信程度。

3. 英国标准

英国标准是由英国的贸易工业部和国防部联合开发的计算机安全评价标准。该标准定义了一种称为声明语言的元语言，允许开发商借助这种语言给出有关产品安全功能的声明。采用声明语言的目的是提供一个开放的需求描述结构，开发商可以借助这种结构描述产品的质量声明，独立的评价者可以借助这种结构来验证那些声明的真实性。该标准定义了 L1 ～ L6 的 6 个评价保证等级，大致对应到 TCSEC 标准的 C1 ～ A1 或德国标准的 Q1 ～ Q6 保证等级。

4. 欧洲 ITSEC 标准

20 世纪 90 年代初，西欧四国（英、法、荷、德）联合提出了信息技术安全评价标准（ITSEC），ITSEC（又称为欧洲白皮书）除吸收 TCSEC 的成功经验外，还提出了信息安全的机密性、完整性、可用性的概念，首次把可信计算机的概念提高到可信信息技术的高度来认识。

ITSEC 也定义了如下 7 个安全级别。

E6：形式化验证级。

E5：形式化分析级。

E4：半形式化分析级。

E3：数字化测试分析级。

E2：数字化测试级。

E1：功能测试级。

E0：不能充分满足保证级。

5. 联邦标准草案

联邦标准是由美国国家标准技术研究所 NIST 和国家安全局 NSA 联合开发的拟用于取代 TCSEC 标准的计算机安全评价标准。该标准与欧洲的 ITSEC 标准比较相似，它把安全功能和安全保证分离成两个独立的部分。该标准只有草案，没有正式版本，因为草案推出后，该标准的开发组便转移到了与加拿大及 ITSEC 标准的开发组等联合开发共同标准（CC）的工作之中。但该标准提出了保护轮廓定义书和安全目标定义书的概念。

6. 国际通用准则 CC

CC 标准是美国同加拿大及欧共体国家一起制定的通用安全评价准则，1996 年 1 月发布了 CC 的 1.0 版，1997 年 8 月发布了 CC 的 2.0 版。1999 年 7 月 CC 标准通过国际标准组织认可，被确立为国际标准，即 ISO/IEC 15408。CC 标准吸收了各国制定信息系统安全评测标准的经验，将会给信息安全系统、产品的研究，以及应用与评测带来重大影响。事实上目前已经显示出了种种迹象。

1998 年 1 月，经过两年的密切协商，来自美国、加拿大、法国、德国及英国的政府组织签订了历史性的安全评估互认协议：IT 安全领域内 CC 认可协议。根据该协议，在协议签署国范围内，在某个国家进行的基于 CC 的安全评估将在其他国家内得到承认。截至 2003 年 3 月，加入该协议的国家共有 15 个：澳大利亚、新西兰、加拿大、芬兰、法国、德国、希腊、以色列、意大利、荷兰、挪威、西班牙、瑞典、英国及美国。

美国 NSA 内部的可信产品评估计划（TPEP）及可信技术评价计划（TTAP）最初根据 TCSEC 进行产品的评估，但从 1999 年 2 月 1 日起，这些计划将不再接收基于 TCSEC 新的评估，此后接受的任何新产品都必须根据 CC 的要求进行评估。到 2001 年年底，所有已经通过 TCSEC 评估的产品，其评估结果或者过时，或者转换为 CC 评估等级。

NSA 已经将 TCSEC 对操作系统的 C2 和 B1 级要求转换为基于 CC 的要求（或 PP），NSA 正在将 TCSEC 的 B2 和 B3 级要求转换成基于 CC 的保护轮廓，但对 TCSEC 中的 A1 级要求不做转换。TCSEC 的可信网络解释（TNI）在使用范围上受到了限制，已经不能广泛适用于目前的网络技术，因此 NSA 目前不计划提交与 TNI 相应的 PP。

微软公司聘请科学应用国际集团（SAIC）的 Common Criteria 实验室人员来对 Windows 2000 进行测试。经过三年的努力和花费数百万美元资金，2002 年 10 月 29 日，微软公司宣称 Windows 2000 已经通过 CC 标准 EAL4 级别的全部所需测试，满足 15 个国家承认的 CC 标准的安全认证。虽然这一认证不能保证 Windows 2000 没有漏洞，但它表明了 Windows 2000 的开发和维护确实达到"系统化设计、测试和检查"的程度。EAL 4 也是商业实验室所能给出的最高级别，更高安全级别如 EAL 5、EAL 6、EAL 7 则必须由政府机构来认证。

4.5.2 TCSEC准则

TCSEC 是美国国防部根据国防信息系统的保密需求制定的，首次公布于 1983 年。由于它使用了橘色书皮，所以通常称为橘皮书。1985 年，TCSEC 再次修改后发布，然后一直沿用至今。直到 1999 年以前，TCSEC 一直是美国评估操作系统安全性的主要准则，其他子系统如数据库和网络的安全性，也一直是通过橘皮书的解释来评估的。按照 TCSEC 的标准，测试系统的安全性主要包括硬件和软件两部分，整个测试过程对生产厂商来说是很昂贵的，而且往往需花费几年时间才能完成。在美国，一个申请某个安全级别的系统，只有在符合所有的安全要求后才由权威评测机构 NCSC 颁发相应的证书。

1.TCSEC 概述

计算机安全评测的基础是需求说明，即把一个计算机系统称为"安全的"，其真实含义是什么。一般地说，安全系统规定安全特性，控制对信息的访问，使得只有授权的用户或代表其工作的进程才拥有读、写、建立或删除信息的访问权。美国国防部早在 1983 年就基于这个基本的目标，给出了可信任计算机信息系统的 6 项基本需求，其中 4 项涉及信息的访问控制；两项涉及安全保障。

根据基本需求，TCSEC 在用户登录、授权管理、访问控制、审计跟踪、隐蔽通道分析、可信通路建立、安全检测、生命周期保障、文档写作等各方面，均提出了规范性要求，并根据所采用的安全策略、系统所具备的安全功能将系统分为 4 类 7 个安全级别。即 D 类、C 类、B 类和 A 类，以层次方式排序，最高类 A 代表安全性最高的系统。其中，C 类和 B 类又有若干子类，称为级，级也以层次方式排序，各级别安全可信性依次增高，较高级别包含较低级别的安全性。

在每个级别内，准则分为四个主要部分。前三部分叙述满足安全策略、审计和保证的主要控制目标。第四部分是文档，描述文档的种类，以及编写用户指南、手册、测试文档和设计文档的主要要求。

D 类只包含一个级别——D 级，是安全性最低的级别。不满足任何较高安全可信性的系统全部划入 D 级。该级别说明整个系统都是不可信任的。对硬件来说，没有任何保护作用，操作系统容易受到损害；不提供身份验证和访问控制。例如，MS-DOS、Macintosh System 7.x 等操作系统属于这个级别。

C 类为自主保护类（Discretionary Protection）。该类的安全特点在于系统的对象（如文件、目录）可由其主体（如系统管理员、用户、应用程序）自定义访问权限。自主保护类依据安全级别从低到高又分为 C1、C2 两个安全等级。

C1 级：又称为自主安全保护（Discretionary Security Protection）级，实际上描述了一个典型的 UNIX 系统上可用的安全评测级别。对硬件来说，存在某种程度的保护。用户必须通过用户注册名和口令系统识别，这种组合用来确定每个用户对程序和信息拥有什么样的访问权限。具体地说，这些访问权限是文件和目录的许可权限（Permission）。存在一定的自主访问控制机制（DAC），这些自主访问控制使得文件和目录的拥有者或者系统管理员，能够阻止某个人或几组人访问哪些程序或信息。UNIX 系统的"owner/group/other"访问控制机制，即是一种典型的事例。但是这一级别没有提供阻止系统管理账户行为的方法，结果是不审慎的系统管理员可能在无意中损害了系统的安全。另外，在这一级别中，许多日常系统管理任务只能通过超级用户执行。由于系统无法区分哪个用户以 root 身份注册系统执行了超级用户命令，因而容易引发信息安全问题，且出了问题以后难以追究责任。

C2 级：又称为受控制的访问控制级。它具有以用户为单位的 DAC 机制，且引入了审计机制。除 C1 包含的安全特征外，C2 级还包含其他受控访问环境（Controlled-Access Environment）的安全特征。该环境具有进一步限制用户执行某些命令或访问某些文件的能力，这不仅基于许可权限，而且基于身份验证级别。另外，这种安全级别要求对系统加以审计，包括为系统中发生的每个事件编写一个审计记录。审计用来跟踪记录所有与安全有关的事件，比如由系统管理员执行的活动。

B 类为强制保护类（Mandatory Protection）。该类的安全特点在于由系统强制的安全保护，在强制保护模式中，每个系统对象（如文件、目录等资源）及主体（如系统管理员、用户、应用程序）都有自己的安全标签（Security Label），系统则依据主体和对象的安全标签赋予其对访问对象的访问权限。强制保护类依据安全级别从低到高又分为 B1、B2、B3 三个安全等级。

B1 级或标记安全保护（Labeled Security Protection）级：B1 级要求具有 C2 级的全部功能，并引入强制型访问控制（MAC）机制，以及相应的主体、客体安全级标记和标记管理。它是支持多级安全（比如秘密和绝密）的第一个级别，这一级别说明一个处于强制性访问控制之下的对象，不允许文件的拥有者改变其访问许可权限。

B2 级或结构保护（Structured Protection）级：B2 级要求具有形式化的安全模型、描述式顶层设计说明（DTDS）、更完善的 MAC 机制、可信通路机制、系统结构化设计、最小特权管理、隐蔽通道分析和处理等安全特征。它要求计算机系统中所有对象都加标记，而且给设备（如磁盘、磁带或终端）分配单个或多个安全级别。这是提供较高安全级别的对象与另一个较低安全级别的对象相互通信的第一个级别。

B3 级或安全域（Security Domain）级：B3 级要求具有全面的存取控制（访问监控）机制、严格的系统结构化设计及 TCB 最小复杂性设计、审计实时报告机制、更好地分析和解决隐蔽通道问题等安全特征。它使用安装硬件的办法增强域的安全性，如内存管理硬件用于保护安全域免遭无授权访问或其他安全域对象的修改。该级别也要求用户的终端通过一条可信任途径连接到系统上。

A 类为验证设计（Verify Design）类：A 类是当前橘皮书中最高的安全级别，它包含了一个严格的设计、控制和验证过程。与前面提到的各级别一样，这一级包含了较低级别的所有特性。设计必须是从数学上经过验证的，而且必须进行隐蔽通道和可信任分布的分析。可信任分布（Trusted Distribution）的含义是，硬件和软件在传输过程中已经受到保护，不可能破坏安全系统。验证保护类只有一个安全等级，即 A1 级。A1 级要求具有系统形式化顶层设计说明（FTDS），并形式化验证 FTDS 与形式化模型的一致性，以及用形式化技术解决隐蔽通道问题等。

美国国防部采购的系统要求其安全级别至少达到 B 类，商业用途的系统也追求达到 C 类安全级别。但是，国外厂商向我国推销安全功能符合 TCSEC B 类和以上级别的计算机系统是有限制的。因此，自主开发符合 TCSEC 中 B 类安全功能的安全操作系统一直是我国近几年来研究的热点。TCSEC 从 B1 到 B2 的升级，在美国被认为是安全操作系统设计开发中单级增强最为困难的一个阶段。所以目前设计实现 TCSEC B2 级的安全操作系统依然是我国研究人员很难达到的开发目标。

我国国标 GB 17859—1999 基本上是参照美国 TCSEC 制定的，但将计算机信息系统安全保护能力划分为五个等级，第五级是最高安全等级。一般认为我国 GB 17859—1999 的第四级对应于 TCSEC B2 级，第五级对应于 TCSEC B3 级。下面详细介绍 TCSEC B2 级的内容。

本章小结

本章介绍了操作系统安全概念：安全策略、访问控制、安全模型及安全的体系结构。重点介绍了 UNIX 系统的安全管理和 Windows 系统的安全配置。在 UNIX 系统安全管理部分，口令与账户和文件系统安全管理是重点。Window 系统分为基础安全配置和高级安全配置两部分内容，掌握了系统的安全管理与配置，就是做好安全的基石，为自己的系统安全防护加上了基础和牢固的防线。本章后面介绍了国内外操作系统在安全性方面的发展及系统安全标准的概况。

本章习题

一、选择题

1. _____ 是一套可以免费使用和自由传播的类 UNIX 操作系统，主要用于基于 Intel x86 系列的 CPU 计算机上。

　　A. Solaris　　　　　B. Linux　　　　　C. XENIX　　　　　D. FreeBSD

2. UNIX 系统的加密口令保存在 _____ 文件中。

　　A. /etc/passwd　　　B. /etc/shadow　　C. /etc/security

3. Windows XP 及 2000 以上版本系统中用户及口令信息保存在 _____ 文件中。

　　A. %SystemRoot%\system32\config\sam

　　B. %SystemRoot%\system32\config\system

　　C. %SystemRoot%\system32\config\security

4. 1983 年美国国防部根据国防信息系统的保密需求制定的 TCSEC 安全准则，根据所采用的安全策略、系统所具备的安全功能将系统分为 ____ 类 ____ 个安全级别。

　　A. 4类7个安全级别

　　B. 7类7个安全级别

　　C. 4类4个安全级别

　　D. 4类 8个安全级别

二、判断题

1. 操作系统的安全是整个计算机系统安全的基础，没有操作系统安全，就不可能真正解决数据库安全、网络安全和其他应用软件的安全问题。

2. 访问控制的目标是阻止非法用户对系统资源的非法使用，允许合法用户对系统资源的任意使用。

3. Windows 系统关闭不必要的服务，就等于关掉相关的端口。

4. Windows 系统通过 TCP/IP 筛选只允许外部连接本系统 80 端口，意味着系统其他服务端口都已关闭。

三、简答题

1. TCSEC 准则的安全级别有哪些？其中哪个最常用？

2. 为什么说 Windows 的 NTFS 文件系统格式是相对安全的？

3. 如何设置安全的口令和账户？

4. Windows 系统加固措施有哪些？

四、扩展题

1. 如何保证 Linux 系统安全，从哪几个方面来考虑？

2. 自己尝试对 Windows Server 2008 系统进行安全配置。

网络攻击技术

- 黑客的概念及黑客攻击的一般流程。
- 网络踩点。
- 网络扫描。
- 口令破解、欺骗攻击、缓冲区溢出攻击、拒绝服务攻击。

攻击与防御是网络安全永恒的主题，也是本章主要探讨的内容。对防御一方来说，要保卫好自己的信息资产，必须要首先掌握攻击者常用的技术手段，才能有针对地布置防御体系，正所谓"知己知彼，百战不殆"。

5.1 黑客攻击的一般流程

一次成功的攻击，可以归纳为基本的五个步骤，但是根据实际情况可以随时调整，归纳起来就是"黑客攻击五部曲"。

1. 隐藏 IP

通常有两种方法实现 IP 的隐藏：一种是首先入侵互联网的一台计算机（俗称"肉鸡"），利用这台计算机进行攻击，这样即使被发现了，也是"肉鸡"的 IP 地址；另一种方式是做多级跳板"Sock 代理"，这样在入侵的计算机上留下代理计算机的 IP 地址。比如攻击 A 国的站点，一般选择距 A 国很远的 B 国计算机作为"肉鸡"或者"代理"，这样跨国攻击，一般很难被侦破。

2. 踩点扫描

踩点就是通过各种途径对所要攻击的目标进行多方面的了解（包括任何可得到的蛛丝马迹，但要确保信息的准确），确定攻击的时间和地点。扫描的目的是利用各种工具在攻击目标的 IP 地址或地址段的主机上寻找漏洞，扫描分成被动式策略和主动式策略。

3. 获得系统或管理员权限

得到管理员权限的目的是连接到远程计算机，对其进行控制，达到自己攻击的目的。获得系统和管理员权限的方法有：通过系统漏洞获得系统权限，通过管理漏洞获得管理员权限，通过软件漏洞得到系统权限，通过监听获得敏感信息进一步获得相应的权限，通过弱口令获得远程管理员的密码，通过穷举法获得远程管理员的用户密码，通过攻破与目标主机有信任关系的另一台机器而得到目标机的控制权，通过欺骗获得权限及其他有效的方法。

4. 种植后门

为了保持长期对胜利果实的访问权，在已经攻破的计算机上种植一些供自己访问的后门。

5. 在网络中隐身

一次成功的入侵之后，一般在对方的计算机上已经存储了相关的登录日志，这样就容易被管理员发现，在入侵完毕后，需要清除登录日志及其他相关的日志。

5.2 网络踩点

网络踩点（Footprint）也称为信息搜集，它是一把双刃剑，黑客在攻击之前需要搜集信息，才能实施有效的攻击，而安全管理员用信息搜集技术来发现系统的弱点并进行修补。

踩点的目的就是探察对方各方面情况，确定攻击的时机。摸清对方最薄弱的环节和守卫最松散的时刻，为下一步的入侵提供良好的策略。踩点主要有主动和被动两种方式，被动方式有嗅探网络数据流、窃听；主动方式如从 arin⑤ 和 whois⑥ 数据库获得数据，查看网站源代码，还有社会工程方面的。

确定攻击目标可以通过相关的搜索办法，如网页搜寻、链接搜索。通常我们都会从目标所在的主页开始，目标网页可以给我们提供大量的有用信息，甚至某些与安全相关的配置信息。目标网站所在的服务器可能有其他具有弱点的网站，获得同目标系统相关的信息，可以进行迂回入侵，而且可以发现某些隐含的信息。可以通过搜索引擎进行网页搜寻，如 Google、Dogpile。Dogpile 是一个非常不错的元搜索引擎，它将用户的查询请求同时向多个搜索引擎递交，为用户提供了较为全面的检索功能，其检索结果更易于浏览，如图 5-1 所示。

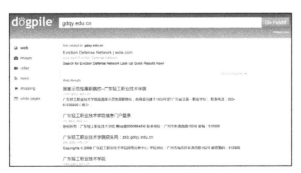

图 5-1 在 dogpile 进行网页搜寻

---

⑤ arin是美国Internet号码注册中心，负责美国与其他地区的IP地址资源分配与管理。arin负责北美、南美、加勒比及非洲撒哈拉部分的IP分配，同时还分给全球NSP（Network Service Providers）分配地址。

⑥ whois是用来查询域名的IP及所有者等信息的传输协议。用来查询域名是否已经被注册，以及注册域名的详细信息的数据库（如域名所有人、域名注册商）。

HTML 源代码中的注释语句也是一个搜集情报的好去处。在诸如 "<"、"!" 和 "——"之类的 HTML 注释标记中往往会隐藏着一些用户在 Web 浏览器的窗口画面中看不到的秘密。可以使用脱机浏览工具，如 UNIX 操作系统下的 Wget 和 Windows 操作系统下的 Teleport Pro，如图 5-2 所示。

图 5-2　Windows 系统使用 Teleport Pro 脱机浏览网站

在 Teleport Pro 窗口捕获的页面中，右键单击 "Open" 或 "打开"，便可以查看页面的 html 源代码，也可以在查看网页代码的工具中浏览。我们可以看到该网站的相关信息：公司名称、电话号码、相关部门信息、联系人名字、电子邮件地址、到其他 Web 服务器的链接和各种新闻网站等。

攻击者一般希望拿到一些感兴趣的信息，如域名、IP 地址、主机上运行的 TCP 或 UDP 服务、系统体系结构、访问控制机制、系统信息（用户和用户组、系统标识等）、电话号码等。这些信息在一些论坛、新闻、主页上可以合法获取。可以通过 Whois 查询工具，来把目标站点的在线信息查出来，需要搜集的信息包括 Internet Register 数据、目标站点上注册者的注册信息、目标站点组织结构信息、网络地址块的设备和联系人信息。如图 5-3 所示，使用 Sam Spade 网络探测工具当中的 Whois 进行域名信息查询。

图 5-3　使用 Sam Spade 的 Whois 域名查询

通过 Whois 数据库查询可以得到如下信息。

（1）注册机构：显示特定的注册信息和相关 Whois 服务器。

（2）机构本身：显示与某个特定机构相关的所有信息。

（3）域名：显示与某个特定域名相关的所有信息。

（4）网络：显示与某个特定网络或单个 IP 地址相关的所有信息。

（5）联系点（POC）：显示与某位特定人员（一般是管理方面联系人）相关的所有信息。

Whois 命令通常是安全审计人员了解网络情况的开始。一旦你得到了 Whois 记录，从查询的结果还可得知 Primary 和 Secondary 域名服务器的信息。

实训5-1　nslookup域名踩点

（一）实训原理

DNS 是一个全球分布式数据库，对于每一个 DNS 节点，包含该节点所在的机器的信息、邮件服务器的信息、主机 CPU 和操作系统等信息。nslookup 是一个功能强大的客户程序，熟悉 nslookup，就可以把 DNS 数据库中的信息挖掘出来。通过 nslookup 可以列出 DNS 节点中所有的配置信息，根据域名找到该域的域名服务器，根据 IP 地址得到域名名称。

使用 nslookup 进行交互，从一台域名服务器可以得到一些信息，如果 DNS 服务器支持区域传送，可以从中获取大量信息，否则至少可以发现邮件服务器的信息（实用环境中，邮件服务器往往在防火墙附近，甚至就在同一台机器上），还可能发现 www、ftp 等。

（二）实训步骤

1. 配置好本地连接属性，IP 地址、掩码、网关、DNS。该 DNS 服务器是有效、真实的 DNS 服务器，可以完成域名解析。在命令行，使用命令 nslookup 和 DNS 进行交互，再使用命令 ls –d cs.pku.edu.cn 列出 DNS 服务器上 cs.pku.edu.cn 区域的域名记录，如果该 DNS 服务器不支持区域传送，则如图 5-4 所示。

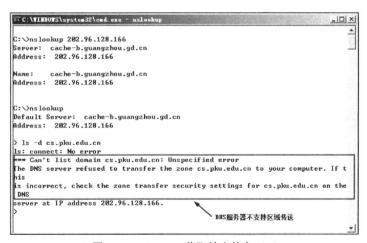

图 5-4　nslookup 获取较少信息（1）

2. 如果 DNS 服务器支持区域传送，则如图 5-5 所示，将获得 DNS 服务器上这个区域的地址解析记录，其中发现了 WWW 服务器地址。

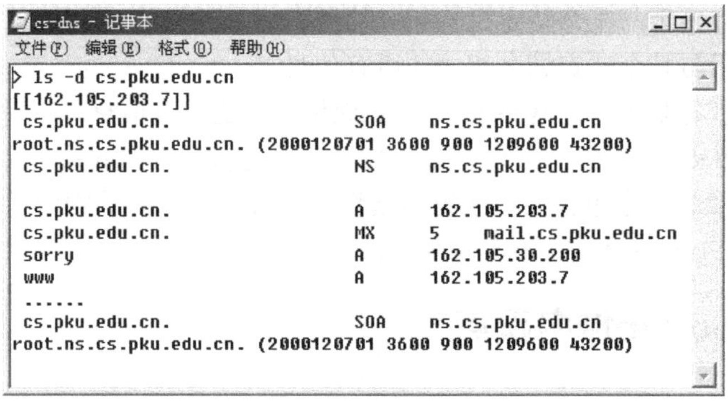

图 5-5　nslookup 获取较多信息（2）

注：DNS 区域传送（DNS Zone Transfer）指一台备用服务器使用来自主服务器的数据刷新自己的域（Zone）数据库。这为运行中的 DNS 服务提供了一定的冗余度，其目的是为了防止主域名服务器因意外故障变得不可用时影响到整个域名的解析。一般来说，DNS 区域传送操作只在网络中有备用域名 DNS 服务器时才有必要用到，但许多 DNS 服务器却被错误地配置成只要有 Client 发出请求，就会向对方提供一个 Zone 数据库的详细信息，所以，允许不受信任的因特网用户执行 DNS 区域传送（Zone Transfer）操作是后果最为严重的错误配置之一。

通过 DNS 区域传送，黑客可以快速地判定出某个特定 Zone 的所有主机，搜集域信息，选择攻击目标，找出未使用的 IP 地址，黑客可以绕过基于网络的访问控制。

5.3　网络扫描

扫描技术是一种基于 Internet 远程检测目标网络或本地主机安全性脆弱点的技术。对黑客而言，扫描技术是大多数网络攻击的第一步，黑客可以利用它查找网络上有漏洞的系统，搜集信息，为后续攻击做准备。而对系统管理者而言，通过扫描技术，可以了解网络的安全配置和正在运行的应用服务，及时发现系统和网络中可能的安全漏洞和错误配置，客观评估网络风险等级，增强对系统和网络的管理和维护。这是一种主动防范的措施，可以有效地避免黑客攻击行为，做到防患于未然。

5.3.1　网络扫描概述

网络扫描通过扫描本地主机，能检测主机当前可用的服务及其开放端口，帮助网络管理员查找安全漏洞，查杀木马、蠕虫等危害系统安全的病毒。一些扫描器还封装了简单的密码探测，利用自定义规则的密码生成器来检测过于简单和不安全的密码。

网络扫描一般包括如下 3 个阶段：（1）对整个网络扫描一遍，从而找到活动主机（因为许多子网配置得很稀疏，大部分 IP 地址是空的）。（2）对每个活动主机进行穷尽式的端口扫描。（3）对活动主机开放的端口进行漏洞扫描，探测是否存在某种漏洞，为下一步的攻击做准备。

网络扫描也是网络入侵的基础。一次成功的网络入侵离不开周密的网络扫描。攻击者利用网络扫描探知目标主机的各种信息。根据扫描的结果选择攻击方法以达到目的。因此，若能及时监测、识别网络扫描，就能预防网络攻击。为了得到被扫描主机的信息，网络扫描报文对应的源地址往往是真正的地址，因此监测网络扫描可以定位攻击者。

5.3.2 漏洞扫描原理

网络扫描通过检测目标主机 TCP/IP 不同端口的服务，记录目标给予的回答。通过这种方法，可以搜集到很多目标主机的各种信息（如是否能用匿名登录，是否有可写的 FTP 目录，是否能用 Telnet 等）。在获得目标主机 TCP/IP 端口和其对应的网络访问服务的相关信息后，与网络漏洞扫描系统提供的漏洞库进行匹配，如果满足匹配条件，则视为漏洞存在。

在匹配原理上，网络漏洞扫描器一般采用基于规则的匹配技术，根据安全专家对网络系统安全漏洞、黑客攻击案例的分析和系统管理员关于网络系统安全配置的实际经验，形成一套标准的系统漏洞库，然后在此基础上构成相应的匹配规则，由程序自动进行系统漏洞扫描的分析工作。如在对 TCP 80 端口的扫描过程中，发现 /cgi-bin/phf 或 /cgi-bin/Count.cgi，则根据专家经验及 CGI 程序的共享性和标准化，可以推知该 WWW 服务存在 2 个 CGI 漏洞。

1. 主机在线探测

为了避免不必要的空扫描，在扫描之前一般要先探测主机是否在线。其实现原理和常用的 ping 命令相似。具体方法是向目标主机发送 ICMP 报文请求，根据返回值来判断主机是否在线。所有安装了 TCP/IP 协议的在线网络主机，都会对这样的 ICMP 报文请求给予答复。该方法不仅能探测主机是否在线，而且能根据 ICMP 应答报文的 TTL（TTL 是位于 IP 首部的生存时间字段）值来粗略分辨出目标主机操作系统，为下一步的扫描工作提供依据，如图 5-6 所示。

```
C:\WINDOWS\system32\cmd.exe                                    _|_|X|

C:\Documents and Settings\Administrator>ping 192.168.1.18

Pinging 192.168.1.18 with 32 bytes of data:

Reply from 192.168.1.18: bytes=32 time<1ms TTL=128
Reply from 192.168.1.18: bytes=32 time<1ms TTL=128
Reply from 192.168.1.18: bytes=32 time<1ms TTL=128
Reply from 192.168.1.18: bytes=32 time<1ms TTL=128

Ping statistics for 192.168.1.18:
    Packets: Sent = 4, Received = 4, Lost = 0 (0% loss),
Approximate round trip times in milli-seconds:
    Minimum = 0ms, Maximum = 0ms, Average = 0ms
```

图 5-6 Ping 扫描

RFC 793 说明了 TCP 怎样响应特别的信息包：这些响应基于 2 个 TCP 状态，即关闭（CLOSED）和监听（LISTEN）。

RFC 793 描述了当一个端口在关闭状态时，必须采用如下规则：

（1）任意进入的包含 RST 标志的信息段（segment）将被丢弃。

（2）任意进入的不包含 RST 标志的信息段（如 SYN、FIN 和 ACK）会导致在响应中回送一个 RST。

当一个端口处于监听状态时，将采用如下规则：

（1）任意进入的包含 RST 标志的信息段将被忽略。

（2）任意进入的包含 ACK 标志的信息段将导致一个 RST 的响应。

如果 SYN 位被设置，且进入的信息段不被允许，则将导致一个 RST 的响应；若进入的信息段被允许，则将导致响应中发送一个 SYN|ACK 信息包。

这样，通过 2 个 ACK 信息包的发送就可以验证计算机是否处于在线状态。

2. 端口状态探测

发送 1 个 SYN 包到主机端口并等待响应。如果端口打开，则响应必定是 SYN|ACK；如果端口关闭，则会收到 RST|ACK 响应。这个扫描可以称为半打开（Half-Scan）扫描。

如扫描器 NMAP（Network Mapper）在进行端口状态探测时会发送 1 个 SYN 包到主机，如果端口关闭就发送 RST 信息通知 NMAP。但如果 NMAP 发送 SYN 信息包到打开状态的端口，端口就会响应 SYN|ACK 信息包给 NMAP。当 NMAP 探测到 SYN|ACK 信息包后自动回应 RST，并由这个 RST 断开连接。命令行的 NMAP 扫描如图 5-7 所示。

一般情况下，计算机不会记录这种情况，但对于 NMAP 来说，也已经知道端口是否打开或者关闭。如果被扫描主机安装了防火墙则会过滤掉请求包，使发送者得不到回应，这时就需发送设置了 TCP 首部中标志位的 FIN、PSH 和 URG 位（其中 FIN 表示发送端完成发送任务，PSH 表示接收方应该尽快将这个报文段交给应用层，URG 表示紧急指针有效）的 echo request 请求信息包。因为一些配置较差的防火墙允许这些信息包通过。

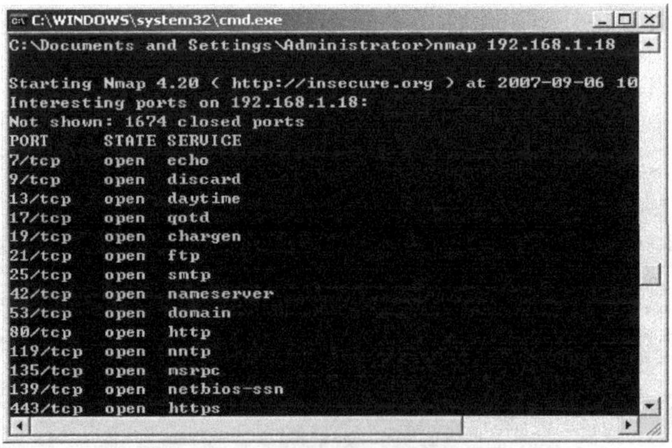

图 5-7　命令行的 NMAP 扫描

3. 操作系统探测

每个操作系统，甚至每个内核修订版本在 TCP/IP 栈方面都存在微小的差别，这将直接影响对相应数据包的响应。如 NMAP 提供了一个响应列表，把所接收到的响应与表中的各项响应进行比较，如果能与某种操作系统的响应相匹配，就能识别出被探测主机所运行的操作系统的类型。在进行网络入侵攻击时，了解操作系统的类型是相当重要的，因为攻击者可以由此明确应用何种漏洞，或由此掌握系统存在的弱点。图形界面的 nmap-5.51 扫描如图 5-8 所示。

图 5-8 NMAP 扫描探测系统

4. 漏洞扫描

漏洞扫描是指使用漏洞扫描程序对目标系统进行信息查询，一般主要通过如下两种方法来检查目标主机是否存在漏洞：（1）基于漏洞库的规则匹配；（2）基于模拟攻击。

例如，检测 SMTP 服务是否存在漏洞，使用漏洞扫描工具 NESSUS 3（此工具在后面案例将会介绍），扫描目标是 192.168.1.18，如图 5-9 所示。

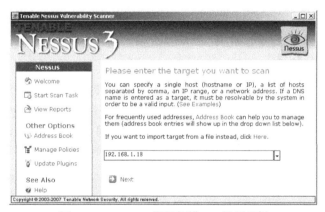

图 5-9 NESSUS 漏洞扫描——设置目标

扫描结束，如图 5-10 所示。

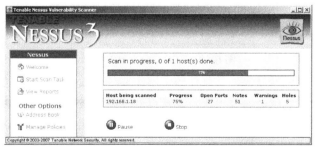

图 5-10 NESSUS 漏洞扫描——扫描结束

NESSUS发现了目标主机的SMTP服务存在漏洞。漏洞编号：CVE-2003-0818，如图5-11所示。

图 5-11　NESSUS 漏洞扫描——查看扫描结果

5.3.3　端口扫描技术

一个端口就是一个潜在的通信通道，也就是一个入侵通道。对目标计算机进行端口扫描，能得到许多有用的信息。进行扫描的方法很多，可以是手工进行扫描，也可以用端口扫描软件进行。在手工进行扫描时，需要熟悉各种命令。对命令执行后的输出进行分析。用扫描软件进行扫描时，许多扫描器软件都有分析数据的功能。通过端口扫描，可以得到许多有用的信息，从而发现系统的安全漏洞。

常用的端口扫描技术有 TCP Connect() 扫描、TCP SYN 扫描、TCP FIN 扫描和 UDP 不可达扫描。

1. TCP Connect() 扫描

这是最基本的 TCP 扫描。利用操作系统提供的系统调用 Connect()，与每一个感兴趣的目标计算机的端口进行连接，建立一次完整的三次"握手"过程，因此这种扫描方式又称为"全扫描"。如果端口处于侦听状态，则 Connect() 就能成功返回。否则返回 –1，表示端口不可访问，即没有提供服务，如图 5-12 所示。

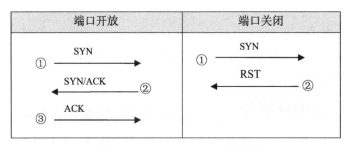

图 5-12　TCP Connect() 扫描

该技术的优点是响应速度快，并且使用者不需要任何权限。系统中的任何用户都有权利使用该调用。另一个优点就是速度很快，其缺点是容易被发觉，并且易被过滤掉。使用该方法时目标计算机的 logs 文件会显示一连串的连接和连接时出错的服务消息，并且能很快将连接关闭。

2. TCP SYN 扫描

TCP SYN 扫描是半开放式扫描，扫描程序不必打开一个完全的 TCP 连接。扫描程序发送的是 SYN 数据包。返回 RST，表示端口没有处于侦听状态；返回 SYN/ACK 信息表示端口处于侦听状态，此时扫描程序必须再发送一个 RST 信号来关闭这个连接过程，如图 5-13 所示。

采用这种"半打开扫描"，目标系统并不对它进行登记，因此比前一种 TCP Connect() 扫描更隐蔽。即使日志中对于扫描有所记录，对尝试连接的记录也要比全扫描的记录少得多。但这种方法必须要有管理员权限才能建立自己的 SYN 数据包。通常这个条件很容易满足。

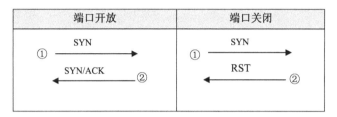

图 5-13 TCP SYN 扫描

3. TCP FIN 扫描

有时 SYN 扫描不够秘密，防火墙和包过滤器就会对一些指定的端口进行监视，并能检测到这些扫描。相反，FIN 数据包可能会没有任何麻烦地被放行。这种扫描方法的思想是关闭的端口会用适当的 RST 来回复 FIN 数据包；而打开的端口会忽略对 FIN 数据包的回复，如图 5-14 所示。

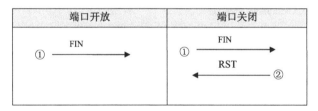

图 5-14 TCP FIN 扫描

但这种方法和系统的实现有关。有的系统不管端口是否打开，都回复 RST，这时这种扫描方法就不再适用。在区分 UNIX 和 NT 操作系统时，这种方法是有效的。由于这种技术不包含标准的 TCP 三次握手协议的任何部分，无法被记录下来，这样就比 SYN 扫描要隐蔽得多，因此这种扫描技术又称为秘密扫描。

4. UDP 不可达扫描

该方法与前述方法的不同之处在于使用的是 UDP 协议，而非 TCP 协议。UDP 协议是基于无连接的，因此不管目标主机是否接收到 UDP 分组，都不会返回确认或错误信息。但是许多主机在用户向一个未打开的 UDP 端口发送数据包时，会返回一个"ICMP 端口不可达（ICMP Port Unreachable）"信息。这样攻击者就能判断哪些目标端口是关闭的。

但由于 UDP 是不可靠的，UDP 包和 ICMP 错误消息都不保证能到达。因此，当网络条件不好时，这种方法的准确性就会大打折扣，在扫描时必须在探测包看似丢失时重传。RFC 793 对 ICMP 错误消息的产生速率做了规定，因此，这种扫描方法很慢，而且要有 Root 权限。

实训5-2　Nmap端口扫描

Nmap（Network Mapper）是开放源码的网络探测和端口扫描工具，具有主机发现、端口扫描、操作系统检测、服务和版本检测、逃避防火墙及入侵检测系统等功能。

（一）命令格式与参数说明

1）Nmap 命令格式

```
nmap [ Scan Type ...] [ Options ] { target specification }
```

2）常用扫描类型

（1）-sT（TCP Connect() 端口扫描）。
（2）-sS（TCP SYN 同步扫描）。
（3）-sU（UDP 端口扫描）。
（4）-sN（Null 扫描）。
（5）-sF（FIN 扫描）。
（6）-sP（Ping 扫描）。

3）端口说明参数

-p <port ranges> 仅扫描指定端口。

4）操作系统探测参数

该参数包括 -O（操作系统检测）和 -A（同时启用操作系统和服务版本检测）。

5）目标地址规范

Nmap 支持多种目标地址规范，包括单个目标 IP 地址、主机名称和网络地址。例如：
（1）nmap -sP 192.168.7.8，对目标主机 192.168.7.8 进行 Ping 扫描。
（2）nmap -sT scanme.nmap.org，对目标主机 scanme.nmap.org 进行 TCP connect() 扫描。
（3）nmap -v 192.168.10.0/24，扫描 192.168.10.0 至 192.168.10.255 之间的 256 台目标主机，其中输出参数 -v 表示显示详细信息 verbose。
（4）nmap -v 10.0.0-255.1-254，扫描 10.0.0.1 至 10.0.255.254 之间的所有 IP 地址。
（5）nmap -v 0-255.0-255.13.37，扫描 Internet 所有以 13.37 结束的 IP 地址。
（6）nmap -v -iR 1000 -P0 -p 80，随机选择 1 000 个目标主机扫描，其中 -P0 表示无 Ping 扫描。
随机地址扫描格式为 -iR <num hosts>，其中 -iR 表示随机地址扫描，num hosts 表示随机地址数。

（二）实训内容

1）安装 nmap-5.51-setup.exe 软件

注意事项：采用 nmap-5.51-setup.exe 时将自动安装 WinPcap 分组捕获库。

2）局域网主机发现

列表扫描：nmap -sL 局域网地址。

3）扫描目标主机端口

连续扫描目标主机端口：nmap –r 目标主机 IP 地址或名称。

4）服务和版本检测

目标主机服务和版本检测：nmap -sV 目标主机 IP 地址或名称。

5）操作系统检测

目标主机操作系统检测：nmap -O 目标主机 IP 地址或名称。

6）端口扫描组合应用

• nmap -v -A scanme.nmap.org   扫描该站点的详细信息，同时进行系统和服务版本检测。
• nmap -v -sP 192.168.0.0/16 10.0.0.0/8   对这两个网段进行 Ping 扫描。
• nmap -v -iR 100 -P0 -p 80   随机选择 100 个 IP 地址进行无 Ping 扫描，扫描 80 端口。

（三）实训要求

由于 Nmap 扫描功能强大、命令参数众多，在有限时间内不可能对所有命令参数进行实验。要求实验内容中列举的扫描命令应该完成，也可以任意选择其他命令参数进行实验。

如图 5-15 所示，是 Nmap 对一段 IP 地址 192.168.1.5-192.168.1.15 进行 TCP 端口的快速扫描。

图 5-15　Nmap 端口扫描

5.4 口令破解

口令和密码其实是有差别的，一般说来，口令是与账户对应需要验证是否拥有该账户下的对应权限，而密码则是为了保护某种文本或口令，采用特定的加密算法，产生新的文本和字符串。现在一般人们喜欢把口令当作密码，这是不合适的。

当前网络中，使用用户名和口令来验证用户身份成了一种非常普遍的认证手段。而攻击者常常把破译用户口令作为攻击的开始，如果攻击者能猜测或确定用户的口令，其就能获得机器或者网络的访问权，与系统进行信息交互，并能访问到用户能访问到的任何资源。若这个用户有域管理员或 root 用户权限，其危险程度可想而知。

5.4.1 口令的历史和现状

20 世纪 80 年代，当计算机开始在公司里广泛应用时，人们就意识到需要保护计算机中的信息。如果仅仅使用一个 userID 来标识自己，由于别人很容易得到这个 userID，几乎无法阻止某些人冒名登录。基于这一考虑，用户登录时不仅要提供 userID 来标识自己是谁，还要提供只有自己才知道的口令来向系统证明自己的身份。

虽然口令的出现使登录系统时的安全性大大提高，但是又产生了一个很大的问题。如果口令过于简单，容易被人猜解出来；如果过于复杂，用户往往需要把它写下来以防忘记，这种做法也会增加口令的不安全性。当前，计算机用户的口令现状是令人担忧的。

在许多公司建立的安全体系中，口令是第一道也是唯一一道防线。如果攻击者获取了某个用户的口令，那么他就能获得整个系统的访问权。多数系统和软件有默认口令和内建账户，而且很少有人去改动它们，主要是因为：不知道有默认口令和账户的存在，并不能禁用它们；或出于防止故障以防万一的观点，希望在产生重大问题时，商家能访问系统，因此不想改口令而将商家拒之门外；多数管理员想保证自己不被锁在系统之外：一种方法就是创建一个口令非常容易记忆的账户；另一种方法就是和别人共享口令或者把它写下来。而上述两种方法都会给系统带来重大安全漏洞。

口令必须定期更换。有一些用户，口令从来都不过期，或者很长时间才更换。最基本的规则是口令的更换周期应当比强行破解口令的时间要短。

5.4.2 口令破解方式

口令破解是入侵一个系统最常用的方式之一，一般来讲，获取口令的方法很多，最容易想到的方法便是穷举尝试。口令是由有限的字符经排列组合而成的，理论上任何口令都可以穷举出来，只不过是时间长短问题。但是考虑到口令的基数（允许用作口令的字符的个数）足够多，口令的位数足够长，以现有机器的运算能力，要在合适的时间内将口令穷举出来也是很困难的。

在实际使用中，人们选择密码往往有一定的规律，穷举的时候其实没有必要将所有的组合都过滤一遍。于是基于这种想法，产生了更有效的字典穷举法，即先制作或获取一个字典文件，再用穷举程序套上字典进行穷举运算。

其次是设法找到存放口令的文件进行口令破解。口令总是存放在系统的某个地方的，可以设法窃取系统中的口令文件，通过分析破译这些口令文件来获取口令。口令一般以某种加密方式存放，如果能找到其加密算法及解密过程，破解口令就没有什么难度。

此外，还可以通过嗅探和木马等其他手段获取口令。利用键盘记录木马可以方便地得到目标输入的口令。而有些口令以明文形式在网络上传送，可以通过嗅探等手段得到。这部分所讲的是前两种情况的破解，而嗅探方式已经在 5.5 节讲过。

攻击者如果能够进入被攻击系统的登录状态，知道用户的 userID（用户名或账户），可以猜测多个可能的口令，将其按可能性从高到低依次手动输入尝试登录，如果登录成功，则口令猜测成功。这实际也是穷举法的思想。这种方式费时间，因为攻击者必须手动输入每个口令，如果攻击者对于口令一无所知，这种方式效率很低，除非攻击者对于被攻击者口令使用情况有所了解，可能增加成功的概率。

目前，攻击者常常采用自动破解方式进行口令破解，即设法获取口令的密文副本，进行离线破解。要得到加密口令的副本就必须得到系统的访问权。一旦得到口令文件，就可以使用程序搜索一串串单词来检查是否匹配，这样能同时与多个账户进行匹配，因而能同时破解多个口令，破解速度非常快。而且在脱机下分析破译，不易被系统察觉。因此，从资源和时间的角度来说，使用自动破解方法对于检查系统的口令强度、破译系统口令更为有效。自动破解一般过程如下：

（1）找到可用的 userID。

（2）找到所用的加密算法。

（3）获取加密口令文件。

（4）创建可能的口令名单（词典）。

（5）对每个单词加密。

（6）对所有的 userID 观察是否匹配。

（7）重复上述过程，直到找出所有口令为止。

其中，找到所用的加密算法可能会比较困难，不过加密算法的安全性是基于密钥而不是基于算法的保密性，目前多数的操作系统或应用系统所使用的加密算法都是公开的，很容易得到。

根据口令破解思路的分析，下面概括了三种口令破解常用的方式。

1）词典攻击

所谓词典，实际上是一个单词列表文件。这些单词有的纯粹来自于普通词典中的英文单词，有的则是根据用户的各种信息建立起来的，如用户名字、生日、电话号码、身份证号码、门牌号、喜欢的动物等。简而言之，词典是根据人们设置自己账户口令的习惯总结出来的常用口令列表文件。现在还有一种技术是利用已给定的词典文件，由口令猜测工具使用某种操作规则把字典的单词做一些变换，如 tom，变换成 mot，一次来增加词典范围。

使用一个或多个词典文件，利用里面的单词列表进行口令猜测的过程，就是词典攻击。多数用户都会根据自己的喜好或自己所熟知的事物来设置口令，因此，口令在词典文件中的可能性很大。而且词典条目相对较少，在破解速度上也远快于穷举法口令攻击。在大多数系统中，和穷举尝试所有的组合相比，词典攻击能在很短的时间内完成。

用词典攻击检查系统安全性的好处是能针对特定的用户或者公司制定。如果有一个词很多人都用来作为口令,那么就可以把它添加到词典中。在 Internet 中,有许多已经编好的词典可以用,包括外文词典和针对特定类型公司的词典。例如,在一家公司里有很多体育迷,那么就可以在核心词典中添加一部关于体育名词的词典。

经过仔细地研究、了解周围的环境,成功破解口令的可能性就会大大地增加。从安全的角度来讲,要求用户不要从周围环境中派生口令是很重要的。

2)强行攻击

很多人认为,如果使用足够长的口令或者使用足够完善的加密模式,就能有一个攻不破的口令。事实上,攻不破的口令并不存在,攻破只是一个时间的问题,哪怕是花上 100 年才能破解一个高级加密方式,但这说明口令是可以破解的,而且破解的时间会随着计算机处理速度的提高而减少。10 年前需要花 100 年才能破解的口令可能现在只要花一星期即可破解。

如果有速度足够快的计算机能尝试字母、数字、特殊字符所有的组合,将最终能破解所有的口令。这种攻击方式叫作**强行攻击**(**也叫作暴力破解**)。使用强行攻击,先从字母 a 开始,尝试 aa、ab、ac 等,然后尝试 aaa、aab、aac……。

攻击者在使用强行攻击的时候,系统的一些限定条件将有助于强行攻击破解口令。比如攻击者知道系统规定口令长度为 6~32 位,那么强行攻击就可以从 6 位字符串开始破解,并不再尝试大于 32 位的字符串。

使用强行攻击,基本上是 CPU 的速度和破解口令的时间上的矛盾。现在的台式机性能增长迅速,口令的破解会随着内存价格的下降和处理器速度的上升而变得越来越容易。有一种新型的强行攻击叫作分布式攻击,也就是说攻击者可以不必购买大批昂贵的计算机,而是将一个大的破解任务分解成许多小的任务,然后利用分布在互联网中的各个地方的计算机资源来完成这些小任务,进行口令破解。

3)组合攻击

词典攻击虽然速度快,但是只能发现词典单词口令;强行攻击能发现所有口令,但是破解的时间长。很多情况下,管理员会要求用户的口令是字母和数字的组合,而这时候,许多用户就仅仅会在他们的口令后面添加几个数字,例如,把口令从 ericgolf 改成 ericgolf2324,对这样的口令利用组合攻击很有效。所以像这样在简单的单词后串接数字的口令安全性是很弱的,使用组合攻击很容易就能破解。

组合攻击是在使用词典单词的基础上在单词的后面串接几个字母和数字进行攻击的攻击方式。它介于词典攻击和强行攻击之间。

如表 5-1 所示,对上述三种不同类型的口令破解攻击方式进行了简单的比较。

表5-1 三种口令攻击类型比较

	词典攻击	强行攻击	组合攻击
攻击速度	快	慢	中等
破解口令数量	找到词典所有单词	找到所有口令	找到以词典为基础的口令

实训5-3 LC5破解Windows操作系统口令

（一）实训内容

L0phtCrack 5 是 L0phtCrack 组织开发的 Windows 平台口令审核程序的最新版本，它提供了审核 Windows 用户账户的功能，以提高系统的安全性。另外，LC 5 也被一些非法入侵者用来破解 Windows 用户口令，给用户的网络安全造成很大的威胁。所以，了解 LC 5 的使用方法，可以避免使用不安全的口令，从而提高用户本身系统的安全性。

在本实验中，事先在 Windows XP 主机内建立用户名 test，口令分别设置为空、123123、security、security123 进行测试。

（二）实训步骤

1. 启动 LC 5，弹出 LC 5 的主界面，打开文件菜单，选择 LC 5 向导，如图 5-16 所示。
2. 接着会弹出 LC 向导界面，单击 Next 按钮，弹出如图 5-17 所示的"选择导入加密口令的方法"对话框。

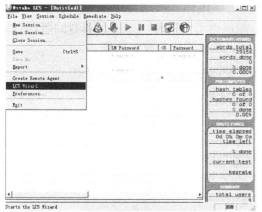

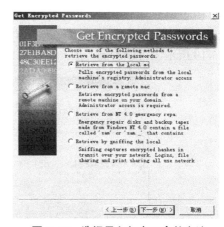

图 5-16　开始 LC 5 向导破解功能　　　　图 5-17　选择导入加密口令的方法

如果破解本台计算机的口令，并且具有管理员权限，那么选择第一项"从本地机器导入（ Retrieve from the local machine）"；如果已经进入远程的一台主机，并且有管理员权限，那么可以选择第二项"从远程电脑导入（Retrieve from a remote machine）"，这样就可以破解远程主机的 SAM 文件；如果得到了一台主机的紧急修复盘，那么可以选择第三项"破解紧急修复盘中的 SAM 文件（Retrieve from NT 4.0 emergency repaire disks）"；LC 5 还提供第四项"在网络中探测加密口令（Retrieve by sniffing the local network）"的选项，LC 5 可以在一台计算机向另一台计算机通过网络进行认证的"质询/应答"过程中截获加密口令散列，这也要求和远程计算机建立连接。本实验破解本地计算机口令，所以选择"从本地计算机导入"。

3. 再单击 Next 按钮，弹出如图 5-18 所示对话框。

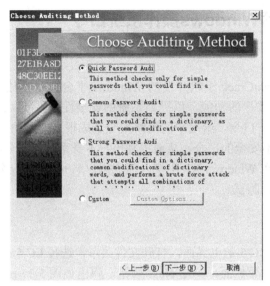

图 5-18 选择破解方法

4. 由于第一步设置 test 用户的口令为空，可以选择"快速口令破解（Quick Password Auditing）"即可破解口令，依次单击 Next 按钮，最后单击"完成"按钮，可以看到破解的结果，如图 5-19 所示。可以看到，用户 test 的口令为空，软件很快就破解出来了。

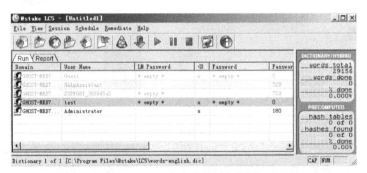

图 5-19 口令为空的破解结果

5. 把 test 用户的口令改为"123123"，再次测试，由于口令不是太复杂，还是选择快速口令破解，破解结果如图 5-20 所示，可以看到，test 用户的口令"123123"，也很快就破解出来了。

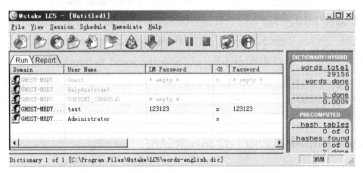

图 5-20 口令为"123123"的破解结果

6. 把主机的口令设置得复杂一些，不选用数字，选用某些英文单词，比如 security，再次测试，由于口令组合复杂一些，在图 5-18 中选择"普通口令破解（Common Password Auditing）"，测试结果如图 5-21 所示。

口令 security 也被破解出来，只是破解时间稍微有点长而已。思考一下，如果用快速破解法，会出现何种情况？

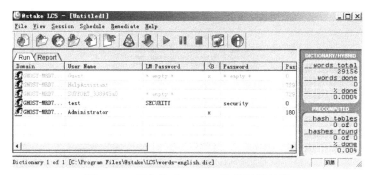

图 5-21　口令为"security"的破解结果

7. 把口令设置得更加复杂，改为 security123，选择"普通口令破解"，测试结果如图 5-22 所示。

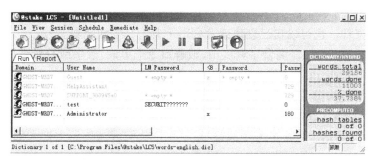

图 5-22　口令为"security123"选择"普通口令破解"的破解结果

可见，普通口令破解并没有完全破解成功，最后几位没破解出来，

8. 这时我们应该选择"复杂口令破解"方法，因为这种方法可以把字母和数字进行尽可能的组合，破解结果如图 5-23 所示。

如果用"复杂口令破解"方法进行破解，虽然速度较慢，但最终还是可以破解。

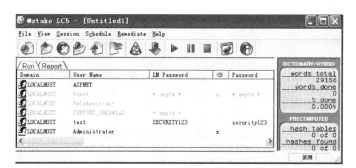

图 5-23　口令为"security123"选择"复杂口令破解"的破解结果

9. 我们可以设置更加复杂的口令，采用更加复杂的自定义口令破解模式，在图 5-18 中选择"Custom"即"自定义设置口令破解模式"，设置界面如图 5-24 所示。

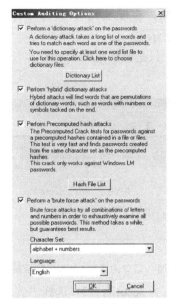

图 5-24　自定义破解

其中，"dictionary attack"字典攻击，可以选择字典列表的字典文件进行破解，LC5 本身带有简单的字典文件，也可以自己创建或者利用字典工具生成字典文件。

"hybrid dictionary attack"混合字典攻击，破解口令把单词、数字或符号进行混合组合破解。

"Precomputed hash attack"预定散列攻击，利用预先生成的口令散列值和 SAM 中的散列值进行匹配，这种方法由于不用在线计算 Hash，所以速度很快。

"brute force attack"暴力破解，在字符设置选项中可以设置为"字母＋数字"、"字母＋数字＋普通符号"、"字母＋数字＋全部符号"，这样我们就从理论上把大部分口令组合采用暴力方式遍历所有字符组合而破解出来，只是破解时间可能很长。

10. 掌握安全的口令设置策略。

暴力破解理论上可以破解任何口令。但如果口令过于复杂，暴力破解需要的时间会很长，在这段时间内，增加了用户发现入侵和破解行为的机会，以采取某种措施来阻止破解，所以口令越复杂越好。一般设置口令要遵循如下原则：

（1）口令长度不少于 8 个字符。

（2）包含大写和小写的英文字母、数字和特殊符号的组合。

（3）不包含姓名、用户名、单词、日期及这几项的组合。

（4）定期修改口令，并且对新口令做较大的改动。

学会采取如下步骤来消除口令漏洞，预防弱口令攻击。

第一步：删除所有没有口令的账户或为没有口令的用户加上一个口令。特别是系统内置或默认账户。

第二步：制定管理制度，规范增加账户的操作，及时移走不再使用的账户。经常检查确认有没有增加新的账户，不使用的账户是否已被删除。当职员或合作人离开公司时，或当账户不再需要时，应有严格的制度保证删除这些账户。

第三步：加强所有的弱口令，并且设置为不易猜测的口令，为了保证口令的强壮性，可以利用 UNIX 系统保证口令强壮性的功能或采用一些专门的程序来拒绝任何不符合你安全策略的口令。这样就保证了修改的口令长度和组成使得破解非常困难。如在口令中加入一些特殊符号使口令更难破解。

第四步：使用口令控制程序，以保证口令经常更改，而且旧口令不可重用。

第五步：对所有的账户运行口令破解工具，以寻找弱口令或没有口令的账户。另一个避免没有口令或弱口令的方法是采用认证手段，例如，采用 RSA 认证令牌。请根据上述安全策略重新设置口令，并进行实验，看是否能够被破解。

5.5　欺骗攻击

欺骗也是一种攻击形式，通过改变或伪装自己的身份，使受害者将其当作别人或者其他的事物，以骗取各种有用的信息。

欺骗实质上就是一种冒充身份通过认证以骗取信任的攻击方式。攻击者针对认证机制的缺陷，将自己伪装成成可信任方，从而与受害者进行交流，最终攫取信息或展开进一步的攻击。本节将主要讲述两种欺骗攻击：IP 欺骗攻击和 ARP 欺骗攻击。

5.5.1　IP欺骗攻击

TCP/IP 网络中的每一个数据包都包含源主机和目的主机的 IP 地址，攻击者可以使用其他主机的 IP 地址，并假装自己来自该主机，以获得自己未被授权访问的信息。这种类型的攻击称为 IP 欺骗，它是最常见的一种欺骗攻击形式。

1. 简单的 IP 地址变化

攻击者将一台计算机的 IP 地址修改为其他主机的地址，以伪装冒充其他机器。攻击者首先需要了解一个网络的具体配置及 IP 分布，然后改变自己的地址，以假冒身份发起与被攻击方的连接。这样做就可以使所有发送的数据包都带有假冒的源地址。

如图 5-25 所示，攻击者使用假冒的 IP 地址向一台机器发送数据包，但没有收到任何返回的数据包，这称为盲目飞行攻击（Flying Blind Attack），或者叫作单向攻击（One-Way Attack）。因为只能向受害者发送数据包，而不会收到任何应答包。

图 5-25　攻击者发送含有 IP 欺骗信息的数据包

这是一种很原始的方法，涉及的技术层次非常低，缺陷也很明显。由于初始化一个 TCP 连接需要三次握手，应答将返回到会话一无所知的机器上，因此采用这种方式将不能完成一次完整的 TCP 连接。

但是，对于 UDP 这种面向无连接的传输协议就不会存在建立连接的问题，因此所有单独的 UDP 数据包都会被发送到受害者的系统中。

2. 源路由攻击

简单的 IP 地址变化很致命的缺陷是攻击者无法接收到返回的信息流，返回的信息流会都发到被冒充的机器上。攻击者虽然可以利用这种方式来制造一个针对被冒充的目标主机的洪水攻击，但这仅能使目标主机拒绝服务，对更高要求的攻击应用或希望获得更多目标主机信息的攻击者来说，这种技术的可用性就会大打折扣。

为了得到从目的主机返回源地址主机的数据流，有如下两种方法。

一种方法是攻击者插入到正常情况下数据流经过的通路中，如图 5-26 所示。

图 5-26　攻击者插入到通路中可以观察到所有流量

但实际中实现起来非常困难，互联网采用动态路由，即数据包从起点到终点走过的路径是由位于此两点间的路由器决定的，数据包本身只知道去往何处，但不知道该如何去。

另一种方法是使用源路由机制，保证数据包始终会经过一条经定的途径，而攻击者机器在该途径中。源路由机制包含在 TCP/IP 协议组中。它允许用户在 IP 数据包包头的源路由选项字段设定接收方返回的数据包要经过的路径。某些路由器对源路由包的反应是使用其指定的路由，并使用其反向路由来传送应答数据。这就使一个入侵者可以假冒一个主机的名义通过一个特殊的路径来获得某些被保护数据。

源路由机制给攻击者带来了很大的便利。攻击者可以使用假冒地址 A 向受害者 B 发送数据包，并指定了路由选择（如果确定能经过所填入的每个路由），并把自己的 IP 地址 X 填入地址清单中。

当 B 在应答的时候，也应用同样的源路由，因此，数据包返回被假冒主机 A 的过程中必然会经过攻击者 X。这样攻击者不再盲目飞行，因为它能获得完整的会话信息。

5.5.2　ARP欺骗攻击

1. ARP 工作基本原理

地址解析协议（Address Resolution Protocol，ARP）用于将计算机的网络地址（IP 地址 32 位）转化为物理地址（MAC 地址 48 位）[RFC826]。属于链路层的协议。在以太网中，数据帧从一个主机到达局域网内的另一台主机是根据 48 位的以太网地址（硬件地址）来确定接口的，而不是根据 32 位的 IP 地址。系统内核（如驱动）必须知道目的端的硬件地址才能发送数据。

ARP 协议有如下两种格式的数据包。

① ARP 请求包——这是一个含有目的 IP 地址的以太网广播数据包，内容表示："我的 IP 地址是 201.0.0.10，硬件地址是 00-00-C0-15-AD-18。我想知道 IP 地址为 201.0.0.20 主机的硬件地址。"

ARP 请求包格式如下：

```
arp who-has 202.0.0.20 tell 202.0.0.10
```

② ARP 应答包——当主机收到 ARP 请求包,发现请求解析的 IP 地址与本机 IP 地址相同，就会返回一个 ARP 应答包，而 IP 地址与之不同的主机将不会响应这个请求包。ARP 应答包内容表示：我的 IP 地址是 202.0.0.20，我的硬件地址是 08-00-2B-00-EE-0A。

ARP 应答包的格式如下：

```
arp reply 202.0.0.20 is-at 08-00-2B-00-EE-0A
```

注意，虽然 ARP 请求包是广播发送的，但 ARP 响应包也是普通的单播，即从一个源地址发送到目的地址。

每台主机、网关都有一个 ARP 缓存表，用于存储其他主机或网关的 IP 地址与 MAC 地址的对应关系。在 Windows 下查看 ARP 缓存表的方法如下。

在命令行中输入命令 arp –a，如图 5-27 所示。

图 5-27　arp -a 命令显示 arp 缓存

例如，第一个条目的意思是，IP 地址 192.168.1.21 对应的 MAC 地址为 00-15-58-84-b1-b0，对 dynamic 表示这条记录是动态的，其内容可以被 ARP 应答包的内容修改；如果为 static，则表明这条记录是静态的，其内容不能被 ARP 应答包修改。

ARP 协议的工作过程可以从局域网内通信和局域网间通信两个方面来研究。

1）局域网内通信

如图 5-28 所示，假设一个局域网内主机 A、主机 B 和网关 C，它们的 IP 地址、MAC 地址如下。

主机名	IP 地址	MAC 地址
主机 A	192.168.1.2	02-02-02-02-02-02
主机 B	192.168.1.3	03-03-03-03-03-03
网关 C	192.168.1.1	01-01-01-01-01-01

假如主机 A（192.168.1.2）要与主机 B（192.168.1.3）通信，它首先会检查自己的 ARP 缓存中是否有 192.168.1.3 这个地址对应的 MAC 地址。如果没有，它就会向局域网的广播地址发送 ARP 请求包，大致的意思是 192.168.1.3 的 MAC 地址是什么，请告诉 192.168.1.2。

而广播地址会把这个请求包广播给局域网内的所有主机，但只有 192.168.1.3 这台主机才会响应这个请求包，它会回应 192.168.1.2 一个 arp 应答包，告知 192.168.1.3 的 MAC 地址是 03-03-03-03-03-03。

这样主机 A 就得到了主机 B 的 MAC 地址，并且它会把这个对应的关系存在自己的 ARP 缓存表中。之后主机 A 与主机 B 之间的通信就依靠两者缓存表中的记录来进行，直到通信停止后两分钟，这个对应关系才会被从表中删除。

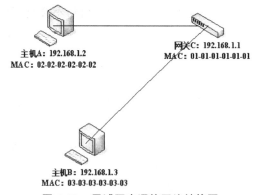

图 5-28　局域网内通信网络结构图

2）局域网间通信

如图 5-29 所示，假设两个局域网，其中一个局域网内有主机 A、主机 B 和网关 C，另一个局域网内有主机 D 和网关 C。它们的 IP 地址、MAC 地址如下。

主机名	IP 地址	MAC 地址
主机 A	192.168.1.2	02-02-02-02-02-02
主机 B	192.168.1.3	03-03-03-03-03-03
网关 C	192.168.1.1	01-01-01-01-01-01
主机 D	10.1.1.2	04-04-04-04-04-04
网关 E	10.1.1.1	05-05-05-05-05-05

假如主机 A（192.168.1.2）需要和主机 D（10.1.1.2）进行通信，它首先会发现这个主机 D 的 IP 地址并不是自己同一个网段内的，因此需要通过网关来转发。

这样，它会检查自己的 ARP 缓存表中是否有网关 192.168.1.1 对应的 MAC 地址，如果没有就通过 ARP 请求获得，如果有就直接与网关通信，然后再由网关 C 通过路由将数据包送到网关 E。

网关 E 收到这个数据包后发现是送给主机 D（10.1.1.2）的，它就会检查自己的 ARP 缓存（网关也有自己的 ARP 缓存），看看里面是否有 10.1.1.2 对应的 MAC 地址，如果没有就使用 ARP 协议获得，如果有就使用该 MAC 地址与主机 D 通信。

不难发现，在局域网间通信的过程中，涉及两类 ARP 缓存表，一类是主机中存放的 ARP 缓存表，另一类是网关处路由器设备自己的 ARP 缓存表。

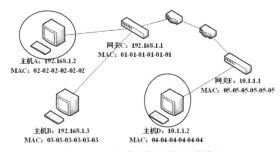

图 5-29　局域网间通信网结构图

2. ARP 欺骗原理

ARP 欺骗攻击是利用 ARP 协议本身的缺陷进行的一种非法攻击，目的是为了在全交换环境下实现数据监听。通常这种攻击方式可能被病毒、木马或者有特殊目的的攻击者使用。

主机在实现 ARP 缓存表的机制中存在一个不完善的地方，当主机收到一个 ARP 应答包后，它并不会去验证自己是否发送过这个 ARP 请求，而是直接将应答包中的 MAC 地址与 IP 对应的关系替换掉原有的 ARP 缓存表中的相应信息。ARP 欺骗正是利用了这一点。

ARP 欺骗的一般过程如图 5-30 所示，主机 B（192.168.1.3）向网关 C 发送 ARP 应答包说："我是 192.168.1.2，我的 MAC 地址是 03-03-03-03-03-03。"主机 B 同时向主机 A 发送 ARP 应答包说："我是 192.168.1.1，我的 MAC 地址是 03-03-03-03-03-03。"这样，A 发给 C 的数据就会被发送到 B，同时获得 C 发给 A 的数据也会被发送到 B。B 就成了 A 与 C 之间的"中间人"。

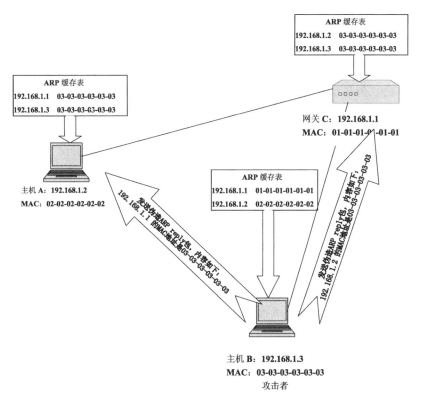

图 5-30　ARP 攻击原理图

ARP 欺骗攻击在局域网内非常奏效，其危害有：致使同网段的其他用户无法正常上网（频繁断网或者网速慢）。使用 ARP 欺骗可以嗅探到交换式局域网内所有数据包，从而得到敏感信息。ARP 欺骗攻击可以对信息进行篡改，例如，可以在你访问的所有网页中加入广告。利用 ARP 欺骗攻击可以控制局域网内任何主机，起到"网管"的作用，比如，让某台主机不能上网。

5.6　缓冲区溢出攻击

缓冲区溢出漏洞是一类广泛存在于操作系统和应用软件中的漏洞。巧妙地利用其特性，轻则能够造成程序崩溃，使程序无法正常提供服务，重则可以执行非授权指令，使攻击者获取系统特权。最早出现在公众视线中的缓冲区溢出攻击可以追溯到 1988 年年底的莫里斯（Morris）蠕虫事件，它曾造成了全世界 6 000 多台网络服务器瘫痪。在随后的 20 年间，缓冲区溢出的利用技术和相关研究迅速发展起来，成为一种最为流行的攻击技术。

5.6.1　缓冲区溢出的原理

缓冲区溢出攻击是通过往程序的缓冲区写超出其长度的内容，造成缓冲区的溢出，从而破坏程序的堆栈，使程序转而执行其他命令，以达到攻击的目的。造成缓冲区溢出的原因是没有仔细检查程序中用户输入的参数。例如下面的程序：

```
Void function (char  *str){
Char buffer[16];
Strcpy (buffer, str);
}
```

上述的 strcpy() 将直接把 str 中的内容复制到 buffer 中。这样只要 str 的长度大于 16，就会造成 buffer 的溢出，使程序运行出错。存在像 srtcpy 这样的问题的标准函数还有 strcat()、sprintf()、vsprinf()、gets() 及 scanf() 等。

当然，随便往缓冲区中填东西造成它溢出一般只会出现"分段错误"，而不能达到攻击的目的。最常见的缓冲区溢出攻击手段是通过制造缓冲区溢出使程序运行一个用户 shell，再通过 shell 执行其他命令。如果该程序属于 root 且有 suid 权限，攻击者就获得了一个有 root 权限的 shell，可以对系统进行任意操作。一般而言，攻击者是通过攻击 root 程序，然后执行类似"exec（sh）"的执行代码来获得 root 权限的 shell。为了达到这个目的，攻击者必须实现如下两个目标。

（1）在程序的地址空间里安排适当的代码。

（2）通过适当地初始化寄存器和内存，让程序跳转到入侵者安排的地址空间执行。

缓冲区溢出攻击之所以成为一种常见的安全攻击手段，其原因在于缓冲区溢出漏洞太普遍了，并且易于实现。而且缓冲区溢出成为远程攻击的主要手段，原因在于缓冲区溢出漏洞给予了攻击者想要的一切：植入并且执行攻击代码。被植入的攻击代码以一定的权限运行有缓冲区溢出漏洞的程序，从而得到被攻击者主机的控制权。

5.6.2 缓冲区溢出攻击的防范

1. 编写正确的代码

编写正确的代码是一件有意义但耗时的工作，特别是编写像 C 语言那种具有容易出错倾向的程序（如字符串的零结尾）。尽管人们知道了如何编写安全的程序，具有安全漏洞的程序依旧出现。因此人们开发了一些工具和技术来帮助程序员编写安全正确的程序。

最简单的办法就是用 grep 搜索源代码中容易产生漏洞的库的调用，例如 strcpy 的 sprinf 的调用，没有检查输入参数的长度。

2. 非执行的缓冲区

通过使被攻击程序的数据段地址空间不可执行，从而使得攻击者不可能执行被攻击程序输入缓冲区的代码，这种技术称为非执行的缓冲区技术。

非执行堆栈的保护可以有效地对付把代码执入自动变量的缓冲区溢出攻击，而对于其他形式的攻击则没有效果。通过引用一个驻留程序的指针，就可以跳过这种保护措施。其他攻击可以把代码植入堆栈或者静态数据中来跳过保护。

3. 数组边界检查

植入代码引起缓冲区溢出是一个方面，扰乱程序的执行流程是另一个方面。不像非执行的缓冲区保护，数组边界检查完全防止了缓冲区溢出的产生和攻击。

4. 程序指针完整性检查

与边界检查略有不同，也与防止指针被改变不同，程序指针完整性检查是在程序指针被引用之前检测到宏观世界的改变。因此，即便一个攻击者成功地改变了程序的指针，由于系统事先检测到了指针的改变，这个指针将不会被使用。

与数组边界检查相比，这种方法不能解决所有缓冲区溢出问题：采用其他的缓冲区溢出方法就可以避免这种检查。但是这种方法在性能上有很大优势，而且兼容性也很好。

实训5-4 利用MS 08-067远程溢出工具实施主机渗透

（一）实训背景

本案例是一个比较综合的主机攻击的实验，涵盖了攻击前的踩点（端口扫描、漏洞扫描），实施攻击（提权、开启服务、后门），清除痕迹整个过程，学生可以全面地了解主机渗透的整个过程。

2008 年 10 月 24 日，微软发补丁修危急漏洞，影响所有 Windows 版本。微软在 MS 08-067 号安全公告（"KB 958644"）中警告称，这一缺陷存在于 Server 服务中，这是针对 139、445 端口 RPC 服务进行攻击的漏洞，可以直接获取系统控制权限。通常溢出攻击成功后，监听端口为 4444。

MS 08-067 远程溢出漏洞是由于 Windows 系统中 RPC 存在缺陷造成的，Windows 系统中的 Server 服务在处理特制 RPC 请求时存在缓冲区溢出漏洞，远程攻击者可以通过发送恶意的 RPC 请求触发这个溢出，如果受影响的系统受到特制伪造的 RPC 请求，可能允许远程执行代码，导致完全入侵用户系统，以 SYSTEM 权限执行任意指令并获取数据，获取对系统的控制权，造成系统失窃及系统崩溃等严重问题。

受 MS 08-067 远程溢出漏洞影响的系统有：Windows XP/2000/Vista/2003 等。

对于该漏洞的预防，最好的措施是下载 KB 958644 补丁包，打上该补丁包，或者关闭 Computer Browser、Server、Workstation 服务，或者通过防火墙阻止外界对本地的 139、445 端口连接。

（二）实训目的与环境

已知服务器（Windows 2003）存在 MS 08-067 溢出漏洞，请利用该漏洞实施渗透操作，获取主机的 system 控制权，并留下后门（开启远程登录）。

实验环境：两台主机，一台 Window XP，IP 地址为 192.168.1.6/24，作为攻击方；另一台 Windows 2003，IP 地址为 192.168.1.10/24，作为目标主机（被攻击者）。

（三）实训步骤

1）使用 NMAP 对攻击目标 Win 2003 进行端口扫描

在利用 MS 08-067 远程溢出漏洞进行攻击前，首先要找到要攻击的主机目标。由于启用了 RPC 服务的 Windows 系统往往会开放 445 端口，这里使用的是扫描器之王——NMAP 进行端口扫描，看看哪些主机开放了 445 端口。目标主机 192.168.1.10，扫描结果如图 5-31 所示。

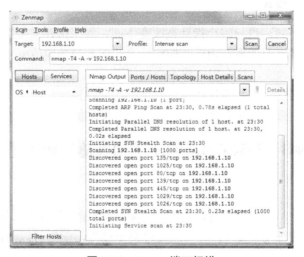

图 5-31　Nmap 端口扫描

2）使用 Nessus 对攻击目标 Win 2003 进行漏洞扫描

可利用的工具有很多，常见的如：Nessus、MBSA、Retina 等，这里选择其中一个较为专业的工具 Nessus。注：在实际的渗透测试中，往往使用 Nessus 的第三方企业版本软件较多，也更为专业。

本案例使用的工具软件为 Nessus-4.4.1-i386.msi，安装并运行，注意安装后先启动服务端，由于篇幅有限，只描述重点步骤，详细步骤可以查阅 Nessus 安装与配置的文档。

设置漏洞扫描策略如图 5-32 所示。

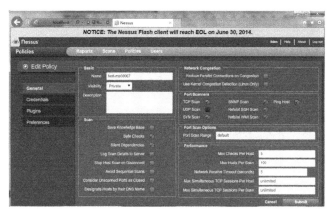

图 5-32　设置漏洞扫描策略

设置漏洞扫描参数，填写扫描的目标主机 IP，如图 5-33 所示。

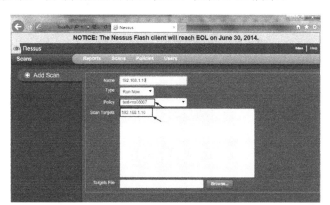

图 5-33　设置漏洞扫描参数

Nessus 执行扫描，查看扫描结果，如图 5-34 所示。

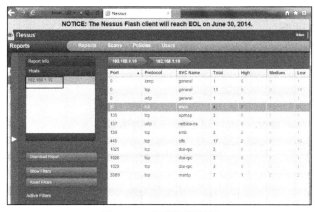

图 5-34　查看扫描结果

如图 5-35 所示，目标主机存在的致命漏洞 MS 09-001 及 MS 08-067。

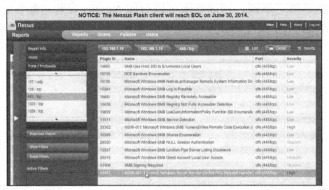

图 5-35　漏洞查看

3）实施 MS 08-067 溢出攻击

在攻击主机上使用工具软件 MS 08-067.exe 执行溢出攻击，如图 5-36 所示。

图 5-36　使用工具软件 MS 08-067.exe

（1）执行远程溢出。

```
MS08-067.exe  192.168.1.10
```

执行攻击命令后，溢出程序就会自动与远程主机建立 SMB 连接，并进行溢出攻击。

（2）溢出返回结果。

溢出攻击后，往往会有不同的返回结果提示信息，一般有如下三种情况。

① 如果返回的信息为：

```
SMB Connect OK!
Maybe Patched!
```

那么说明远程主机上可能已经打上了该溢出漏洞补丁，虽然可以建立 SMB 连接，但是无法攻击成功。

② 如果返回的信息为：

```
Make SMB Connection error: 53
```

或者

```
Make SMB Connection error: 1219
```

后面的数字可能是变化的。那么说明该主机没有开机联网或者没有安装 Microsoft 网络的文件和打印机共享协议，或没有启动 Server 服务，因此无法进行溢出。

③ 还有一种情况是返回信息为：

```
SMB Connect OK!
RpcExceptionCode () = 1722
```

出现这样的情况，溢出失败，对方开启了防火墙。

那么最后就是成功的提示信息：

```
SMB Connect OK!
Send Payload Over!
```

出现这样的提示，如图 5-37 所示，说明溢出成功，成功地发送溢出模块并绑定在了远程主机端口上。

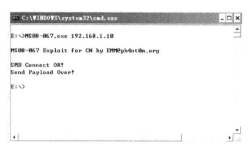

图 5-37　溢出目标主机成功

4）获得目标主机的 Cmd Shell

方法一：利用 Telnet 服务

溢出成功后即可使用 telnet 命令远程登录 192.168.1.10 主机的 4444 端口：

```
Telnet 192.168.1.10 4444
```

如图 5-38 所示为 Telnet 溢出成功的目标主机。

成功地连接上了远程主机，如图 5-39 所示。

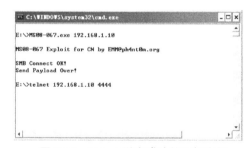

图 5-38　Telnet 溢出成功的目标主机

图 5-39　Telnet 目标主机 4444 端口成功

方法二：利用 nc 工具监听 4444 端口获得 shell，如图 5-40 所示。

图 5-40　nc 监听目标 4444 端口

在远程主机上执行命令"netstat –an"时，可以看到开放了 4444 端口，如图 5-41 所示，溢出打开并绑定到 Telnet 服务的端口。

图 5-41　远程主机查看本地开放端口状态

5）在目标主机上添加用户并提权

（1）添加一个新 users 类型的用户，如图 5-42 所示。

图 5-42　在目标主机添加用户 robin

（2）将新增的用户提权为管理员组用户，同时删除新增用户的原有 users 组，如图 5-43 所示。

图 5-43　新增用户提权，删除新增用户的原有 users 组

6）获取目标机器的 Administrator 口令

（1）强制开启目标机器的远程登录服务，并以新增并提权的管理者账户登录。

攻击者在获得目标主机的 Cmd Shell 上输入命令：

```
reg add "HKEY_LOCAL_MACHINE\SYSTEM\CurrentControlSet\Control\Terminal
Server" /v "fDenyTSConnections" /t REG_DWORD/d0/f
```

在目标主机上开启远程登录服务如图 5-44 所示。

图 5-44 在目标主机上开启远程登录服务

以新建的"tom"用户远程登录目标主机，如图 5-45 所示。

（2）获取目标机器的 sam 数据库文件。

① 首先攻击者在自己的机器上开启 FTP 服务器，用户名与密码可自行设定，如图 5-46 所示。

图 5-45 远程登录目标主机

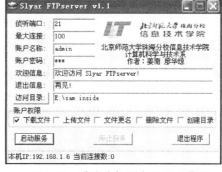

图 5-46 攻击主机开启 FTP 服务器

② 攻击者在目标主机访问自己搭建的 FTP 服务器，如图 5-47 所示。

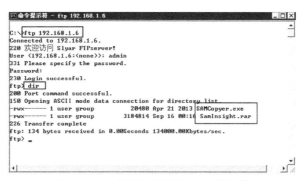

图 5-47 在目标主机访问 FTP 服务器

下载 saminside、SAMCoper 等口令破解相关工具软件到目标主机，如图 5-48 所示。

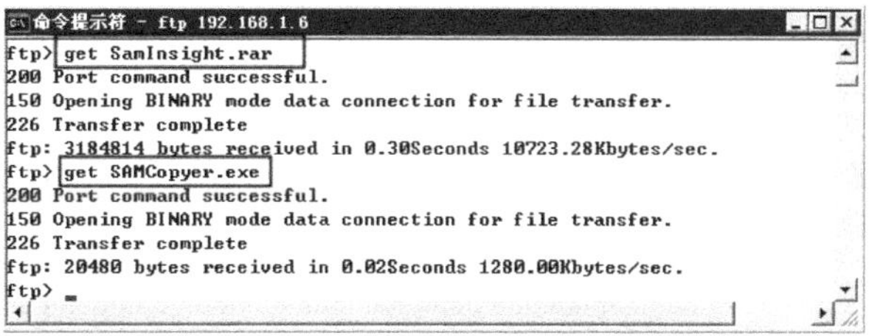

图 5-48 下载口令破解软件到目标主机

③ 在目标主机上运行 saminside，破解 Administrator 账户的密码。

因为，有些系统不允许直接读取 SAM 文件进行口令破解，所以在目标主机上首先使用 SAMCopyer 软件获取 SAM 和 system 文件，以此来破解本地用户名的密码，如图 5-49 所示。

图 5-49　拷贝本地 SAM、system 文件

然后，在目标主机上再使用口令破解软件 saminside，选择菜单 File→Import SAM and SYSTEM Registry Files，选择刚才拷贝下来的 SAM 和 system 文件，进行口令破解，如图 5-50 所示。

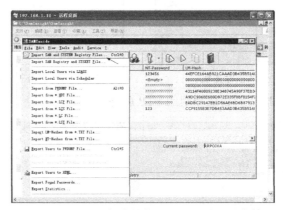

图 5-50　导入目标主机的 SAM 和 system 文件

破解结果如图 5-51 所示。

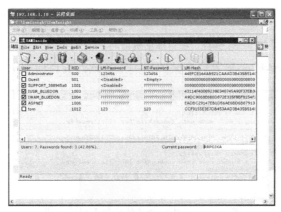

图 5-51　破解结果

④ 切换用户，以 Administrator 远程登录。

7）清除痕迹、留后门

删除目标机器上的 tom 用户，如图 5-52 所示。
清除所有日志，如图 5-53 所示。

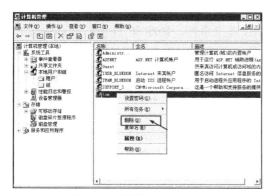

图 5-52　删除 tom 用户

图 5-53　清除安全日志

下载并运行木马服务端程序（如大白鲨或者灰鸽子），以备今后监控。

8）释放连接

在攻击者主机上退出目标主机的 Cmd Shell，并释放连接，如图 5-54 所示。

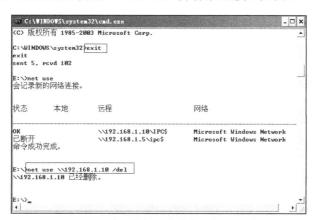

图 5-54　攻击主机上释放与目标的连接

5.7　拒绝服务攻击

拒绝服务（Denial of Service，DOS）是目前黑客经常采用而又难以防范的攻击手段，广义而言，凡是利用网络安全防护措施不足导致用户不能或不敢继续使用正常服务的攻击手段，都可以称为拒绝服务攻击，但本章只重点讲解通过网络连接，以及利用合理的服务请求来占用过多资源，从而使合法用户无法得到服务的攻击。

5.7.1　拒绝服务攻击概述

DOS 攻击通常利用传输协议的漏洞、系统存在的漏洞、服务的漏洞，对目标系统发起大规模的进攻，用超出目标处理能力的海量数据包消耗可用系统资源、带宽资源等，或造成程序缓冲区溢出错误，致使无法处理合法用户的正常请求，无法提供正常服务，最终致使网络服务瘫痪，甚至引起系统死机。这是破坏攻击目标正常运行的一种"损人不利己"的攻击手段。

历史上最著名的拒绝服务攻击恐怕要数 Morris 蠕虫事件。1988 年 11 月，全球众多连在因特网上的计算机在数小时内无法正常工作，这次事件中遭受攻击的包括 5 个计算机中心和 12 个地区结点，连接着政府、大学、研究所和拥有政府合同的 25 万台计算机。这次病毒事件，使计算机系统直接经济损失达 9 600 万美元。许多知名网站如 Yahoo、eBay、CNN、百度、新浪等都曾遭受过 DOS 攻击。

拒绝服务攻击可能是蓄意的，也可能是偶然的。当未被授权的用户过量使用资源时，攻击是蓄意的；当合法用户无意的操作而使得资源不可用时，则是偶然的。应该对两种拒绝服务攻击都采取预防措施。但是拒绝服务攻击问题也一直得不到合理的解决，究其原因是网络协议本身的安全缺陷造成的。

最常见的 DOS 攻击是利用合理的服务请求来占用过多的服务资源，致使服务超载，无法响应其他的请求。这些服务资源包括网络带宽、文件系统空间容量、开放的进程、向内的连接等。这种攻击会导致资源的匮乏，无论计算机的处理速度多么快，内存容量多么大，互联网带宽多么大都无法避免这种攻击带来的后果。

5.7.2　拒绝服务攻击的类型

实现 DOS 攻击的手段有很多种。常见的主要有如下几种。

（1）滥用合理的服务请求。过度地请求系统的正常服务，占用过多服务资源，致使系统超载。这些服务资源通常包括网络带宽、文件系统空间容量、开放的进程或者连接数等。

（2）制造高流量无用数据。恶意地制造和发送大量各种随机无用的数据包，用这种高流量的无用数据占据网络带宽，造成网络拥塞。

（3）利用传输协议缺陷。构造畸形的数据包并发送，导致目标主机无法处理，出现错误或崩溃，而拒绝服务。

（4）利用服务程序的漏洞。针对主机上的服务程序的特定漏洞，发送一些有针对性的特殊格式的数据，导致服务处理错误而拒绝服务。

拒绝服务有很多种分类方法，按照不同种方式，有不同的分类。这里介绍常见的分类。

5.7.3　典型的拒绝服务攻击技术

1. Ping of Death

Ping 是一个非常著名的程序，这个程序的目的是为了测试另一台主机是否可达。现在所有的操作系统上几乎都有这个程序，它已经成为系统的一部分。Ping 通过发送一份 ICMP 回显请求报文给目的主机，并等待返回 ICMP 回显应答，根据回显应答的内容判断目的主机的状况。

Ping 之所以会造成伤害源于早期操作系统在处理 ICMP 协议数据包时存在漏洞。ICMP 协议的报文长度是固定的，大小为 64KB，早期很多操作系统在接收 ICMP 数据报文的时候，只开辟 64KB 的缓存区用于存放接收到的数据包。一旦发送过来的 ICMP 数据包的实际尺寸超过 64KB（65 536B），操作系统将收到的数据报文向缓存区填写时，报文长度大于 64KB，就会产生一个缓存溢出，结果将导致 TCP/IP 协议堆栈的崩溃，造成主机的重启动或死机。

Ping 程序有一个 "–l" 参数可指定发送数据包的尺寸，因此，使用 Ping 这个常用小程序就可以简单地实现这种攻击。例如，通过如下命令：

```
Ping -l 65540 192.168.1.140
```

如果对方主机存在这样一个漏洞，就会形成一次拒绝服务攻击。这种攻击称为 "死亡之 Ping"。

现在的操作系统都已对这一漏洞进行了修补，对可发送的数据包大小进行了限制。

在 Windows XP SP2 操作系统中输入如下命令：

```
Ping -l 65535 192.168.1.140
```

系统返回如下信息：

```
Bad value for option -l, valid range is from 0 to 65500
```

2. UDP 洪水

UDP 洪水（UDP Flood）主要是利用主机能自动进行回复的服务（例如使用 UDP 协议的 Chargen 服务和 Echo 服务）来进行攻击。

很多提供 WWW 和 Mail 等服务的设备通常使用 UNIX 的服务器，它们默认打开一些被黑客恶意利用的 UDP 服务。如 Echo 服务会显示接收到的每一个数据包，而原本作为测试功能的 Chargen 服务会在收到每一个数据包时随机反馈一些字符。

当我们向 Echo 服务的端口发送一个数据时，Echo 服务会将同样的数据返回给发送方，而 Chargen 服务则会随机返回字符。当两个或两个以上系统存在这样的服务时，攻击者利用其中一台主机向另一台主机的 Echo 或者 Chargen 服务端口发送数据，Echo 和 Chargen 服务会自动进行回复，这样开启 Echo 和 Chargen 服务的主机就会相互回复数据。

由于这种做法使一方的输出成为另一方的输入，两台主机间会形成大量的 UDP 数据包。当多个系统之间互相产生 UDP 数据包时，最终将导致整个网络瘫痪。

实训5-5 UDP洪水（UDP Flood）攻击

（一）实训目的

在攻击主机 192.168.1.32 主机上使用 UDP Flood 2.0 攻击工具，对目标 192.168.1.34 进行洪水拒绝服务攻击，同时在目标主机上使用 Sniffer 嗅探工具抓包，观察攻击过程中包的特点。

（二）实训步骤

（1）如图 5-55 所示，IP/hostname 和 Port：输入目标主机的 IP 地址和端口号；Max duration：设定最长的攻击时间；Speed：设置 UDP 包发送速度；Data：指定发送的 UDP 数据包中包含的内容。

（2）对局域网内的一台计算机 192.168.1.34 发起 UDP Flood 攻击，发包速率为 250PPS，如图 5-56 所示。

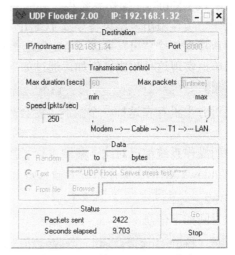

图 5-55　UDP-Flood 攻击设置　　　　图 5-56　开始 UDP Flood 攻击

（3）在被攻击的计算机 192.168.1.34 上打开 Sniffer 工具，可以捕捉由攻击者计算机发到本机的 UDP 数据包，可以看到内容为"***** UDP Flood. Server stress test ****."的大量 UDP 数据包，如图 5-57 所示。

如果加大发包速率和增加攻击机的数量，则目标主机的处理能力将会明显下降。

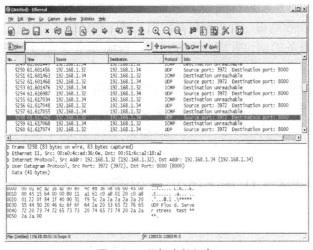

图 5-57　目标主机抓包

1. SYN 洪水

SYN Flood 是当前最流行的拒绝服务攻击方式之一，这是一种利用 TCP 协议缺陷，发送大量伪造的 TCP 连接请求，使被攻击方资源耗尽（CPU 满负荷或内存不足）的攻击方式。SYN Flood 是利用 TCP 连接的三次握手过程的特性实现的。

在 TCP 连接的三次握手过程中，假设一个客户端向服务器发送了 SYN 报文后突然死机或掉线，那么服务器在发出 SYN/ACK 应答报文后是无法收到客户端的 ACK 报文的，这种情况下服务器端一般会重试，并等待一段时间后丢弃这个未完成的连接。这段时间的长度称为 SYN Timeout。一般来说这个时间是分钟的数量级。

一个用户出现异常导致服务器的一个线程等待 1 分钟并不是什么很大的问题，但如果有一个恶意的攻击者大量模拟这种情况（伪造 IP 地址），服务器端将为了维护一个非常大的半连接列表而消耗非常多的资源。即使是简单的保存并遍历半连接列表也会消耗非常多的 CPU 时间和内存，何况还要不断对这个列表中的 IP 进行 SYN+ACK 的重试。

实际上如果服务器的 TCP/IP 栈不够强大，最后的结果往往是堆栈溢出崩溃——即使服务器端的系统足够强大，服务器端也将忙于处理攻击者伪造的 TCP 连接请求而无暇理睬客户的正常请求，此时从正常客户的角度看来，服务器失去响应，这种情况就称作：服务器端受到了 SYN Flood 攻击（SYN 洪水攻击）。

SYN Flood 攻击示意图如图 5-58 所示。

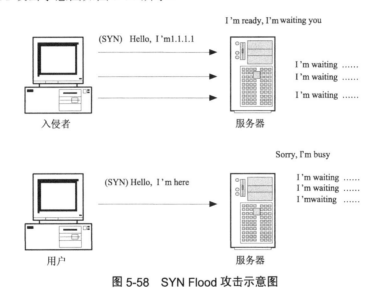

图 5-58　SYN Flood 攻击示意图

2. Land 攻击

Land 是因特网上最常见的拒绝服务攻击类型，它是由著名黑客组织 Rootshell 发现的。

其原理很简单，向目标机发送大量的源地址和目标地址相同的包，造成目标机解析 Land 包时占用大量的系统资源，从而使网络功能完全瘫痪。Land 攻击也是利用 TCP 的三次握手过程的缺陷进行攻击。

Land 攻击是向目标主机发送一个特殊的 SYN 包，包中的源地址和目标地址都是目标主机的地址。目标主机收到这样的连接请求时会向自己发送 SYN/ACK 数据包，结果导致目标主机向自己发回 ACK 数据包并创建一个连接。大量的这样的数据包将使目标主机建立很多无效的连接，系统资源被大量的占用，如图 5-59 所示。

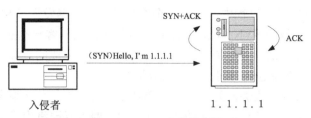

图 5-59　land 攻击示意图

3. Smurf 攻击

Smurf 攻击是利用 IP 欺骗和 ICMP 回应包引起目标主机网络阻塞，实现 DOS 攻击。攻击原理：在构造数据包时将源地址设置为被攻击主机的地址，而将目的地址设置为广播地址，于是，大量的 ICMP Echo 回应包被发送给被攻击主机，使其因网络阻塞而无法提供服务。比 Ping of Death 洪水的流量高出 1 或 2 个数量级。

如图 5-60 所示，入侵者的主机发送了一个数据包，而目标主机就收到了三个回复数据包。如果目标网络是一个很大的以太网，有 200 台主机，那么在这种情况下，入侵者每发送一个 ICMP 数据包，目标主机就会收到 200 个数据包，因此目标主机很快就会被大量的回复信息吞没，无法处理其他的任何网络传输。

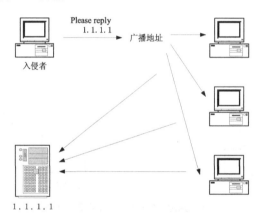

图 5-60　Smurf 攻击示意图

这种攻击不仅影响目标主机，还能影响目标主机的整个网络系统。如图 5-61 所示，利用 Smurf 攻击整个网络。

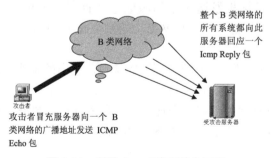

图 5-61　利用 Smurf 攻击整个网络

5.7.4 分布式拒绝服务攻击

1. 分布式拒绝服务攻击概念

分布式拒绝服务（Distributed Denial of Service，DDOS）攻击指借助于客户／服务器技术，将多个计算机联合起来作为攻击平台，对一个或多个目标发动 DOS 攻击，从而成倍地提高拒绝服务攻击的威力。可以使得分散在互联网各处的机器共同完成对一台主机攻击的操作，从而使主机看起来好像遭到了不同位置的许多主机的攻击。这些分散的机器可以分别进行不同类型的攻击。

在进行分布式拒绝服务攻击前，入侵者必须先控制大量的无关主机，并在这些机器上安装进行拒绝服务攻击的软件。互联网上充斥着安全措施较差的主机，这些主机存在系统漏洞或配置上的错误，可能是一些没有足够安全技术力量的小站点或者一些企业的服务器，入侵者轻易就能进入这些系统。由于攻击者来自范围广泛的 IP 地址，而且来自每台主机的少量的数据包有可能从入侵检测系统的眼皮下溜掉，这就使得防御变得困难。

2. 攻击运行原理

分布式拒绝服务攻击的软件一般分为客户端、服务端与守护程序，这些程序可以使协调分散在互联网各处的机器共同完成对一台主机攻击的操作，从而使主机遭到来自不同地方的许多主机的攻击，如图 5-62 所示。

- 客户端：也称为攻击控制台，它是发起攻击的主机。
- 服务端：也称为攻击服务器，它接受客户端发来的控制命令。
- 守护进程：也称为攻击器、攻击代理，它直接（如 SYN Flooding）或者间接（如反射式 DDOS）与攻击目标进行通信。

入侵者先控制多台无关主机，在上面安装守护进程与服务端程序。当需要攻击时，入侵者从客户端连接到安装了服务端软件的主机上，发出攻击指令，服务端软件指挥守护进程同时向目标主机发动拒绝服务攻击。

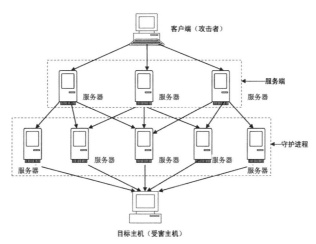

图 5-62 三层结构的 DDOS 攻击

采用三层结构的做法是确保入侵者的安全，一旦客户端发出指令后，客户端就能断开连接，由服务端指挥守护进程攻击。客户端连接和发送指令的时间很短，隐蔽性极强。目前流行的分布式拒绝服务攻击软件一般没有专用的客户端软件，使用 Telnet 进行连接和传送控制命令。

通常情况下，服务端与守护进程间并不是一一对应的关系，而是多对多的关系。也就是说，一个安装了守护进程的主机可以被多个服务端所控制，一个服务端软件也同时控制多个守护进程。

DDOS 攻击过程主要有如下两个步骤：攻占代理主机和向目标发起攻击。具体说来可分为如下几个步骤：

（1）探测扫描大量主机以寻找可入侵主机。

（2）入侵有安全漏洞的主机并获取控制权。

（3）在每台被入侵主机中安装攻击所用的客户进程或守护进程。

（4）向安装有客户进程的主控端主机发出命令，由它们来控制代理主机上的守护进程进行协同入侵。

3. DDoS 造成的影响

被攻击主机上有大量等待的 TCP 连接；网络中充斥着大量的无用的数据包，源地址为假；制造高流量无用数据，造成网络拥塞，使受害主机无法正常和外界通信；利用受害主机提供的服务或传输协议上的缺陷，反复高速地发出特定的服务请求，使受害主机无法及时处理所有正常请求；严重时会造成系统死机。

当对一个 Web 站点执行 DDOS 攻击时，这个站点的一个或多个 Web 服务会接到非常多的请求，最终使它无法再正常使用。在一个 DDOS 攻击期间，如果有一个不知情的用户发出了正常的页面请求，这个请求会完全失败，或者页面下载速度变得极其缓慢，看起来就是站点无法使用。

5.7.5 拒绝服务攻击的防御

拒绝服务攻击不容易定位攻击者的位置，Internet 上绝大多数网络都不限制源地址，也就是伪造源地址非常容易，很难溯源找到攻击控制端的位置，各种反射式攻击，无法定位源攻击者，完全阻止是不可能的，但是适当的防范工作可以减少被攻击的机会，一般拒绝服务攻击的目标是服务站点，下面介绍服务器防范拒绝服务攻击的几种方法。

1. 有效完善的设计

一个站点越完善，它的状况会越好。如果公司有一个运行关键任务的 Web 站点，用户必须连接到 Internet，但是与路由器之间只有一条单一的连接，服务器运行在一台单一的计算机上，这样的设计就不是完善的。

这种情况下，攻击者对路由器或服务器进行 DOS 攻击，使运行关键任务的应用程序被迫离线。理想情况下，公司不仅要有多条与 Internet 的连接，最好有不同地理区域的连接。公司的服务位置越分散，IP 地址越分散，攻击同时寻找与定位所有计算机的难度就越大。

2. 带宽限制

当 DOS 攻击发生时，针对单个协议的攻击会损耗公司的带宽，以致拒绝合法用户的服务。例如，攻击者向端口 25 发送洪水般的数据，攻击者会消耗掉所有带宽，所以试图连接端口 80 的用户被拒绝服务。一种防范方法是限制基于协议的带宽。例如，端口 25 只能使用 25％ 的带宽，端口 80 只能使用 50％ 的带宽。

3. 及时给系统安装补丁

当新的 DOS 攻击出现并攻击计算机时，厂商一般会很快确定问题并发布补丁。如果一个公司关注最新的补丁，同时及时安装，这样被 DOS 攻击的机会就会减少。

记住：这些措施并不能阻止 DOS 攻击耗尽公司的资源。另外，在安装补丁之前，先要对其进行测试。即使厂商声明它可以弥补 DOS 漏洞，这并不意味着不会产生新的问题。

4. 运行尽可能少的服务

运行尽可能少的服务可以减少被攻击成功的机会。如果一台计算机开了 20 个端口，这就使得攻击者可以在大的范围内尝试对每个端口进行不同的攻击。相反，如果系统只开了两个端口，这就限制了攻击者攻击站点的攻击类型。

另外，当运行的服务和开放的端口都很少时，管理员可以容易地设置安全，因为要监听和担心的事情都很少。

5. 只允许必要的通信

这一防御机制与上一个标准"运行尽可能少的服务"很相似，不过它侧重于周边环境，主要是防火墙和路由器。关键是不仅要对系统实施最少权限原则，对网络也要实施最少权限原则。确保防火墙只允许必要的通信出入网络。许多公司只过滤进入通信，而对向外的通信不采取任何措施。这两种通信都应该过滤。

6. 封锁敌意 IP 地址

当一个公司知道自己受到攻击时，应该马上确定发起攻击的 IP 地址，并在其外部路由器上封锁此 IP 地址。这样做的问题是，即使在外部路由器上封锁了这些 IP 地址，路由器仍然会因为数据量太多而拥塞，导致合法用户被拒绝对其他系统或网络的访问。

因此，一旦公司受到攻击应立刻通知其 ISP 和上游提供商封锁敌意数据包。因为 ISP 拥有较大的带宽和多点的访问，如果他们封锁了敌意通信，仍然可以保持合法用户的通信，也可以恢复遭受攻击公司的连接。

本章小结

本章的内容是学生最为感兴趣的部分，尤其通过实验能让学生直观地发现，对于那些缺乏安全防护的系统而言，攻击是一件轻而易举的事情。本章教学应充分调动学生的主动参与热情，让他们搭建一个小环境，自己设计和完成一些攻防实验。

本章的教学目标是了解网络攻击的一般手法和步骤,重点掌握网络踩点、扫描、口令破解、欺骗攻击、缓冲区溢出攻击的原理与方法, 以及其他一些常见的攻击等, 学生在课后可以以本章为基础做深入的扩展与学习, 了解和掌握更深入的攻击方法, 如 Web 渗透与攻防等。

本章习题

一、选择题

1.( ) 利用以太网的特点,将设备网卡设置为"混杂模式",从而能够接受到整个以太网内的网络数据信息。

    A. 嗅探程序   B. 木马程序   C. 拒绝服务攻击   D. 缓冲区溢出攻击

2. 向有限的空间输入超长的字符串是( )攻击手段。

    A. 缓冲区溢出   B. 网络监听   C. 端口扫描   D. IP欺骗

3. 使网络服务器中充斥着大量要求回复的信息, 消耗带宽, 导致网络或系统停止正常服务, 这属于( )漏洞。

    A. 拒绝服务   B. 文件共享   C. BIND漏洞   D. 远程过程调用

4. 为了防御网络监听, 最常用的方法是( )。

    A. 采用物理传输(非网络)   B. 信息加密

    C. 无线网   D. 使用专线传输

5. 端口扫描技术( )。

    A. 只能作为攻击工具

    B. 只能作为防御工具

    C. 只能作为检查系统漏洞的工具

    D. 既可以作为攻击工具,也可以作为防御工具

6. 不属于黑客攻击的常用手段是( )。

    A. 密码破解   B. 邮件群发   C. 网络扫描   D. IP地址欺骗

7. DDOS 攻击是利用( )进行攻击。

    A. 中间代理   B. 通信握手过程问题

    C. 其他网络   D. 电子邮件

二、判断题

1. ARP 欺骗是利用了 ARP 协议本身的缺陷,目的是为了在全交换环境下实现数据监听。( )

2. 如果口令设置得很复杂、很安全,口令破解器一定是无法破解的。( )

3. 防止缓冲区溢出最好的办法就是给系统打补丁。( )

4. 拒绝服务攻击是一种"损人不利己的攻击"。( )

5. 网络嗅探和扫描是一把双刃剑,可以检测自己系统的安全漏洞,同时可以探测攻击目标的信息。( )

三、简答题

1. 网络踩点的目的是什么？

2. 简单描述网络嗅探的原理。

3. 简述端口扫描不同类型的区别。

4. 什么是漏洞扫描？

5. 解释一下三种口令破解方式；词典攻击、强行攻击、组合攻击之间的区别是什么？

6. 描述在局域网如何通过 ARP 欺骗攻击冒充中间人。

7. 什么是拒绝服务攻击？

四、论述题

请自己上网搜集几个关于网络攻击的大事件，分别是哪种攻击类型？或者对应攻击技术找一找有哪些安全事件使用过？（如缓冲区溢出、拒绝服务等）

恶意代码概述

- 恶意代码的定义与发展。
- 计算机病毒的定义、组成、特征和工作原理。
- 蠕虫的定义及其与病毒的区别。
- 木马攻击的原理。
- 口令破解、欺骗攻击、缓冲区溢出攻击、拒绝服务攻击。

6.1 恶意代码概述

代码是指计算机程序代码，可以被执行完成特定功能。任何事物都有正反两面，人类发明的所有工具既可以造福也可作孽，这完全取决于使用工具的人。计算机程序也不例外，软件工程师编写了大量的有用的软件（操作系统、应用系统和数据库系统等）的同时，黑客在编写扰乱社会和他人的计算机程序，这些代码统称为恶意代码（Malicious Codes）。

在 Internet 安全事件中，恶意代码造成的经济损失占很大的比例。恶意代码主要包括计算机病毒（Virus）、蠕虫（Worm）、木马程序（Trojan Horse）、后门程序（Backdoor）、逻辑炸弹（Logic Bomb）等。与此同时，恶意代码成为信息战、网络战的重要手段。日益严重的恶意代码问题，不仅使企业和用户蒙受了巨大的经济损失，而且使国家的安全面临着严重的威胁。

6.1.1 恶意代码的发展

恶意代码经过 30 多年的发展，破坏性、种类和感染性都得到增强。随着计算机的网络化程度逐步提高，网络传播的恶意代码对人们的正常生活影响越来越大。恶意代码最初的形式是计算机病毒，真正的计算机病毒是在 1983 年的一次安全讨论会上提出来的。弗雷德·科恩博士研制出一种在运行过程中可以复制自身的破坏性程序，伦·艾德勒曼将其命名为计算机病毒。专家在 VAX11/750 计算机系统上运行第一个病毒试验成功，一周后又获准进行 5 个试验的演示，从而在实验室验证了计算机病毒的存在。

1986 年，巴基斯坦的两兄弟拉合尔·巴锡特和阿姆杰德，他们常编写一些应用程序并为盗版而烦恼。为了打击那些盗版软件的使用者，他们设计了一个名为"巴基斯坦智囊"的病毒，该病毒只传染软盘引导。这就是最早在世界上流行的一个真正的病毒。

1988 年 11 月 2 号。美国康乃尔大学 23 岁研究生罗伯特·莫里斯编写了一个蠕虫病毒，感染了网络中的 6 000 多台计算机，并使其中的 5 000 台计算机被迫停机数小时，导致直接经济损失达 9 600 万美元，造成严重的后果，因此在世界范围内备受关注。

1998 年，病毒发展中出现了一个有史以来最危险、最具破坏力的病毒，这就是 CIH。它的出现直接颠覆了软件病毒不能破坏硬件的神话。CIH 是一种能够破坏计算机系统硬件的恶性病毒。这个病毒产自台湾，最早随国际两大盗版集团贩卖的盗版光盘在欧美等地广泛传播，随后进一步通过 Internet 传播到全世界各个角落。

随着计算机网络的发展和普及，越来越多的病毒都是通过网络传播，并最终对整个网络造成危害。其中具有代表性的有"尼姆达"、"红色代码"、"冲击波"等病毒，这些病毒都给互联网造成过巨大的影响。

图 6-1 中就 2000 年、2006 年、2012 年三个时间节点的恶意代码分类数量统计，用以对比分析恶意代码的发展趋势。

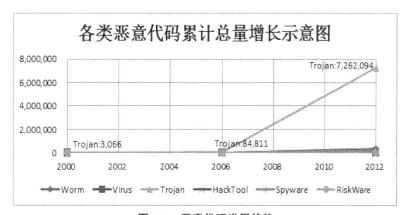

图 6-1 恶意代码发展趋势

上述数据显示，从 2006 年到 2012 年间出现的恶意代码中，比例最大的显然是 Trojan。其数量从 2006 年的 8.4 万余种增长到 2012 年的 726 万余种，而其他类型的恶意代码尽管均有不同程度的增长，但却完全被木马的增长所掩盖。

蠕虫的数量增长其实也很快。从 2000 年的 500 多种，到 2006 年的 8000 多种，再到 2012 年 11 月的 35 万余种。这个数字增长虽然显著，但却被木马数量的剧增所掩盖。蠕虫膨胀的势头弱于木马，明显与包括 Windows 系统的安全性提升、漏洞利用的定向性而导致的溢出工具和载荷分离等因素有关。

6.1.2 恶意代码的定义

20 世纪 90 年代末，恶意代码的定义随着计算机网络技术的发展逐渐丰富，Roger A.Grimes[⑦] 将恶意代码定义为，经过存储介质和网络进行传播，从一台计算机系统到另外一台计算机系统，未经授权认证破坏计算机系统完整性的程序或代码。它包括计算机病毒、蠕

---

⑦ Roger A. Grimes 从 1987 年就开始从事专门的恶意传播代码防范工作，拥有 MCSE、CNE 和 A+ 等认证资格。他的客户包括美国最大的数家银行、许多大学及美国海军。

虫、特洛伊木马、逻辑炸弹、病菌、用户级 RootKit、核心级 RootKit、脚本恶意代码和恶意 ActiveX 控件等。由此定义，恶意代码两个显著的特点是非授权性和破坏性。

几种主要的恶意代码类型及其相关的定义说明如表 6-1 所示。

表6-1　几种主要的恶意代码类型及其相关的定义说明

恶意代码类型	定　义	特　点
计算机病毒	指编制或者在计算机程序中插入的破坏计算机功能或者毁坏数据，影响计算机使用，并能自我复制的一组计算机指令或者程序代码	潜伏、传染和破坏
计算机蠕虫	指通过计算机网络自我复制，消耗系统资源和网络资源的程序	扫描、攻击和扩散
特洛伊木马	指一种与远程计算机建立连接，使远程计算机能够通过网络控制本地计算机的程序	欺骗、隐蔽和信息窃取
逻辑炸弹	指一段嵌入计算机系统程序的，通过特殊的数据或时间作为条件触发、试图完成一定破坏功能的程序	潜伏和破坏
病菌	指不依赖于系统软件，能够自我复制和传播，以消耗系统资源为目的的程序	传染和拒绝服务
用户级RootKit	指通过替代或者修改被系统管理员或普通用户执行的程序进入系统，从而实现隐藏和创建后门的程序	隐蔽和潜伏
核心级RootKit	指嵌入操作系统内核进行隐藏和创建后门的程序	隐蔽和潜伏

其中，逻辑炸弹、特洛伊木马、病毒、RootKit 是依赖主机的恶意代码程序；蠕虫、病菌、拒绝服务程序是独立主机程序。

6.2　计算机病毒

6.2.1　病毒的定义和组成

广义上讲，计算机病毒是一种人为制造的、能够进行自我复制的、具有对计算机资源的破坏作用的一组程序或指令的集合。1983 年 11 月 3 日，弗雷德·科恩（Fred Cohen）博士研制出第一个计算机病毒，其后，计算机病毒一直在不断危害着用户的系统安全，一种新的病毒技术出现后，其发展迅速，接着反病毒技术的发展会抑制其流传。操作系统升级后，病毒也会调整为新的方式，产生新的病毒技术，对用户的信息安全造成巨大的破坏。

总的来说，计算机病毒的特征可归纳为如下三个特性：潜伏性、传染性和破坏性。计算机病毒的最典型特征是自我复制，其组成如图 6-2 所示。

计算机病毒程序包括 4 个模块，每个模块都很重要。感染标志模块功能是检测目标是否已经被感染过，如果感染过了，就不再感染，这样可以避免因为感染次数过多，被检测出来。

引导模块首先确定操作系统的类型、内存容量、现行区段、磁盘设置等参数，根据参数的情况，引导病毒，保护内存中的病毒代码不被覆盖。设置病毒的激活条件和触发条件，使病毒处于可激活态，以便病毒被激活后根据满足的条件调用感染模块或破坏表现模块。

感染模块检查目标中是否存在感染标志或感染条件是否满足，如果没有感染标记或条件满足，进行感染，将病毒代码放入宿主程序。

破坏表现模块各种各样，根据编写者的特定目标，对系统进行修改。

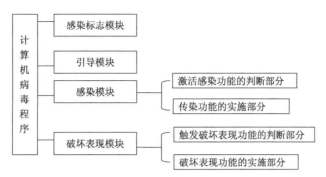

图 6-2　计算机病毒的基本组成

6.2.2　病毒的工作原理

典型的病毒运行机制可以分为感染、潜伏、繁殖和发作 4 个阶段。

1. 感染

在感染阶段，病毒自我复制并传播给目标系统。计算机病毒主要通过电子邮件、外部介质、下载这三种途径进入计算机。利用现在流行的电子邮件，将病毒程序或已被病毒感染的文件作为附件发送出去。当用户收到邮件后运行附件时，病毒进行感染。还有一些病毒将自己隐藏在邮件正文中，趁用户浏览该邮件正文时感染用户的计算机。病毒还可以通过外部介质，如带有病毒的磁盘或光盘，入侵用户的计算机。此外，用户从 Web 站点和 FTP 服务器中下载病毒文件爱女，也是一种常见的感染病毒的方式。

在病毒感染途径中还存在一种特殊情况。比如，1999 年曾在业界引起轩然大波的 Worm. ExploreZip 病毒，只要局域网内的计算机把启动系统的分区设置为完全共享，该病毒就会随意发送自身的备份并实施感染。也就是说，即便计算机用户不主动进行下载，计算机也会自动下载并运行病毒。

2. 潜伏

潜伏指病毒等非法程序为了逃避用户和防病毒软件的监视而隐藏自身行踪的行为。有的病毒已经逐渐具备了非常高级的隐身法。最具代表性的潜伏方法是隐蔽和自我变异。

隐蔽法是指病毒为了隐藏文件已感染病毒的事实，向用户和防病毒软件提供虚假文件大小及其文件属性信息。比如，用户运行受病毒感染的文件后，病毒不仅会感染其他文件，还常驻内存并开始监视用户操作。如果用户运行文件列表显示等命令查看文件尺寸，病毒就会代替操作系统提供虚假信息。

如果病毒将自身拆分并填充到文件的空隙中，用户就很难察觉已经受到病毒感染。也就是说，以文件大小的变化为线索分析感染情况会变得相当困难。

另一种潜伏方法即自我变异，是指病毒通过实际改变自身的形态，来逃避防病毒软件的检测。比如采用花指令技术，在病毒代码中产生一些无用的垃圾代码。每次感染时先对自身进行加密，然后把还原程序及加密密钥嵌入到感染的对象文件中。如果病毒在每次感染其他文件时都改变密钥，将会得到不同的加密代码，每次感染时会生成不同的数据。

3. 繁殖

在这一阶段，病毒不断地潜入到当前主机的其他程序或者由一台计算机向其他计算机进行传播。每个被感染的程序又会成为新的病毒源。

4. 发作

病毒在这一阶段实施各种恶意行为，病毒的功能被执行。其影响可能是无伤大雅的，如显示一行字、颠倒屏幕、发出怪声，也可能伤害力十足，如格式化硬盘、删除文件、中止其他程序运行、占用大量系统资源，甚至直接破坏硬件等。

6.2.3 典型的计算机病毒

1. DOS 病毒

病毒在 DOS 年代是非常疯狂的，其数量多，技巧性也非常强，虽然现在 DOS 病毒已经没有容身之所，但是对 DOS 病毒机理进行研究对于做好反病毒工作还是具有相当大的意义的。

1）引导型病毒

引导型病毒指专门感染磁盘引导扇区和硬盘主引导扇区的计算机病毒程序。引导型病毒又可分为主引导区（Master Boot Record，MBR）病毒和引导区病毒（Boot Record，BR）两类。

对于 DOS 系统来说，有两种不同的引导扇区，即 DOS 引导扇区和硬盘主引导扇区。DOS 引导扇区存在于软盘的第一逻辑扇区或硬盘 DOS 分区的第一逻辑扇区，是用 FORMAT 命令对磁盘格式化时产生的，是引导 DOS 系统或正确使用磁盘的必要条件，数量随着 DOS 逻辑分区数增加而增加。

硬盘主引导扇区则指硬盘的物理地址 0 面 0 道 1 扇区，是用 FDISK 进行硬盘分区时产生的，它属于整个硬盘而不属于某个独立的 DOS 分区，是硬盘正确引导和使用的必要条件。主引导扇区中包括硬盘主引导记录和分区表。主引导记录的作用是检查分区表是否正确及确定哪个分区为引导分区，而分区表的作用则是用来记录硬盘上各分区大小信息。

主引导区病毒又称为分区病毒，寄生在硬盘分区主引导程序所在的 0 面 0 道的第 1 个扇区，典型的病毒有大麻（Stoned）、2708、INT60 病毒等；引导区病毒则寄生在硬盘逻辑 0 扇区或软盘逻辑 0 扇区，典型的病毒有 Brain、小球病毒等。

引导型病毒是一种在 ROM BIOS 后，系统引导时出现的病毒，它先于操作系统，依托的环境是 BIOS 终端服务程序。它利用操作系统的引导模块放在固定的区域，并且控制权的转接方式是以物理地址为依据，而不是以操作系统引导区的内容为依据，因而病毒占据该物理位置即可取得控制权。

2）文件型病毒

文件型病毒是利用计算机系统中的文件来进行传染的。病毒通常以链接或填充的方式附在系统文件中。可被病毒宿主的文件类型很多，为传染方便，文件型病毒一般寄生在系统的可执行文件中（.exe 和 .com 文件）。

可执行文件的加载过程是通过系统中断调用进行的。系统在执行中断调用时首先会将可执行程序加载到内存中，加载完成后从被加载的可执行文件的第一条指令处开始执行。而病毒感染了这类文件后，通常都会修改可执行文件头的参数，使其先执行病毒代码，再转去执行可执行文件真正的代码。这样，文件型病毒就完成了传染工作。

也有一些病毒可以感染高级语言程序的源代码、开发库和编译过程所生成的中间文件。例如，当病毒感染 .C、.PAS 文件并且带毒程序被编译后，就变成了可执行的病毒程序。病毒也可能隐藏在普通的数据文件中，但一般这些隐藏在数据文件中的病毒不是独立存在的，而是需要隐藏在可执行文件中的病毒部分来加载。

2. 脚本病毒

任何语言都是可以编写病毒的，用简单易用的脚本语言编写病毒则尤为简单，并且具有传播快、破坏力大的特点。例如，著名的爱虫病毒及新欢乐时光病毒等都是用 VBS 脚本编写的。另外，还有 PHP、JS 脚本病毒等。

VBS 脚本病毒一般是直接通过自我复制来感染文件的，病毒中的绝大部分代码都可以直接附加在其他同类程序的中间。爱虫病毒则是直接生成一个文件的副本，将病毒代码拷入其中，并以原文件名作为病毒文件名的前缀，.vbs 作为扩展名。VBS 脚本病毒用 VBScript 编写而成，该脚本语言功能非常强大，它们利用 Windows 系统的开放性，通过调用一些现成的 Windows 对象、组件可以直接控制文件系统、注册表。VBS 脚本病毒具有如下几个特点。

（1）编写简单。由于 VBS 脚本语言的简单易用性，一个不太了解病毒原理的计算机使用者也可以在很短的时间内编写出一个新型脚本病毒。

（2）破坏力大。脚本病毒不仅会破坏文件系统和计算机配置，而且还可能导致服务器崩溃，网络严重阻塞。

（3）感染力强，病毒变种多。由于脚本是直接解释执行的，没有复杂的文件格式和字段处理，因此这类病毒可以直接通过自我复制的方式来感染其他同类文件，并且自我的异常处理变得非常容易。也正是因为同样的原因，这类病毒的源代码可读性非常强，造成其变种种类非常多，稍微改变一下病毒结构，或者修改一下特征值，很多杀毒软件可能就无能为力。

（4）病毒生产机实现容易。所谓病毒生产机，就是可以按照用户的要求进行配置，以生成特定病毒的"机器"。这听起来似乎有些不可思议。由于脚本采用的是解释执行的方式，不需要编译，程序中也不需要校验和定位，每条语句分隔得比较清楚，因此可以先将病毒功能做成很多单独的模块，在用户做出病毒功能选择以后，病毒生产机只需要将相应的功能模块拼接起来，再做相应的代码替换和优化即可，实现起来非常简单。目前病毒生产机大多数都是脚本病毒生产机。

正因为上述几个特点，脚本病毒发展非常迅猛，尤其是病毒生产机的出现，使得新型脚本病毒的生成变得非常容易。

VBS 脚本病毒之所以传播范围广，主要依赖于它的网络传播功能。通过 E-mail 附件进行传播是 VBS 脚本病毒采用的非常普遍的一种传播方式。脚本病毒可以通过各种方法得到合法的 E-mail 地址，最常见的就是直接取 Outlook 地址簿中的邮件地址，也可以通过程序在用户文档中搜索 E-mail 地址。下面通过一段 E-mail 附件传播的具体代码来分析 VBS 脚本病毒。

```
Function mailBroadcast ()
    on error resume next
    wscript.echo
    //创建一个Outlook应用的对象
    Set outlookApp = CreateObject ("Outlook.Application")
    If outlookApp= "Outlook" Then
    //获取MAPI的名字空间
    Set mapiObj=outlookApp.GetNameSpace ("MAPI")
    //获取地址表的个数
    Set addrList= mapiObj.AddressLists
    For Each addr In addrList
    If addr.AddressEntries.Count <> 0 Then
    //获取每个地址表的E-mail记录数
    addrEntCount = addr.AddressEntries.Count
    //遍历地址表的E-mail地址
    For addrEntIndex= 1 To addrEntCount
        //获取一个邮件对象实例
        Set item = outlookApp.CreateItem (0)
        //获取具体的E-mail地址
        Set addrEnt = addr.AddressEntries (addrEntIndex)
        //填入收信人地址
        Item.To= addrEnt.Address
        //写入邮件标题
        item.Subject = "病毒传播实验"
        //写入文件内容
        item.Body = "这里是病毒邮件传播测试，收到此信请不要慌张！"
        //定义邮件附件
        Set attachMents=item.Attachments
        attachMents.Add fileSysObj.GetSpecialFolder (0)&"\test.jpg.vbs"
            //信件提交后自动删除
            item.DeleteAfterSubmit = True "" Then
            //发送邮件
            item.Send
            //病毒标记，以免重复感染
            shellObj.regwrite "HKCU\software\Mailtest\mailed", "1"
            End If
        NextEnd IfNext
    End if
    End Function
```

2000年5月4日，一种名为"我爱你"的电脑病毒开始在全世界各地迅速传播。这个病毒是通过Microsoft Outlook电子邮件系统传播的，邮件的主题为"I LOVE YOU"，并包含一个附件。一旦在Microsoft Outlook中打开这个邮件，系统就会自动复制并向地址簿中的所有邮件地址发送这个病毒。"我爱你"病毒，又称为"爱虫"病毒，是一种蠕虫病毒，它与1999年的梅丽莎病毒非常相似。据称，这个病毒可以改写本地及网络硬盘上面的某些文件。用户机器染毒以后，邮件系统将会变慢，并可能导致整个网络系统崩溃。

3. 宏病毒

所谓宏，就是指一段类似于批处理命令的多行代码的集合。宏可以记录命令和过程，然后将这些命令和过程赋值到一个组合键或工具栏的按钮上，当按下组合键时，计算机就会重复所记录的操作。

宏病毒是一种寄存在文档或模板的宏中的计算机病毒。一旦打开文档，其中的宏自动被执行，于是宏病毒就会被激活，转移到计算机上，并驻留在 Normal 模板上。从此以后，所有自动保存的文档都会"感染"这种宏病毒，而且如果其他用户打开了感染病毒的文档，宏病毒就会转移到其计算机上。

宏病毒和普通的病毒不同，它不感染 .exe 或 .com 文件，而是感染文档文件。宏病毒的传染通常是 Word 在打开一个带宏病毒的文档或模板时，激活宏病毒。多数宏病毒包含 AutoOpen、AutoClose、AutoNew 和 AutoExit 等自动宏，通过这些自动宏病毒取得文档（模板）操作权。宏病毒中总是含有对文档读写操作的宏命令。病毒原理简单，制作比较方便，传播速度相对较快。

宏病毒利用的传播介质是各种支持宏的应用软件，例如 Word、Excel、Access、PowerPoint、Project、CorelDraw、Visio、AutoCAD 等。宏病毒通常使用 VBA 程序语言编写，VBA 是一种尤其强有力的程序语言。宏病毒的破坏性在很大程度上与宏语言的能力有关。宏语言越先进，其功能越强大，宏病毒所能造成的破坏也更大。

以 Word 宏病毒为例说明其传播感染过程。Word 宏病毒一般都首先隐藏在一个指定的 Word 文档中，一旦打开了这个 Word 文档，宏病毒就被激活执行，宏病毒要做的第一件事情就是将自己复制到全局宏的区域，使得所有打开的文档都用这个宏。当 Word 退出时，全局宏将被存储在某个全局的模板文档（.dot 文件）中，这个文件的名字通常是"Normal.dot"，即 Normal 模板。如果全局宏模板被感染，则 Word 再启动的时候将自动载入宏病毒并且自动执行。图 6-3 所示为 Word 宏病毒感染过程。

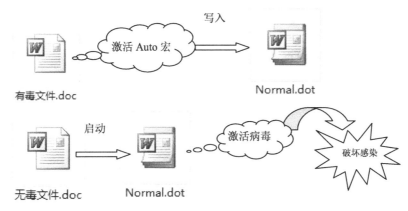

图 6-3　Word 宏病毒感染过程

自 1995 年 8 月，第一个 MS Word 宏病毒 Word Macro/Concept 出现并大面积流行。在 1996 年 7 月，第一个 MS Excel 宏病毒 Laroux 也被发现。1998 年 3 月，微软的 Access 成为了 AccessV 宏病毒的牺牲品，紧接着，PowerPoint 也爆出宏病毒。1999 年，宏病毒数量和影响继续快速增长，受到宏病毒影响的软件中增加了 Corl-Draw 图标编辑文件和 Project 工作调度管理软件。同时，能感染多种类型文件的多重宏病毒开始出现。Triplicate 是已知第一个能同时影响 Word、Excel、PowerPoint 的宏病毒。相对其他病毒而言，宏病毒历史虽然较短，却后来居上，成为数量庞大的一种病毒类型。

宏病毒的肆虐，微软公司从 Office 97 起软件都增加了宏安全性的设置。用户可以设置宏运行的安全性，这样在打开包含宏的文档时，系统会提示是否启用文档中的宏。宏虽然给用户提供了强大的功能，不过实际上宏对大部分用户来说都不是非常必要。在写文档的时候，如果不是必需的，尽量不要采用宏。这样，当在文档中发现了宏即可知道是感染了宏病毒。感染了宏病毒，可以用防治计算机病毒的软件来查杀，也可以手工方式处理：如通过删除宏命令的形式删除宏病毒，通过删除 NORMAL.dot 来除掉 Word 宏病毒；通过高版本的 Word 发现宏病毒，以防万一，当打开怀疑感染了宏病毒的文档时按住 Shift 键，这样可以避免宏自动运行，如果有宏病毒，则不会加载宏。

4. HTML 病毒

随着网络的发展和普及，互联网对人们来说起到了越来越重要的作用，但是与此同时，恶意网页代码的出现，给广大网络用户带来了极大的威胁。HTML 病毒是指在 HTML 文件中用于非法修改或破坏用户计算机配置的 HTML 代码。

早期的网页全部都是使用 HTML 语言编写的静态页面，纯粹的 HTML 语言编写的页面对用户是无害的，而随着网页编制技术的发展，后来又引入了多种脚本技术和 ActiveX 控件技术，用来增强网页浏览的效果，扩展功能，也正是这些技术，导致了 HTML 病毒的出现。

ActiveX 是微软提出的一组用部件对象模型（Component Object Model，COM）使软件部件在网络环境中进行交互的技术集。它与具体的编程语言无关。作为针对 Internet 应用开发的技术，它被广泛应用于 Web 服务器及客户端，而利用 JavaScript 语句，可以轻易地将 ActiveX 嵌入到 Web 页面中。目前，很多第三方开发商编制了各式各样的 ActiveX 控件，供用户下载使用。

IE 可以调用 ActiveX 对象进行很多功能强大的操作，如创建文件、运行程序、写注册表等，但在执行较危险的调用时，IE 会弹出警告信息。例如，将下面运行代码添加到一个 HTML 文件中，运行时会提示："该网页上的某些软件（ActiveX 控件）可能不安全。"建议你不要运行。是否允许运行？单击"确定"按钮，会打开一个命令提示符。

```
〈OBJECT classid=clsid: F935DC22-1CF0-11D0-ADB9-00C04FD58A0B id=wsh〉
〈/OBJECT〉
〈SCRIPT〉wsh.Run ("cmd.exe");
〈/SCRIPT〉
```

如果将"wsh.Run（"cmd.exe"）;"修改为"wsh.Run（"cmd.exe"，false，1）;"，则程序在后台隐藏运行，不为使用者所知晓。

网页恶意代码可以通过 AcitveX 控件调用 RegWrite() 来修改用户计算机的注册表，这也是网页恶意代码采用的最常见的一种行为。

注册表被修改后的常见现象有：

• 修改 IE 标题、首页、搜索页、工具栏背景图。

- E 默认主页被修改锁定。
- 禁止使用鼠标右键。
- 禁止 IE 显示"工具"菜单中的"Internet 选项"。
- 禁止安全项。
- 添加 IE 到自启动项中,使用户每次启动计算机时都会自动打开浏览器访问设置的主页。
- 禁止"开始"菜单"运行"命令;使操作系统无法切换至 DOS 模式。
- 禁用"控制面板"。
- 禁止更改默认浏览器检查。
- 禁止"资源管理器"中的"文件"菜单。
- 更改"我的电脑"、"我的文档"、"回收站"名称。
- 隐藏驱动器盘符。
- 设置硬盘共享以获取用户计算机硬盘资料。
- 禁止用户使用注册表编辑器 regedit.exe 等。

注册表可以说是 Windows 系统的神经中枢和最终极控制台,它包含了系统的所有信息,也可能控制系统的各个角落,网页恶意代码能修改注册表,这无疑是在系统的心脏上插了一把刀。

另外,一些网页恶意代码可以在用户计算机上读、写文件,并执行指定命令,他们可以在用户计算机中写入或者让用户计算机自动下载某个地址的程序或文件并执行,这个文件往往是病毒或者木马。有些网页恶意代码会删除硬盘数据,或者造成系统崩溃。还有的网页通过恶意代码在本地向用户发动拒绝服务攻击,使用户的正常操作无法继续进行,典型方式是采用循环打开数量庞大的 IE 窗口导致用户计算机资源耗尽,或者循坏打开多个消息提示框,影响用户浏览网页。

6.3 蠕虫

6.3.1 蠕虫的定义

蠕虫病毒是一种特殊病毒类型。传统的病毒无论是感染文件还是感染引导区,往其他计算机的传染都是被动的,需要借助计算机用户的行为。

蠕虫病毒则不需要用户的操作,只要病毒驻留内存,它就会主动向其他的计算机进行传播。它与其他病毒相比,具有传染的主动性。

Eugene H. Spafford 对蠕虫的定义:"计算机蠕虫可以独立运行,并能把自身的一个包含所有功能的版本传播到另外的计算机上。"为了区分蠕虫和病毒,给出了一个狭义上的病毒含义:"计算机病毒是一段代码,能把自身加到其他程序包括操作系统上。它不能独立运行,需要由它的宿主程序运行来激活它。"

6.3.2 蠕虫和病毒的区别

计算机病毒和蠕虫都具有传染性和复制功能,主要特性较为一致,导致二者之间难以区分，尤其是近年来病毒和蠕虫所使用的技术互相融合，更加剧了这种情况。不过，对计算机病毒和计算机蠕虫进行区分还是非常有必要的，通过对不同功能特性的分析，可以确定谁是对抗计算机蠕虫的主要因素，谁是对抗计算机病毒的主要因素，从而找到有针对性的对抗方案。

蠕虫和病毒最大的区别是它自身的主动性和独立性。传统的计算机病毒的感染是被动的，需要借助计算机用户的行为。例如，文件型病毒需要用户将被感染的文件复制到另外一台计算机上，如果用户不进行这样的操作，病毒就无法传播。病毒需要插入到宿主程序中，借助于宿主程序来攻击和传播，主要的攻击对象是计算机文件系统。而蠕虫主要利用计算机系统的漏洞进行传播，搜索到网络存在可利用的漏洞的计算机后就主动进行攻击，传播过程不需要人工干预。局域网中的共享文件夹、电子邮件、网络中的恶意网页、大量存在漏洞的主机、服务器等都是蠕虫传播的良好途径和载体。表 6-2 所示为计算机病毒和蠕虫的区别。

表6-2 计算机病毒和蠕虫的区别

	计算机病毒	蠕虫
存在形式	寄生	独立个体
复制形式	插入到宿主程序（文件）中	自身的复制
传染机制	宿主程序运行	系统存在漏洞
攻击目标	本地文件	网络上其他计算机
触发传染	计算机使用者	程序自身
影响重点	文件系统	网络性能、系统性能
防治措施	从宿主文件中清除	为系统打补丁
对抗主体	计算机使用者、反病毒厂商	系统提供商和服务软件提供商、网络管理人员

6.3.3 蠕虫的传播过程

1. 扫描

由蠕虫的扫描功能模块负责探测存在漏洞的主机。当程序向某个主机发送探测漏洞的信息并收到成功的反馈信息后，就得到一个可传播的对象。

2. 攻击

攻击模块按照事先设定的攻击手段，对扫描的主机进行攻击，建立传输通道。

3. 复制

蠕虫的复制模块通过原主机和新主机的交互将蠕虫程序在用户不察觉的情况下复制到新主机并启动。然后搜集和建立被传染计算机上的信息，建立自身的多个副本，在同一台计算机上提高传染效率、判断避免重复传染。

一些蠕虫为了拥有更强的生存能力和破坏能力，还包含了一些扩展模块，比如增加了隐藏模块，用来隐藏蠕虫程序不被检测发现；增加破坏模块用来加强蠕虫的破坏能力，摧毁或破坏被感染计算机，或在被感染的计算机上留下后门程序等；增加通信模块，用于蠕虫间、蠕虫同控制者之间传递指令和信息；增加控制模块，用来调整蠕虫行为，更新其他功能模块，以获得更强的生存能力和攻击能力，这些都将是蠕虫技术发展的重点研究部分。

第一个不需要人为干涉就能在互联网上活动的蠕虫是在 1988 年被罗伯特·莫里斯释放的莫里斯蠕虫。莫里斯蠕虫的出现开创了蠕虫病毒的时代，在这之后诞生的各种蠕虫基本都是使用了和莫里斯蠕虫的相类似的技术。

1999 年，梅丽莎（Melissa）蠕虫病毒的出现改变了这一切。感染了梅丽莎蠕虫病毒的文件在首次打开的时候，蠕虫会打开 Outlook 的地址簿，然后将自身的副本发送到地址簿中的前 50 个邮件地址。为迷惑用户，病毒邮件的标题是一个很多人都关心的话题。

红色代码病毒利用了一个 Windows NT 和 Windows 2000 自带的 Web 服务软件 IIS 存在的缓存溢出漏洞进行快速的传播，在 24 小时内就可快速扩展到全球范围。红色代码之后的 Nimda 病毒更是集成了多种蠕虫的传播方式，成为近期对全球造成损失最大的病毒之一。

6.4 木马

相传在古希腊时期，特洛伊王子帕里斯劫走了斯巴达美丽的王后海伦和大量的财物。斯巴达国王组织了强大的希腊联军远征特洛伊，但久攻不下。这时斯巴达人采用了奥德修斯的计谋，制造了一只高二丈的大木马，假装作战马神，让士兵藏匿于巨大的木马中，同时命令大部队佯装撤退而将木马弃于特洛伊城下。城中得知解围的消息后，遂将"木马"作为奇异的战利品拖入城内，全城饮酒狂欢。到午夜时分，全城军民进入梦乡，匿于木马中的将士出来开启城门四处纵火，城外伏兵涌入，部队里应外合，彻底攻破了特洛伊城。后人称这只大木马为"特洛伊木马"。

在计算机系统中，也存在类似的"特洛伊木马"程序。它最显著的特点是隐蔽性极强，不像其他恶意代码喜欢大肆侵扰用户，木马程序总是"悄无声息"地运行，用户很难察觉自己的信息正在被木马窃取，更谈不上对木马的清除。正因为此，木马程序给信息系统的安全带来了极为严峻的挑战。

6.4.1 木马的概述

木马，又称为"特洛伊木马"（Trojan Horse），在计算机系统和网络系统中，指被植入的、人为设计的程序，目的包括通过网络远程控制其他用户的计算机系统，窃取信息资料，并可恶意致使计算机系统瘫痪。

IETF 制定的 Internet 标准草案（Request for Comments，RFC）1244 中是这样描述木马的："木马程序是一种程序，它能提供一些有用的或仅仅令人感兴趣的功能。但它还有用户所不知道的其他功能，在你不了解的情况下木马可以复制你的文件或窃取你的密码。"这个定义虽然不十分完善，但是可以澄清一些模糊的概念：首先，木马程序并不一定实现某种对用户来说有意义或有帮助的功能，但却会实现一些隐藏的、危险的功能；其次，木马所实现的主要功能并不为受害者所知，只有木马程序编制者最清楚；第三，这个定义暗示"有效负载"是恶意的。

目前，大多数安全专家统一认可的定义是："特洛伊木马是一段能实现有用的或必需的功能的程序，但同时还完成一些不为人知的功能。"

6.4.2 木马的分类

通常意义上，即使不考虑木马定义中所指的欺骗含义，木马的恶意企图也涉及了许多方面。根据传统的数据安全模型的三种分类，木马的企图也可对应分为三种：① 试图访问未授权资源；② 试图阻止访问；③ 试图更改或破坏数据和系统。

从木马技术发展的历程考虑，木马技术自出现至今，大致可以分为如下四代：

第一代木马是伪装型病毒，将病毒伪装成一个合法的程序让用户运行，如 1986 年的 PC-Write 木马。

第二代木马在隐藏、自启动和操纵服务器等技术上有了很大的发展，可以进行密码窃取、远程控制，如 BO 2000 和冰河木马。

第三代木马在连接方式上有了改进，利用端口反弹技术，如灰鸽子木马。

第四代木马在进程隐藏方面做了较大的改动，让木马服务器运行时没有进程，网络操作插入到系统进程或者应用进程中完成，如广外男生木马。

从实现功能的角度，木马可分为：

（1）破坏型。这种木马唯一的功能就是破坏并且删除文件，它们非常简单，很容易使用。能自动删除目标机上的 DLL、INI、EXE 文件，所以非常危险，一旦被感染就会严重威胁到电脑的安全。不过，一般黑客不会做这种无意义的纯粹破坏的事。

（2）密码发送型。这种木马可以找到目标机的隐藏密码，并且在受害者不知道的情况下，把它们发送到指定的信箱。有人喜欢把自己的各种密码以文件的形式存放在计算机中，认为这样方便；还有人喜欢用 Windows 提供的密码记忆功能，这样即可不必每次都输入密码。这类木马恰恰是利用这一点获取目标机的密码，它们大多数会在每次启动 Windows 时重新运行，而且多使用 25 号端口上送 E-mail。如果目标机有隐藏密码，这些木马是非常危险的。

（3）远程访问型。这种木马是现在使用最广泛的木马，它可以远程访问被攻击者的硬盘。只要有人运行了服务端程序，客户端通过扫描等手段知道了服务端的 IP 地址，就可以实现远程控制。

（4）键盘记录木马。这种特洛伊木马非常简单。它们只做一件事情，就是记录受害者的键盘敲击并且在 LOG 文件里查找密码，并且随着 Windows 的启动而启动。它们有在线和离线记录这样的选项，可以分别记录你在线和离线状态下敲击键盘时的按键情况，也就是说你按过什么按键，黑客从记录中都可以知道，并且很容易从中得到你的密码等有用信息，甚至是你的信用卡账户。当然，对于这种类型的木马，很多都具有邮件发送功能，会自动将密码发送到黑客指定的邮箱。

（5）DOS 攻击木马。随着 DOS 攻击越来越广泛的应用，被用作 DOS 攻击的木马也越来越流行起来。当黑客入侵一台机器后，为其种上 DOS 攻击木马，那么日后这台计算机就成为黑客 DOS 攻击的最得力助手。黑客控制的肉鸡数量越多，发动 DOS 攻击取得成功的概率就越大。所以，这种木马的危害不是体现在被感染计算机上，而是体现在黑客利用它来攻击一台又一台计算机，给网络造成很大的伤害和带来损失。

还有一种类似 DOS 的木马叫作邮件炸弹木马，一旦机器被感染，木马就会随机生成各种各样主题的信件，对特定的邮箱不停地发送邮件，一直到对方瘫痪、不能接受邮件为止。

（6）FTP 木马。这种木马可能是最简单、最古老的木马，它的唯一功能就是打开 21 端口，等待用户连接。现在新 FTP 木马还加上了密码功能。这样，只有攻击者本人才知道正确的密码，从而进入对方计算机。

（7）反弹端口型木马。木马开发者在分析了防火墙的特性后发现：防火墙对于连入的链接往往会进行非常严格的过滤，但是对于连出的链接却疏于防范。于是，反弹端口型木马应运而生。

与一般的木马相反，反弹端口型木马的服务端（被控制端）使用主动端口，客户端（控制端）使用被动端口。木马定时监测控制端的存在，发现控制端上线后，立即弹出端口主动连接控制端打开的被动端口；为了隐蔽起见，控制端的被动端口一般开在 80 或其他常用端口，这样即使用户使用扫描软件检查自己的端口，也容易认为是正常的应用，很难想到这是木马在活动。

（8）代理木马。黑客在入侵的同时掩盖自己的足迹，谨防别人发现自己的身份，因此，黑客给被控制的肉鸡种上代理木马，让其变成攻击者发动攻击的跳板，这就是代理木马最重要的任务。通过代理木马，攻击者可以在匿名的情况下使用 Telnet、ICQ、IRC 等程序，从而隐蔽自己的踪迹。

（9）程序杀手木马。上述木马功能虽然形形色色，不过到了对方机器上要发挥自己的作用，还要过防木马软件这一关才行。主流的杀毒软件一般都具备查杀木马的功能，程序杀手木马的作用就是关闭对方机器上运行的这类监控软件，让木马更安全地保留系统中，从而发挥作用。

6.4.3　木马攻击原理

本质上说，木马大多都是网络客户 / 服务（Client/Server）程序的组合。常由一个攻击者控制的客户端程序和一个运行在被控计算机端的服务端程序组成。

当攻击者要利用"木马"进行网络入侵，一般都需完成如下环节：首先向目标主机植入木马，然后，木马程序必须能够自动加载运行，并且能够很好地隐藏自己；最后，服务器端（目标主机）和客户端建立连接，攻击者进行远程控制。具体的木马攻击过程如下。

1. 攻击者植入木马

攻击者要通过木马攻击用户的系统，其所做的第一步是要把木马的服务器端程序植入到用户的电脑中。

目前木马入侵的主要途径还是先通过一定的方法把木马执行文件弄到被攻击者的电脑系统中，如邮件、下载等，然后通过一定的提示故意误导被攻击者打开执行文件，比如谎称这是一个木马执行文件，是你朋友送给你的贺卡，当你打开这个文件后，可能确实有贺卡的画面出现，但这时木马已经悄悄在你的后台运行了。

一般的木马执行文件非常小，大到都是几 KB 到几十 KB，如果把木马捆绑到其他正常文件上，你很难发现。所以，有一些网站提供的下载软件往往捆绑了木马文件，在你执行这些下载的文件，也同时运行了木马。

木马也可以通过 Script、ActiveX 及 Asp、Cgi 交互脚本的方式植入，由于微软的浏览器在执行 Script 脚本上存在一些漏洞，攻击者可以利用这些漏洞传播病毒和木马，甚至直接对浏览者电脑进行文件操作等控制，前不久就出现一个利用微软 Scripts 脚本漏洞对浏览者硬盘进行格式化的 Html 页面。如果攻击者有办法把木马执行文件上载到攻击主机的一个可执行 WWW 目录夹里面，其可以通过编制 Cgi 程序在攻击主机上执行木马目录。

木马还可以利用系统的一些漏洞进行植入，如微软著名的 IIS 服务器溢出漏洞，通过一个 IISHACK 攻击程序即可把 IIS 服务器崩溃，并且同时在攻击服务器执行远程木马执行文件。

2. 自动加载技术

木马程序在被植入目标主机后，不可能寄希望于用户双击其图标来运行启动，只能不动声色地自动启动和运行。在 Windows 系统中，木马程序的**自启动方式**主要有如下 6 种。

① 修改系统启动时运行的批处理文件

通过修改系统启动时运行的批处理文件来实现自动启动。通常修改的对象是 autoexec.bat、winstart.bat、dosstart.bat 三个批处理文件。

② 修改系统文件

木马程序为了达到在系统启动时自动运行的效果，一般需要在第一次运行时修改目标系统的配置文件。通常使用的方法是修改系统配置文件 win.ini 或 system.ini 来达到自动运行的目的。

③ 修改系统注册表

系统注册表保存着系统的软件、硬件及其他与系统配置有关的重要信息。通过设置一些启动加载项目，也可以使木马程序达到自动加载运行的目的，而且这种方法更加隐蔽。

通过向 Windows 系统注册表项

HKEY_LOCAL_MACHINE\Software\Microsoft\Windows\CurrentVersion\

HKEY_CURRENT_USER\Software\Microsoft\Windows\CurrentVersion\

下的 Run、RunOnce、RunOnceEx、RunServices 或 RunServicesOnce 添加键值可以容易地实现木马程序的自启动。如果在带有 Once 的项中添加木马的启动项，则更具隐蔽性，因为带有 Once 的项中的键值在程序运行后将被系统自动删除。

④ 添加系统服务

Windows NT 引入了系统服务的概念，其后的 NT 内核操作系统如 Windows 2000/XP/2003 都大量使用服务来实现关键的系统功能。服务程序是一类长期运行的应用程序，它不需要界面或可视化输出，能够设置为在操作系统启动时自动开始运行，而不需要用户登录来运行它。除操作系统内置的服务程序外，用户也可以注册自己的服务程序。木马程序就是利用了这一点，将自己注册为系统的一个服务并设置为自动运行，这样每当 Windows 系统启动时，即使没有用户登录，木马也会自动开始工作。

⑤ 修改文件关联属性

对于一些常用的文件，如 .txt 文件，只要双击文件图标就能打开这个文件。这是因为在系统注册表中，已经把这类文件与某个程序关联起来，双击这类文件时，系统就会自动启动相关联的程序来打开文件。

修改文件关联属性是打开木马程序常用的手段，通过这一方式，即使用户在打开某个正常的文件时，也能在无意中启动木马。著名的国产木马冰河用的就是这种方式，它通过修改注册表中 HKEY_CLAAES_ROOT\txtfile\shell\open\command 下的键值，将 C：\WINDOWS\\NOTEPAD.EXE %1 修改为 C：\WINDOWS\SYSTEM\SYSEXPLR.EXE %1。

这样一旦双击了 .txt 文件，原本是应该用 Notepad.exe 打开该文件的，现在却变成启动木马程序。其他类似的方式包括修改 .htm 文件、.exe 文件、.zip 文件、.com 文件和 unknown（未知）文件的关联。

⑥ 利用系统自动运行的程序

Windows 系统中有很多程序是可以自动运行的，如在对磁盘进行格式化后，总是运行"磁盘扫描"程序。按 F1 键时，系统将运行 winhelp.exe 或 hh.exe 打开帮助文件。系统启动时，系统将自动启动"系统栏"程序、"输入法"程序、"注册表检查"程序、"计划任务"程序、"电源管理"程序等。这为木马程序提供了机会，通过覆盖相应文件即可获得自动启动的能力，而不必修改系统任何设置。

同一个木马一般都会综合采用多种自动加载方式，以保证自启动的成功执行。

3. 隐藏技术

木马程序与普通程序不同，它在启动之后，要想尽一切办法隐藏自己，保证自己不出现在任务栏、任务管理器和服务管理器中。让程序运行时不出现在任务栏是非常容易的，木马程序基本都实现了这一点。现在木马程序主要解决在任务管理器和服务管理器中的隐藏技术问题。这类的隐藏又分为伪隐藏和真隐藏。伪隐藏是指木马程序的进程仍然存在，只不过是让它消失在进程列表中，但在服务期管理器中很容易发现系统注册过的服务；真隐藏则是让程序彻底地消失，不以一个进程或者服务的方式工作。

4. 监控技术

木马通过客户端 / 服务端模式来建立与攻击者之间的联系。服务端程序接受传入的连接请求和其他命令，为另一端提供信息和其他服务；客户端程序主动发起连接，向服务端发送命令，并接受对端发来的信息。

建立连接时，木马的服务端（植入到目标主机的那部分程序）会在目标主机上打开一个特定的端口，然后从服务端接收木马传回的信息，并向服务端发送命令以控制目标主机。

在建立连接的过程中，对目标主机空闲端口的侦听是木马赖于建立连接的根本。目前所知的木马程序几乎都要用到侦听主机端口这一技术。在计算机可用的 6 万个端口中，通常把端口号为 1 024 以内的端口称为公认端口，它们紧紧绑定一些系统服务，而木马程序常选用端口号为 1 025 到 49 151 的注册端口和端口号为 49 152 到 65 535 的动态 / 私有端口，用于建立与木马客户端的连接，从而实现网络入侵，表 6-3 所示为常见木马使用的端口。

表6-3 常见木马使用的端口

端口号	木马软件	端口号	木马软件
8 102	网络神偷	23 445	网络公牛、netbull
2 000	黑洞2000	31 338	Back Orifice、DeepBO
2 001	黑洞2001	19 191	蓝色火焰

端口号	木马软件	端口号	木马软件
6 267	广外女生	31 339	Netspy Dk
7 306	网络精灵 3.0、Netspy 3.0	40 412	The Spy
7 626	冰河	1 033	Netspy
8 011	WRY、赖小子、火凤凰	121	BO jammerkillahv
23 444	网络公牛、netbull	4 590	ICOTrpjan

建立连接后，客户端端口和服务端端口之间将会出现一条通道，客户端程序可借这条通道与目标主机上的木马服务取得联系，并通过服务端对目标主机进行远程控制。

木马的远程控制功能概括起来有如下几点。

1. 获取目标机器信息

木马的一个主要功能就是窃取被控端计算机的信息，然后再把这些信息通过网络连接传送到控制端。例如，游戏"半条命 2"的源代码泄漏事件，以及轰动一时的 Windows 内核代码泄漏事件，都是由于木马潜入公司雇员的计算机内部，将保密的文件发送给木马的控制端造成的。

2. 记录用户事件

木马程序为了达到控制目标主机的目的，通常想知道目标主机用户在干什么，于是记录用户事件成为木马的又一主要功能。记录用户事件通常有两种方式：一种是记录被控端计算机的键盘和鼠标事件，将记录结果保存为一个文本文件，然后把该文件发送给攻击者，攻击者通过查看文件的方式了解被控端用户的行为；另一种是在被控端抓取当前屏幕，形成一个位图文件，然后把该文件发送到控制端显示，通过抓取的屏幕掌握目标用户的行为。

3. 远程操作

利用木马程序，攻击者可以实现远程关机 / 重启，还可以通过网络控制被控端计算机的鼠标和键盘，也可以通过这种方式启动或停止被控端的应用程序，对文件进行各种操作、盗取密码文件、修改注册表和系统配置等。

6.4.4 木马的检测、清除与防御

1. 木马检测

根据木马工作的原理，木马的检测一般有如下方法：端口扫描和连接检查；检查系统进程；检查 ini 文件、注册表和服务；监视网络通信。

扫描端口是检测木马的常用方法。大部分的木马服务端会在系统中监听某个端口，因此，通过查看系统上开启了哪些端口能有效地发现远程控制木马的踪迹。操作系统本身就提供了查看端口状态的功能，在命令行下键入"netstat –an"可以查看系统内当前已经建立的连接和正在监听的端口，同时可以查看正在连接的远程主机 IP 地址。

对于 Windows 系统，有一些很有用的工具用于分析木马程序的网络行为。例如 Fport，

它不但可以查看系统当前打开的所有 TCP／UDP 端口，而且可以直接查看与之相关的程序名称，为过滤可疑程序提供了方便。

既然木马的运行会生成系统进程，那么对系统进程列表进行分析和过滤也是发现木马的一个方法。虽然现在也有一些技术使木马进程不显示在进程管理器中，不过很多木马在运行期都会在系统中生成进程。因此，检查进程是一种非常有效的发现木马踪迹的方法。使用进程检查的前提是需要管理员了解系统正常情况下运行的系统进程。这样当有不属于正常的系统进程出现时，管理员能很快发现。

Windows 系统中能提供开机启动程序的几个地方：开始菜单的启动项，这里太明显，几乎没有木马会用这个地方。win.ini／system.ini，有部分木马采用，不太隐蔽。注册表中隐蔽性强且实现简单，多数木马采用。服务中隐蔽性强，部分木马采用。

一些特殊的木马程序（如通过 ICMP 协议通信），被控端不需要打开任何监听端口，也无须反向连接，更不会有什么已经建立的固定连接，使得 netstat 或 fport 等工具很难发挥作用。

对付这种木马，除检查可疑进程之外，还可以通过 Sniffer 软件监视网络通信来发现可疑情况。首先关闭所有已知有网络行为的合法程序，然后打开 Sniffer 软件进行监听，若在这种情况下仍然有大量的数据传输，则基本可以确定后台正运行着恶意程序。

这种方法并不是非常准确，并且要求对系统和应用软件较为熟悉，因为某些带自动升级功能的软件也会产生类似的数据流量。

2. 木马清除

知道了木马加载的地方，首先要做的工作当然是将木马登记项删除，这样木马就无法在开机时启动。

不过有些木马会监视注册表，一旦你删除，它立即就会恢复回来。因此，在删除前需要将木马进程停止，然后根据木马登记的目录将相应的木马程序删除。

随着木马编写技术的不断进步，很多木马都带有了自我保护的机制，木马类型不断变化，因此，不同的木马需要有针对性的清除方法。

因此，对普通用户来说，清除木马最好的办法是借助专业杀毒软件或清除木马的软件来进行。普通用户不可能有足够的时间和精力来应付各种有害程序；分析并查杀恶意程序是各大安全公司的专长，所以对大多数用户来说，安装优秀的杀病毒和防火墙软件并定期升级，不失为一种安全防范的有效手段。

虽然木马程序隐蔽性强、种类多，攻击者也设法采用各种隐藏技术来增加被用户检测到的难度，但由于木马实质上是一个程序，必须运行后才能工作，所以会在计算机的文件系统、系统进程表、注册表、系统文件和日志等中留下蛛丝马迹，用户可以通过“查、堵、杀”等方法检测和清除木马。

3. 木马的防范

具体防范技术方法主要包括：检查木马程序名称、注册表、系统初始化文件及服务、系统进程及开放端口，安装防病毒软件，监视网络通信，堵住控制通路和杀掉可疑进程等。

一些常用的防范木马程序的措施如下：及时修补漏洞，安装补丁；运行实时监控程序；培养风险意识，不使用来历不明的软件；即时发现，即时清除。

及时安装系统及应用软件的补丁可以保持这些软件处于最新状态，同时也修复了最新发现的漏洞。通过漏洞修复，最大限度地降低了利用系统漏洞植入木马的可能性。选用实时监控程序、各种反病毒软件，在运行下载的软件之前用它们进行检查，防止可能发生的攻击。同时还要准备如 Cleaner、LockDown、木马克星等专门的木马程序清除软件，用于删除系统中已经存在的感染程序。有条件的用户还可以为系统安装防火墙，这能够大大增加黑客攻击成功的难度。

互联网中有大量的免费、共享软件供用户下载使用，很多个人网站为了增加访问量也提供一些趣味游戏供浏览者下载。而这些下载的软件很可能就是一个木马程序，对于这些来历不明的软件最好不要使用，即使通过了一般反病毒软件的检查也不要轻易运行。对不熟悉的人发来的 E-mail 不要轻易打开，带有附件需更要小心。加强邮件监控系统，拒收垃圾邮件。如实在想接收，最好用查杀病毒或木马软件进行查杀，然后再打开。

在使用电脑的过程中，注意及时检查系统，发现异常情况时，如突然发现蓝屏后死机；鼠标左、右键功能颠倒或者失灵；文件被莫名其妙地删除等，请按前面的办法立即查杀木马。

另外，严禁物理接触，提防他人使用后台监视记录程序来监控自己的计算机。不要以为自己计算机中没有什么吸引人的东西而疏忽大意，很多人使用木马只是出于好奇，想过一把黑客瘾，先用木马控制你的计算机，然后以你的计算机为基础对其他服务器进行攻击，这是潜在的危险因素。

实验6-1 冰河木马实验

（一）实验工具介绍

冰河是一个非常有名的木马工具，它包括两个可运行的程序 G_Server 和 G_Client，其中前者是木马的服务器端，是用来植入目标主机的程序，后者是木马的客户端，即木马的控制台。

冰河的主要功能有自动跟踪目标机屏幕变化（局域网适用），完全模拟键盘及鼠标输入（局域网适用），记录各种口令信息，获取系统信息，限制系统功能，远程文件操作，注册表操作，发送信息，点对点通信，通过使用冰河木马，我们可以实现对远程目标主机的控制。在远程目标主机上运行 G_Server，作为服务端，在当前主机上运行 G_Client，作为控制台。

（二）实验目的

使用"冰河"对目标计算机进行控制；在目标主机（虚拟机）B 上植入木马，即在此主机上运行 G_Sever，作为服务器端；在攻击机（物理机）A 上运行 G_Client，作为控制端，实现对目标主机的控制。

（三）实验步骤

1. 下载和安装木马软件前，关闭杀毒软件的自动防护功能，避免程序被当作病毒而强行终止。

2. 攻击者在攻击主机 A 上运行 G_CLIENT.EXE，如图 6-4 所示。

3. 选择菜单"设置"→"配置服务程序"，如图 6-5 所示。

图 6-4 冰河的主界面

图 6-5 配置木马服务端程序

4. 设置访问口令为"1234567",其他为默认值,单击"确定"按钮生成木马的服务端程序 G_SERVER.EXE。

5. 假设攻击者已经将木马服务端程序偷偷地放入在目标主机 B 上,并在目标主机上已经加载运行了木马程序 G_SERVER.EXE。

在这一步中,为了简化放置木马程序的步骤,可以直接将 G_SERVER.EXE 复制到目标主机上,然后在 DOS 命令模式下,运行 G_SERVER.EXE 即可。

6. 攻击者在攻击主机 A 上,运行木马客户端程序 G_CLIENT.EXE 控制远程主机。

① 打开程序端程序,单击快捷工具栏中的"添加主机"按扭,打开如图 6-6 所示的对话框。

• "显示名称":填入显示在主界面的名称"remoteHost"。

• "主机地址":填入服务器端主机的 IP 地址"192.168.1.223"。

• "访问口令":填入每次访问主机的密码,这里输入"1234567"。

• "监听端口":"冰河"默认的监听端口是 7 626,控制端可以修改它以绕过防火墙。

连接成功后,则会显示远程主机上的信息如硬盘盘符等,如图 6-7 所示。

网络安全基础及应用

图 6-6　添加主机　　　　　　　　　图 6-7　添加主机后的主界面

这时我们就可以像操作自己的电脑一样操作远程目标电脑，比如打开 C：\WINNT\system32\config 目录可以找到对方主机上保存用户口令的 SAM 文件。单击鼠标右键，可以发现有上传和下载功能。即可以随意将虚拟机器上的机密文件下载到本机上，也可以把恶意文件上传到该虚拟机上并运行。可见，其破坏性是巨大的。

②"文件管理器"使用。单击各个驱动器或者文件夹前面的展开符号，可以浏览目标主机内容。如图 6-8 所示，通过浏览可以发现目标主机的敏感信息，如"银行账户"等。

图 6-8　浏览至敏感信息

然后选中文件，单击鼠标右键，在弹出的快捷菜单中选中"下载文件至…"，在弹出的对话框中选择本地存储路径，单击"保存"按钮。成功下载文件后界面如图 6-9 所示。

图 6-9　成功下载文件后界面

③ "命令控制台"使用。单击"命令控制台"的标签,弹出命令控制台界面,如图 6-10 所示,验证控制的各种命令。

口令类命令:展开"口令类命令",如图 6-11 所示。

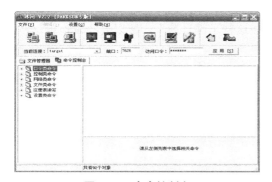

图 6-10 命令控制台

图 6-11 展开"口令类命令"

利用"系统信息及口令"可以查看远程主机的系统信息、开机口令、缓存口令等。利用"历史口令"可以查看远程主机以往使用的口令。"击键记录"可以记录远程主机用户击键记录,以此可以分析出远程主机的各种账户和口令或各种秘密信息。

控制类命令:展开"控制类命令",如图 6-12 所示。

"捕获屏幕"可以使控制端使用者查看远程主机的屏幕。"发送信息"可以向远程计算机发送 Windows 标准的各种信息。"进程管理"可以使控制者查看远程主机上所有的进程,如图 6-13 所示。单击"查看进程"按钮,就可以看到远程主机上存在的进程,甚至还可以终止某个进程,只要选中相应的进程,然后单击"终止进程"按钮即可。

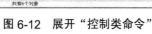

图 6-12 展开"控制类命令"

图 6-13 远程主机进程控制

还有网络类命令、文件类命令、注册表读写等,都可以对目标主机进行相关管理。

中了冰河木马,如何删除呢?删除"冰河"木马的方法如下:

(1)客户端的自动卸载功能,在"控制命令类"中的"系统控制"里面就有自动卸载功能,执行这个功能,远程主机上的木马就会自动卸载。

(2)手动卸载,查看注册表,打开 Windows 注册编辑器。打开 HKEY_LOCAL_MACHINE\SOFTWARE\Microsoft\Windows\CurrentVersion\Run。

如图 6-14 所示,在目录中发现了一个默认的键值 C:\WINNT\system32\kernel32.exe,这就是"冰河"木马在注册表中加入的键值,将它删除。

打开 HKEY_LOCAL_MACHINE\SOFTWARE\Microsoft\Windows\CurrentVesion\Runservices，如图 6-15 所示，在目录中也发现了一个默认的键值 C:\WINNT\system32\kernel32.exe，这也是"冰河"在注册表中加入的键值，将它删除。

上述两个注册表的子键目录 Run 和 Runservices 中存放的键值是系统启动时自启动的程序，一般病毒程序、木马程序、后门程序等都放在这些子键目录下，所以要经常检查这些目录下的程序。

图 6-14　注册表编辑（1）

图 6-15　注册表编辑（2）

然后再进入 C：\WINNT\system32 目录，找到"冰河"的两个可执行文件 Kernel32.exe 和 Sysexplr.exe 文件，将其删除，如图 6-16 所示。

图 6-16　删除木马程序

修改文件关联也是木马常用的手段，"冰河"将 txt 文件的缺省打开方式由 notepad.exe

改为木马的启动程序，除此之外，html、exe、zip、com 等都是木马的目标。所以，最后还需要恢复注册表中的 txt 文件关联功能，只要将注册表中的 HKEY_CLASSES_ROOT\txtfile\shell\open\command 下的默认值，改为 C：\Windows\notpad.exe %1 即可，如图 6-17 所示。

这样，再次重启计算机就删除了"冰河"木马。另外，可以使用杀毒软件查杀，大部分杀毒软件都有查杀木马的功能，可以通过这个功能对主机进行全面扫描来去除木马，彻底删除木马文件。

图 6-17　去除关联

6.5　恶意代码发展新趋势

6.5.1　恶意代码的现状

由各大病毒软件的 2013 年上半年计算机病毒相关报告来看，计算机病毒主要以木马病毒为主，这是由于盗号、隐私信息贩售两大黑色产业链已形成规模。QQ、网游账密、个人隐私及企业机密都已成为黑客牟取暴利的主要渠道。与木马齐名的蠕虫病毒也有大幅增长的趋势。后门病毒复出，综合蠕虫、黑客功能于一体，其危害不容小觑，例如，今年流行的 Backdoor.Win32.Rbot.byb，会盗取 FTP、Tftp 密码及电子支付软件的密码，造成用户利益损失。表 6-4 所示为瑞星公司 2013 年上半年恶意程序统计。

表6-4　瑞星公司2013年上半年恶意程序统计

类别　　　　　　　　　　　　比例	所占比例
木马病毒	71.80%
蠕虫病毒	12.16%
感染性病毒	5.99%
后门病毒	4.05%
恶意广告	1.91%
黑客工具	1.03%
释放器	0.62%
恶意驱动	0.35%
其他类型的病毒	2.09%

再来比较一下 360 公司 2013 年上半年的恶意代码统计,如表 6-5 所示。

表6-5　360公司2013年上半年恶意程序统计

Top10	恶意程序类别名称	云查询拦截量（次）	恶意行为
1	Trojan.Win32.liuliangbao	666 408 651	流量包,后台刷流量
2	Backdoor.Win32.Rbot	216 806 439	后门程序,开启端口,接收黑客指令
3	Trojan.Win32.FakeLPK	168 637 131	LPK恶意劫持程序
4	Trojan.Win32.Downloader	139 943 641	静默更改浏览器首页,下载病毒程序
5	Trojan.Win32.killav	118 961 812	病毒程序,检查常用杀软,并结束杀软
6	Worm.Win32.AutoRun	86 873 812	蠕虫病毒组件,用于网络监控
7	Trojan.PSW.Win32.Genome	73 451 447	盗取游戏账户
8	VirusOrg.Win32.Alman	64 632 578	感染性的感染源文件
9	Worm.Win32.bat	28 977 046	恶意bat文件,添加病毒自启动
10	Worm.Win32.NetSky	17 307 759	蠕虫病毒,发送垃圾邮件

　　在用户进行安全管理时,绝大部分用户安装了防病毒软件和防火墙,部分用户会对信息内容和垃圾邮件过滤。近年新兴的云安全服务,如360云安全、瑞星云安全探针也得到了普及。2013 年 6 月爆发的"棱镜门"事件,广泛引发了民众对自身隐私信息安全的担忧,说明随着全民信息时代的到来,用户对网络安全形势的复杂性有较为明确的认识。防病毒软件免费化及不遗余力的宣传也带动了用户使用的热潮,很多防病毒软件如 360 杀毒、瑞星、金山毒霸等已经成为装机必备。如图 6-18 所示,国家计算机病毒应急处理中心统计的用户采取的主要安全管理技术中,防火墙和防病毒占主要比例,其次是入侵检测和漏洞扫描。

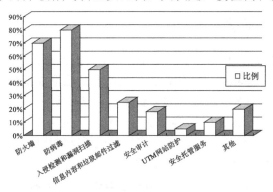

图 6-18　用户的安全管理技术和措施

　　目前,计算机病毒主要通过电子邮件、网络下载或浏览、局域网和移动存储介质等途径传播。其中病毒通过网络下载或浏览进行传播的比例与之前相比较有大幅度的上升,多年排在病毒传播主要途径的首位。移动存储介质如 U 盘、移动播放器、智能手机等也是病毒传播的主要途径。由于用户对于免费资源的危险程度认识不足,导致大量挂马网站成为病毒传播的主要根源之一。

　　近年的计算机病毒主要对密码、账户进行窃取,或使数据受到远程控制、系统（网络）无法使用、浏览器配置被修改等。用户密码、账户是病毒瞄准的主要资源,例如近年出现的支付大盗、传奇私服劫持者、网购木马等木马病毒,会在窃取用户信息后,分类打包或对窃取信息进行深度挖掘，之后出售谋取经济利益。经济利益驱动是病毒制造者编制病毒的主要因素，并且这一态势还将持续。值得庆贺的是，根据微软公司 2013 年 5 月的报告显示，中国个人电脑的恶意程序感染率是全球最低的。

6.5.2　恶意代码的发展趋势

从病毒出现到现在的 20 多年的时间里，一方面，计算机病毒的数量以难以想象的速度增加，并且四周蔓延，肆意为害；另一方面，传统计算机病毒依然活跃，其技术将不断革新，新型病毒层出不穷。

木马和蠕虫病毒凭着自身强大的变种适应能力和背后带来的巨大收益，将在未来很长一段时间内成为困扰用户的巨大隐患。

2013 年 3 月出现的蠕虫病毒 Worm_Vobfus 及其变种，具有木马病毒的特征——连接互联网络中指定的服务器，与一个远程恶意攻击者进行互联通信。自 2009 年牛年出现的"犇牛"（又名"猫癣"）病毒肆虐至今，病毒像"犇牛"病毒一样利用 dll 劫持技术传播流行。各种后门、木马都采用此种方法运行和传播自己，劫持系统的 dll 文件种类也越来越多。随着身份认证 USBKey 和杀毒软件主动防御的兴起，黏虫技术类型和特殊反显技术类型木马逐渐开始系统化。这些融合了新技术的病毒令人防不胜防。

防病毒软件也将百家争鸣。近年的防病毒软件已普遍由收费模式转变为免费模式，为用户提供的各种体验越加丰富。防病毒软件在开发更加强大的杀毒功能的同时，也以此为契机推出了自家相关的系统软件，如 QQ 管家、360 浏览器、金山 WPS 等，这些软件在为用户提供系统管理的功能的同时也在保卫着用户的信息安全。杀毒软件的角力势必带动新技术的产生，这是每位用户喜闻乐见的事情。

云安全服务将成为新趋势。随着采用特征库的判别法疲于应付日渐迅猛的网络病毒大军，融合了并行处理、网格计算、未知病毒行为判断等新兴技术和概念的云安全服务，将成为与之抗衡的新型武器。识别和查杀病毒不再仅仅依靠本地硬盘中的病毒库，而是依靠庞大的网络服务，实时进行采集、分析及处理。整个互联网就是一个巨大的"杀毒软件"，参与者越多，每个参与者就越安全，整个互联网就会更安全。可以预见，随着云计算、云储存等一系列云技术的普及，云安全技术必将协同这些云技术一道，成为为用户系统信息安全保驾护航的有力屏障。

计算机病毒可能带来巨大的收益，使得越来越多的不法分子对这种高科技手段趋之若鹜。网络的发展也令信息资源的共享程度空前高涨。一些病毒代码得以共享，甚至产生了专门编写病毒的软件，结合 VB、JAVA 和 Activex 当前最新的编程语言与编程技术，用户只要略懂一些编程知识，简单操作便可产生具有破坏力和感染力的"同族"新病毒。所以制作病毒难度正在下降，病毒和反病毒的斗争将持续。

本章小结

本章主要介绍了恶意代码的定义和分类，重点介绍了恶意代码中基本的类型——计算机病毒，描述了病毒的定义和基本组成，以及病毒的工作原理，重点介绍了几种典型的计算机病毒：引导型病毒、文件病毒、脚本病毒，宏病毒和 HTML 病毒。蠕虫和木马在恶意代码中所占的比例很大，所以本章重点介绍了什么是蠕虫，以及木马的工作原理和检测、清除的方法，并且以冰河木马为例，给出了木马配置、传播、运行和删除的实验。最后介绍了恶意代码目前的现状和未来的趋势。

本章习题

一、选择题

1. 计算机病毒的特征包括（　　　）。
　　A. 传染性　　　　　B. 潜伏性　　　　　C. 破坏性　　　　　D. 独立性

2. 计算机病毒的组成包括（　　　）。
　　A. 感染模块　　　　B. 引导模块　　　　C. 感染标志模块　　　D. 破坏模块

3. 木马攻击的顺序正确的是（　　　）。
　　　① 与客户端建立连接　② 隐藏　③ 自动加载　④ 攻击者植入木马
　　A. ④②③①　　　　B. ④①②③　　　　C. ④②①③　　　　　D. ④③②①

4. 蠕虫病毒区别于一般病毒的最大特征是（　　　）。
　　A. 传染性　　　　　B. 复制性　　　　　C. 主动性和独立性　　D. 破坏性

5. 引导性病毒属于（　　　）。
　　A. 宏病毒　　　　　B. 蠕虫病毒　　　　C. 邮件病毒　　　　　D. DOS病毒

6. 下面哪一种文件类型可能是宏病毒感染的类型？（　　　）
　　A. exe　　　　　　B. doc　　　　　　C. com　　　　　　　D. ppt

7. DOS 病毒的类型属于（　　　）。
　　A. 脚本病毒　　　　　　　　　　　B. 引导型病毒和文件型病毒
　　C. 宏病毒　　　　　　　　　　　　D. 蠕虫

8. 下列哪种病毒可以直接破坏计算机硬件？（　　　）
　　A. CIH　　　　　　B. 冲击波病毒　　　C. 梅丽莎病毒　　　　D. 尼姆达病毒

9. 下列哪些可能是木马程序的目的？（　　　）
　　A. 试图访问未授权资源　　　　　B. 试图提供用户有意义和帮助的功能
　　C. 试图阻止合法用户的访问　　　D. 试图更改或破坏数据和系统

10. 2010 年 6 月首次被检测出来的"震网（Stuxnet）"病毒属于（　　　）类型的病毒，是第一个专门定向攻击真实世界中的基础（能源）设施，比如核电站、水坝、国家电网，互联网安全专家对此表示担心。
　　A. 目录　　　　　　B. 引导区　　　　　C. 蠕虫　　　　　　　D. DOS

11. 计算机感染特洛伊木马后的典型现象是（　　　）。
　　A. 程序异常退出　　　　　　　　　B. 有未知程序试图建立网络连接
　　C. 邮箱被垃圾邮件填满　　　　　　D. Windows 系统黑屏

12. 下面关于 ARP 木马的描述中，错误的是（　　　）。
　　A. ARP木马利用ARP协议漏洞实施破坏

  B. ARP木马发作时可导致网络不稳定甚至瘫痪

  C. ARP木马破坏网络的物理连接

  D. ARP木马把虚假的网关MAC地址发送给受害主机

二、判断题

1. 恶意代码最初的形式是计算机病毒。（　　　）

2. 蠕虫和一般的计算机病毒没什么区别。（　　　）

3. 宏病毒是一种寄存在文档或模板的宏中的计算机病毒。（　　　）

三、简答题

1. 恶意代码的定义。

2. 病毒的基本特征。

3. 木马的攻击原理。

4. 蠕虫和病毒的区别。

四、论述题

  恶意代码的类型除本文重点讲的病毒：木马、蠕虫之外，还有许多其他的方式，请同学们自己上网搜索它们的攻击方式和入侵实例，如通过 Internet 浏览器攻击、恶意的 Java applet、恶意的 Activex 控件、邮件攻击、即时消息攻击等。

第7章

防火墙和入侵检测

本章要点

- 防火墙的概念和功能。
- 防火墙技术。
- 防火墙的配置部署方案。
- 入侵检测系统概念及分类。
- 防火墙和入侵检测系统实例配置。

7.1 防火墙的概念

在电子信息的世界里，人们借助古代的防火墙概念，用先进的计算机系统构成防火墙，犹如一道护栏隔在被保护的内部网与不安全的非信任网络之间，用来保护敏感的数据不被窃取和篡改，保护计算机网络免受非授权人员的骚扰和黑客入侵，同时允许合法用户不受妨碍地访问网络资源。

目前广泛使用的因特网便是世界上最大的不安全网络，前面介绍的黑客攻击技术一般都是通过 Internet 进行攻击的，对于与 Internet 相连的公司或校园的内部局域网必须要使用防火墙技术保证内部网络的安全性。

防火墙是位于两个（或多个）网络间实施网间访问控制的一组组件的集合，内部和外部网络之间的所有网络数据流必须经过防火墙，而只有符合安全策略的数据流才能通过防火墙，防火墙自身是渗透免疫的。防火墙是在两个网络通信时执行的一种访问控制策略，它能允许"可以访问"的人和数据进入网络，同时将"不允许访问"的人和数据拒之门外，最大限度地阻止网络中的黑客来访问网络。

防火墙通常是单独的计算机、路由器或防火墙盒（专有硬件设备），它们充当访问网络的唯一入口点，并且判断是否接受某个连接请求。只有来自授权主机的连接请求才会被处理，而剩下的连接请求被丢弃。

例如，用户不希望来自 208.243.121.228 的人访问自己的站点，那么就可以在防火墙上配置过滤规则，阻止 208.243.121.228 的连接请求，禁止他们的访问。当这个站点的人试图访问时，在其终端上可以见到诸如 Connection Refused（连接被拒绝）的消息或其他相似的内容（或者它们什么也接收不到，连接就中断了）。

7.2 防火墙的功能

防火墙主要用于保护内部安全网络免受外部不安全网络的侵害，但也可用于企业内部各部门网络之间。当一个公司的局域网连入因特网后，此公司的网管肯定不希望让全世界的人随意翻阅公司内部的工资单、个人资料或客户数据库。通过设置防火墙，可以允许公司内部员工使用电子邮件，进行 Web 浏览及文件传输等工作所需的应用，但不允许外界随意访问公司内部的计算机。

即使在公司内部，同样也存在这种数据非法存取的可能性，如对公司不满的员工恶意修改工资表或财务数据信息等。因此，部门与部门之间的互相访问也需要控制。防火墙也可以用在公司不同部门的局域网之间，限制其互相访问，称为内部防火墙。

防火墙在网络中的部署如图 7-1 所示。

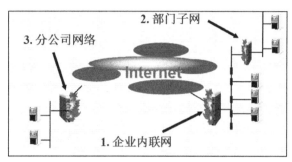

图 7-1 防火墙在网络中的部署

7.2.1 访问控制功能

访问控制功能是防火墙设备最基本的功能，其作用是对经过防火墙的所有通信进行连通或阻断的安全控制，以实现连接到防火墙的各个网段的边界安全性。为实施访问控制，可以根据网络地址、网络协议及 TCP、UDP 端口进行过滤；可以实施简单的内容过滤，如电子邮件附件的文件类型等；可以将 IP 与 MAC 地址绑定以防止盗用 IP 的现象发生；可以对上网时间段进行控制，不同时段执行不同的安全策略；可以对 VPN 通信的安全进行控制；可以有效地对用户进行带宽流量控制。

防火墙实现访问控制的功能是通过防火墙中预设一定的安全规则来实现的，安全规则由匹配条件与处理方式两个部分共同组成，如果数据流满足这个匹配条件，则按规则中对应的处理方式进行处理。大多数防火墙规则中的处理方式主要包括如下几种。

① Accept：允许数据包或信息通过。

② Reject：拒绝数据包或信息通过，并且通知信息源信息被禁止。

③ Drop：直接将数据包或信息丢弃，并且不通知信息源。

所有的防火墙在规则匹配的基础上都会采用如下两种基本策略中的一种。

1. 没有明确允许的行为都是禁止的

该原则又称为"默认拒绝"原则，当防火墙采用这条基本策略时，规则库主要由处理方式为 Accept 的规则构成,通过防火墙的信息逐条与规则进行匹配,只要与其中任何一条匹配,则允许通过,如果不能与任何一条规则匹配则认为该信息不能通过防火墙。

采用这种策略的防火墙具有很高的安全性,但在确保安全性的同时也限制了用户所能使用的服务的种类,缺乏使用的方便性。

2. 没有明确禁止的行为都是允许的

该原则又称为"默认允许"原则,基于该策略时,防火墙中的规则主要由处理手段为 Reject 或 Drop 的规则组成,通过防火墙的信息逐条与规则进行匹配,一旦与规则匹配就会被防火墙丢弃或禁止,如果信息不能与任何规则匹配,则可以通过防火墙。基于该规则的防火墙产品使用较为方便,规则配置较为灵活,但是缺乏安全性。

比较上述两种基本策略,前者比较严格,是一个在设计安全可靠的网络时应该遵循的失效安全原则。而后者则相对比较宽容。现有的防火墙出于保证安全性考虑,大多数基于第一种规则,认为在不能与任何一条规则匹配的情况下,数据包或信息是不能通过防火墙的,但是他们的规则库不仅仅由 Accept 形式的规则构成,同时包含了处理方式为 Reject 或 Drop 的规则,从而提供了规则配置的灵活性和使用方便性。

如图 7-2 所示,在防火墙上可以根据不同的条件,如时间、IP 地址、端口、用户等灵活地制定访问控制策略,有效地满足安全的访问需求。

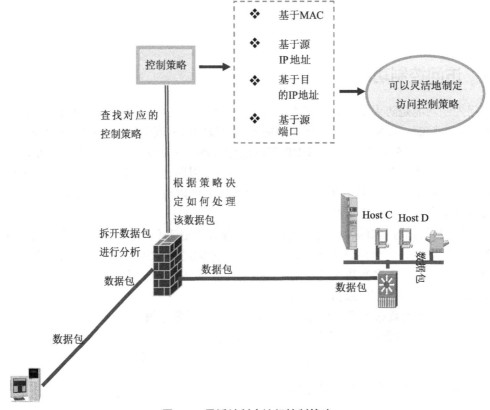

图 7-2 灵活地制定访问控制策略

7.2.2　地址转换功能

防火墙拥有灵活的地址转换（Network Address Transfer，NAT）能力，同时支持正向、反向地址转换。正向地址转换用于使用保留 IP 地址的内部网用户通过防火墙访问公众网中的地址时对源地址进行转换，能有效地隐藏内部网络的拓扑结构等信息。同时内部网用户共享使用这些转换地址，使用保留 IP 地址可以正常访问公众网，有效地解决了全局 IP 地址不足的问题。

内部用户对公众网提供访问服务（如 Web、E-mail 服务等）的服务器。如果保留 IP 地址或者想隐藏服务器的真实 IP 地址，都可以使用反向地址转换来对目的地址进行转换。公众网访问防火墙的反向转换地址，由内部网使用保留 IP 地址的服务器提供服务，同样既可以解决全局 IP 地址不足的问题，又能有效地隐藏内部服务器的信息，对服务器进行保护。

7.2.3　身份认证

防火墙支持基于用户身份的网络访问控制，不仅具有内置的用户管理及认证接口，同时也支持用户进行外部身份认证。防火墙可以根据用户认证的情况动态地调整安全策略。

7.2.4　入侵检测

防火墙的内置黑客入侵检测与防范机制可以通过检查 TCP 连接中的数据包的序号来保护网络免受数据包注入、SYN Flooding Attack（同步洪泛）、DOS（拒绝服务）和端口扫描等黑客攻击。针对黑客攻击手段的不断变化，防火墙软件也能像杀毒软件一样动态升级，以适应新的变化。

7.2.5　日志与报警

防火墙具有实时在线监视内外网络间 TCP 连接的各种状态及 UDP 协议包能力，用户可以随时掌握网络间发生的各种情况。在日志中记录所有对防火墙的配置操作、上网通信时间、源地址、目的地址、源端口、目的端口、字节数、是否允许通过。各个应用层命令及其参数，比如 HTTP 请求及其要取得的网页名。这些日志信息可以用来进行安全分析。

新型的防火墙可以根据用户的不同需要对不同的访问策略做不同的日志，例如，有一条访问策略允许外界用户读取 FTP 服务器上的文件，从日志信息用户就可以知道到底是哪些文件被读取。在线监视和日志信息还能实时监视和记录异常的连接、拒绝的连接、可能的入侵等信息。

7.3　防火墙技术

防火墙有许多种形式，它可以以软件的形式运行在普通的计算机上，也可以以硬件的形式设计在专门的网络设备如路由器中。从使用对象的角度看，防火墙可以分为个人防火墙和企业防火墙。个人防火墙一般是以软件的形式实现的，它为个人主机系统提供简单的访问控制和信息过滤功能，可能由操作系统附带或以单独的软件服务形式出现，一般配置较为简单，价格低廉。而企业防火墙指的是隔离在本地网络与外界网络之间的一道防御系统。企业防火墙可以使企业内部局域网（LAN）与 Internet 之间或者与其他外部网络互相隔离，限制网络间的互相访问，从而保护内部网络。

从防火墙使用的技术上划分：包过滤防火墙、代理服务器型防火墙、电路级网关和混合性防火墙。

7.3.1 包过滤防火墙

在基于 TCP/IP 协议的网络上，所有往来的信息都是以一定格式的数据包的形式传送的，数据包中包含发送者 IP 地址和接收者 IP 地址信息。当这些数据包被送上因特网时，路由器会读取接收者的 IP 地址并选择一条合适的物理线路发送出去，数据包可能经由不同的线路抵达目的地，当所有的包抵达目的地后会重新组装还原。当主机发现 IP 数据包的目的地址不是本机的 IP 地址时，会借助于路由表，通过 IP 数据包的转发功能，将该数据包发送至传输路径中的下一跳地址。

包过滤式防火墙会在系统进行 IP 数据包转发时设定访问控制列表，对 IP 数据包进行访问控制和过滤。包过滤防火墙可以由一台路由器来实现，路由器采用包过滤功能以增强网络的安全性。许多路由器厂商如 Cisco、Bay networks、3COM、DEC、IBM 等的路由器产品都可以用来通过编程实现数据包过滤功能。

当前，几乎所有的包过滤装置（过滤路由器和包过滤网关）都是按如下方式操作的：

（1）对于包过滤装置的有关端口必须设置包过滤规则，也称为过滤规则。

（2）当一个数据包到达过滤端口时，将对该数据包的头部进行分析。大多数包过滤装置只检查 IP、TCP 或 UDP 头部内的字段。

（3）包过滤规则按一定的顺序存储。当一个包到达时，将按过滤规则的存储顺序依次运用每条规则对包进行检查。

（4）如果一条规则禁止转发或接收一个包，则不允许该数据包通过。

（5）如果一条规则允许转发或接收一个包，则允许该数据包通过。

（6）如果一个数据包不满足任何规则，则该包被阻塞，即根据默认拒绝规则设计规则，未明确采取何种行为的数据包一律禁止通过。

将规则按适当的顺序排列是非常重要的。在配置包过滤规则时常犯的一个错误就是将包过滤规则按错误的顺序排列，错误的顺序可能允许某些本想拒绝的服务或数据包通过，这会给安全带来极大威胁。另外，正确良好的顺序可以提高防火墙处理数据包的速度。采用包过滤技术的防火墙经历了静态包过滤和动态包过滤两个发展阶段。

1. 静态包过滤

这种类型的防火墙事先定义好了过滤规则，然后根据这些过滤规则审查每个数据包是否与某一条过滤规则匹配，并采取相应的处理。过滤规则基于数据包的报头信息进行制定，包括 IP 源地址、IP 目标地址、传输协议（TCP、UDP、ICMP 等）、TCP/UDP 目标端口、ICMP 消息类型等，图 7-3 所示为静态包过滤的过程。

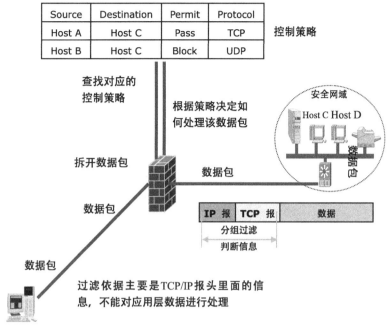

图 7-3　静态包过滤的过程

2. 动态包过滤

这种类型的防火墙采用动态设置包过滤法则的方法，避免了静态包过滤所具有的问题。这种技术后发展成为所谓的包状态检测技术，采用这类技术的防火墙即状态检测防火墙。

状态检测防火墙摒弃了包过滤防火墙仅考查数据包的 IP 地址等几个参数而不关心数据包连接状态变化的缺点，在防火墙的核心部分建立状态连接表，并将进出网络的数据当成一个个的会话，利用状态表跟踪一个会话状态。状态检测对每一个包的检查不仅根据规则表，更考虑了数据包是否符合会话所处的状态，因此提供了完整的对传输层的控制能力。动态包过滤如图 7-4 所示。

采用这种技术的防火墙提取相关通信和状态信息，跟踪其建立的每一个连接和会话状态，动态更新状态连接表，并根据状态连接表的信息动态地在过滤规则中增加或更新条目。

状态检测技术在大幅度提高安全防范能力的同时改进了流量处理速度。状态检测技术采用了一系列优化技术，使防火墙功能大幅度提升，能应用在各类网络环境中，尤其是在一些规则复杂的大型网络上。

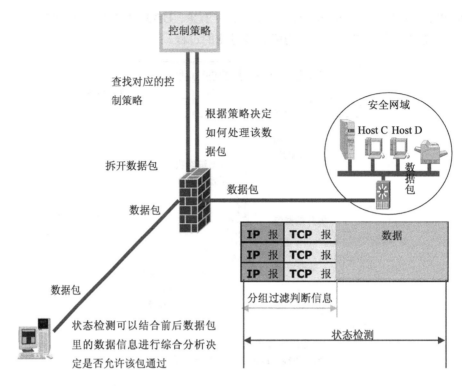

图 7-4   动态包过滤

7.3.2   代理服务器型防火墙

代理服务器型防火墙通过在主机上运行代理的服务程序，直接对特定的应用层进行服务，因此，也称为应用型防火墙。其核心是运行于防火墙主机上的代理服务器程序。

代理服务可以实现用户认证、详细日志、审计跟踪和数据加密等功能，并实现对具体协议及应用的过滤。这种防火墙能完全控制网络信息的交换，控制会话过程，具有灵活性和安全性，但可能影响网络的性能，对用户不透明，且对每一种服务都要设计一个代理模块，建立对应的网关层，实现起来比较复杂。

代理防火墙的发展也经历了如下两个阶段。

1. 代理防火墙

代理防火墙也称为应用级网关。它适用于特定的互联网服务，如超文本传输（HTTP）、远程文件传输（FTP）等。

代理防火墙通常运行在两个网络之间，它对客户来说像一台真的服务器，而对外界的服务器来说，它又是一台客户机。当代理服务器接收到用户对某站点的访问请求后会检查该请求是否符合规定，如果规则允许用户访问该站点，代理服务器会去所请求的站点取回所需信息，再转发给客户。

代理防火墙通常都有一个高速缓存，存储着用户经常访问的站点内容，当下一个用户要访问同一站点时，服务器就不用重复地获取相同的内容，直接将缓存的内容发给用户即可，既节约了时间也节约了网络资源。

代理防火墙像一堵墙一样挡在内部用户与外界之间，从外部只能看到该代理服务器而无法获知任何的内部资源，如用户的内部 IP 地址等，如图 7-5 所示。

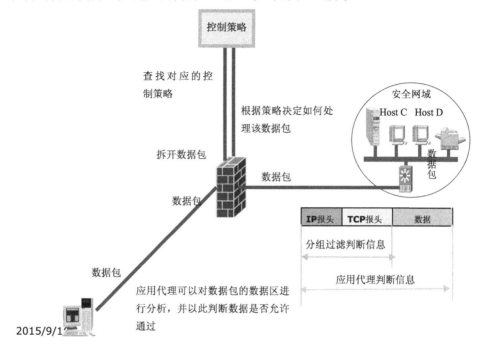

图 7-5　应用代理型防火墙

2. 自适应代理防火墙

自适应代理防火墙是近几年才在商业应用防火墙中广泛应用的一种新型防火墙。它可以结合代理类型防火墙的安全性和包过滤防火墙的高速度等优点，在毫不损失安全性的基础之上将代理型防火墙的性能提高 10 倍以上。组成这种类型防火墙的基本要素有如下两个：自适应代理服务器（Adaptive Proxy Server）与动态包过滤器（Dynamic Packet Filter）。

在自适应代理服务器与动态包过滤之间存在一条控制通道。在对防火墙进行配置时，用户只需将所需要的服务类型、安全级别等信息通过相应代理服务器的管理界面进行设置即可。然后自适应代理就可以根据用户的配置信息，决定是使用代理服务器从应用层代理请求还是从网络层转发包，如果是后者，它将动态地通知包过滤器增减过滤规则，满足用户对速度和安全性的双重需求。

代理型防火墙的最突出优点就是安全。由于它工作在最高层，所以可以对网络中任何一层数据通信进行筛选保护，而不是像包过滤那样只对网络层的数据进行过滤。它采取的是一种代理机制，为每一种应用服务建立一个专门代理，所以内、外部网络之间的通信都需要经过代理服务器审核，通过后再由代理服务器转为连接，根本没有给内、外部网络任何直接会话的机会，从而很好地隐藏了内部用户的信息。同时，它会详细地记录所有的访问状态信息，可以方便地实现用户的认证和授权。

代理防火墙的最大缺点是速度相对比较慢，当用户对外部网络网关的吞吐量要求比较高时，代理防火墙就会成为内、外部网络之间的瓶颈。而且，代理防火墙需要为不同的网络服务建立专门的代理服务，用户不能使用代理防火墙不支持的服务。

7.3.3 电路级网关

电路级网关用来监控受信任的客户或服务器与不受信任的主机间的 TCP 握手信息，这样来决定该会话是否合法，它工作在会话层中。

要使用 TCP 协议，首先必须通过三次握手建立 TCP 连接，然后才能开始传送数据。电路级网关通过检查在 TCP 握手过程中双方的 SYN、ACK 和序列数据是否为合理逻辑，来判断该请求的会话是否合法。如果该网关认为会话是合法的，就会为双方建立连接，这之后网关仅转发数据，而不进行过滤。电路级网关通常需要依靠特殊的应用程序来完成复制传递数据的服务。

电路级网关是一个通用代理服务器，它工作于 OSI 互联模型的会话层或 TCP/IP 协议的 TCP 层。它适用于多个协议，但它不能识别在同一协议栈上运行的不同的应用，当然也就不需要对不同的应用设置不同的代理模块。

电路级网关还提供一个重要的安全功能：网络地址转换（NAT）将所有内部 IP 地址映射到防火墙使用的一个"安全"的 IP 地址上，使传递的数据起源于防火墙，从而隐藏被保护网络的信息。

网络地址转换（NAT），如图 7-6 所示，是一种用于把内部 IP 地址转换成临时的、外部的、注册的 IP 地址的标准。目的是解决 IP 地址空间不足问题和向外界隐藏内部网结构。它允许具有私有 IP 地址的内部网络访问因特网。它还意味着用户不需要为其网络中每台机器取得注册的 IP 地址。

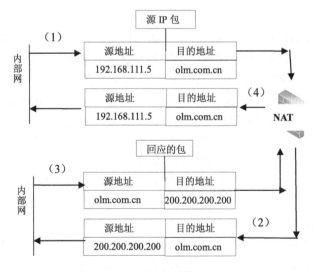

图 7-6　网络地址转换（NAT）

在内部网络一台主机 192.168.111.5 访问外部网络站点 olm.com.cn 时，将产生一个映射记录。系统将外出的源地址和源端口映射为一个公有的地址 200.200.200.200 和端口，让这个公有的地址和端口与外部网络连接，这样对外就隐藏了真实的内部网络地址。

外部网络站点 olm.com.cn 响应内部网络的请求时，它并不知道内部网络的连接情况，而只是通过这个开放的公有 IP 地址 200.200.200.200 和端口来响应访问请求。

防火墙根据预先定义好的映射规则（NAT 映射）来判断访问是否安全。当符合规则时，防火墙认为访问是安全的，可以接受访问请求，也可以将连接请求映射到不同的内部计算机中。当不符合规则时，防火墙认为该访问是不安全的，不能被接受，防火墙将屏蔽外部的连接请求。

网络地址转换的过程对用户来说是透明的。那么这里有一个问题：所有返回数据包目的 IP 都是 200.200.200.200，防火墙如何识别并送回真正主机？方法就是防火墙记住所有发送包的目的端口和源端口，以及防火墙记住所有发送包的 TCP 序列号。

实际上，电路级网关并非作为一个独立的产品而存在，它通常与其他的应用级网关结合在一起，所以有人也把电路级网关归为应用级网关，但它在会话层上过滤数据包，无法检查应用层级的数据包。

7.3.4 混合型防火墙

当前的防火墙产品已不是单一的包过滤型或代理服务器型防火墙，而是将各种安全技术结合起来，综合各类型防火墙的优点，形成一个混合的多级防火墙。

不同的防火墙侧重点不同。从某种意义上来说，防火墙实际上代表了一个网络的访问原则。如果某个网络决定设立防火墙，那么首先需要决定本网络的安全策略，即确定哪些类型的信息允许通过防火墙，哪些类型的信息不允许通过防火墙。防火墙的职责就是根据本单位的安全策略，对外部网络与内部网络交流的数据进行检查，对符合安全策略的数据予以放行，将不符合的拒之门外。

在设计防火墙时，还要确定防火墙的类型和拓扑结构。一般来说，防火墙被设置在可信赖的内部网络和不可信赖的外部网络之间。防火墙可以是非常简单的过滤器，也可能是精心配置的网关，但它们的原理是一样的，都是检测并过滤所有内部网和外部网之间的信息交换，保护内部网络中敏感数据不被偷窃和破坏，并记录内、外部通信的有关状态信息日志，如通信发生的时间和进行的操作等。新一代防火墙甚至可以阻止内部人员将敏感数据向外传输。

防火墙是用来实现一个组织机构的网络安全措施的主要设备，在许多情况下需要采用验证安全和增强私有性技术，来加强网络的安全或实现网络方面的安全措施。

7.4 防火墙配置方案

最简单的防火墙配置，就是直接在内部网和外部网之间加装一个包过滤路由器或者应用网关。为更好地实现网络安全，有时还要将几种防火墙技术组合起来构建防火墙系统。目前比较流行的有如下三种防火墙配置方案：双宿主机模式、屏蔽主机模式和屏蔽子网模式。

7.4.1 双宿主机模式

双宿主机结构采用主机替代路由器执行安全控制功能，故类似于包过滤防火墙，它是外部网络用户进入内部网络的唯一通道。双宿主机的模式结构如图 7-7 所示。

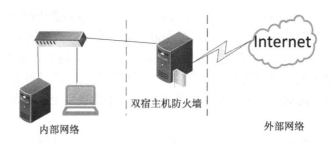

图 7-7 双宿主机的模式结构

双宿主机是用一台装有两个网络适配器的双宿主机做防火墙。双宿主机用两个网络适配器分别连接两个网络，又称为堡垒主机。堡垒主机上运行着防火墙软件，可以转发数据、提供服务等。

双宿主机即一台配有多个网络接口的主机，它可以用来在内部网络和外部网络之间进行寻径，与它相连的内部和外部网络都可以执行由它所提供的网络应用，如果这个应用允许，它们就可以共享数据。如果在一台双宿主机中寻径功能被禁止，则这个主机可以隔离与它相连的内部网络和外部网络之间的通信。如图 7-8 所示，描述了双宿主机模式防火墙的一般工作过程。

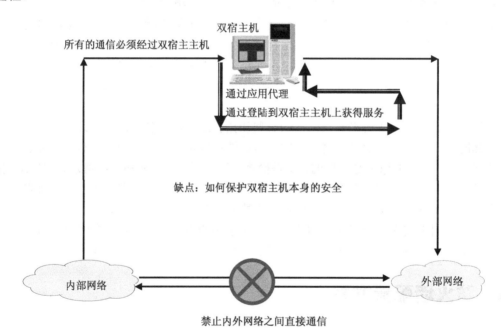

图 7-8 双宿主机模式防火墙的一般工作过程

这样就保证内部网络和外部网络的某些节点之间可以通过双宿主机上的共享数据传递信息，但内部网络与外部网络之间却不能传递信息，从而达到保护内部网络的作用。这种防火墙的特点是主机的路由功能是被禁止的，两个网络之间的通信通过双宿主机来完成。双宿主机有一个致命弱点，一旦入侵者侵入堡垒主机并使该主机只具有路由器功能，则任何网上用户均可以随便访问有保护的内部网络。

7.4.2 屏蔽主机模式

在屏蔽主机模式下，一个包过滤路由器连接外部网络，堡垒主机安装在内部网络上。屏蔽主机模式结构如图 7-9 所示。

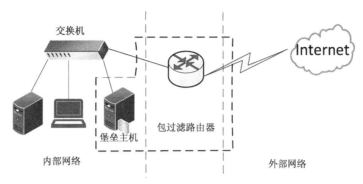

图 7-9 屏蔽主机模式结构

通常在路由器上设立过滤规则，并使这个堡垒主机成为从外部网络唯一可直接到达的主机，这确保了内部网络不受未被授权的外部用户的攻击。屏蔽主机防火墙实现了网络层和应用层的安全，因而比单独的包过滤或应用网关代理更安全。图 7-10 所示为屏蔽主机模式的一般工作过程。

图 7-10 屏蔽主机模式的一般工作过程

在这一方式下，过滤路由器是否配置正确是这种防火墙安全与否的关键，如果路由表遭到破坏，堡垒主机就可能被越过，使内部网完全暴露。

7.4.3 屏蔽子网模式

屏蔽子网模式是目前较流行的一种防火墙结构，采用了两个包过滤路由器和一个堡垒主机，在内外网络之间建立了一个被隔离的子网，定义为"隔离区"，又称为"非军事区"（Demilitarized Zone，DMZ）。屏蔽子网模式的结构如图 7-11 所示。

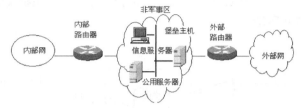

图 7-11　屏蔽子网模式的结构

　　它是为了解决安装防火墙后，外部网络不能访问内部网络服务器的问题，而设立的一个非安全系统与安全系统之间的缓冲区，这个缓冲区位于企业内部网络和外部网络之间的小网络区域内。在这个小网络区域内可以防止一些必须向 Internet 公开的服务器设施，如 Web 服务器、FTP 服务器和论坛等，这样无论是外部用户还是内部用户都可以访问。

　　两个包过滤路由器分别放在子网的两端，其中一个路由器控制 Intranet 数据流，而另一个控制 Internet 数据流，Intranet 和 Internet 均可访问屏蔽子网，但禁止它们穿过屏蔽子网直接通信。在 DMZ 区域可根据需要安装堡垒主机，为内部网络和外部网络的互相访问提供代理服务，但是来自两个网络之间的访问都必须通过两个包过滤路由器的检查。图 7-12 所示为屏蔽子网模式的一般工作过程。

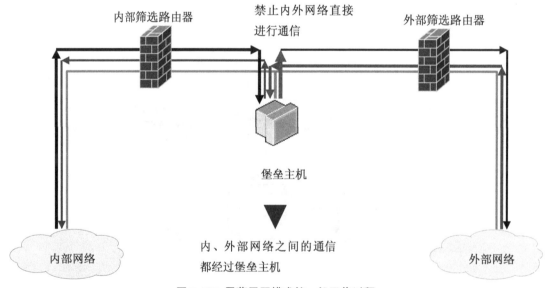

图 7-12　屏蔽子网模式的一般工作过程

　　这种模式安全性高，具有很强的抗功能能力，能更加有效地保护内部网络。比起一般的防火墙方案，对攻击者来说又多了一道关卡。即使堡垒主机被入侵者控制，内部网络仍受到内部包过滤路由器的保护。但其需要的设备多，造价相对高。

实训7-1 Linux iptables防火墙的基本功能实现

（一）实训背景知识

Linux 系统的 iptables 防火墙采用 Netfilter/iptables 架构。Netfilter 组件称为内核空间，它集成在 Linux 的内核中，主要由信息包过滤表（tables）组成，而表由若干个链组成，每条链中可以由一条或者多条规则组成。总的来说，Netfilter 是表的容器，表是链的容器，而链又是规则的容器，如图 7-13 所示。

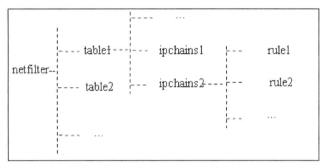

图 7-13　iptables 结构

（1）规则。规则存储在内核的包过滤表中，分别指定了源、目的 IP 地址、传输协议、服务类型等。当数据包与规则匹配时，就根据规则所定义的方法来处理数据包，如放行、丢弃等动作。

（2）链。链是数据包传播的路径，每一条链其实就是众多规则中的一个检查清单，每一条链中可以有一条或数条规则。当数据包到达一条链时，会从链中第一条规则开始检查，看该数据包是否满足规则所定义的条件，如果满足，系统就会根据该条规则所定义的方法处理该数据包；否则将继续检查下一条规则。如果该数据包不符合链中任一条规则，会根据该链预先定义的默认策略处理数据包。

（3）表。Netfilter 中内置有 3 张表：filter 表、nat 表和 mangle 表。其中 filter 表用于实现数据包的过滤、nat 表用于网络地址转换、mangle 表用于包的重构。

filter 表是 iptables 默认的表，主要用于数据包的过滤。filter 表包含了 INPUT 链（处理进入的数据包）、FORWARD 链（处理转发的数据包）和 OUTPUT 链（处理本地生成的数据包）。

nat 表主要用于网络地址转换。nat 表包含了 PREROUTIN 链（修改即将到来的数据包）、OUTPUT 链（修改在路由之前本地生成的数据包）和 POSTROUTING 链（修改即将出去的数据包）。

mangle 表主要用于对指定的包进行修改。在 Linux 2.4.18 内核之前，mangle 表仅包含 PREROUTING 链和 OUTPUT 链。在 Linux 2.4.18 内核之后，包括 PREROUTING、INPUT、FORWARD、OUTPUT 和 POSTROUTING 五个链。 iptables 命令格式：

```
iptables  [-t 表名]  -命令[链名]   匹配条件目标动作
```

图 7-14 所示为 iptables 表的常用命令。

命　令	说　明
-P 或--policy <链名>	定义默认策略。
-L 或--list [链名]	查看 iptables 规则列表，如果不指定链，则列出所有链中的所有规则。
-A 或--append <链名>	在规则列表的最后增加一条规则。
-I 或--insert <链名>	在指定的链中插入一条规则。
-D 或--delete <链名>	从规则列表中删除一条规则。
-R 或--replace <链名>	替换规则列表中的某条规则。
-F 或--flush [链名]	清除指定链和表中的所有规则。如果不指定链，则所有链都被清空。
-Z 或--zero [链名]	将表中数据包计数器和流量计数器归零。
-N 或--new-chain <链名>	创建一个用户自定义的链。
-X 或--delete-chain [链名]	删除链。
-C 或--check <链名>	检查给定的包是否与指定链的规则相匹配。
-E 或--rename-chain <旧链名> <新链名>	更改用户自定义的链的名称。
-h	显示帮助信息。

图 7-14　iptables 表的常用命令

图 7-15 所示为 iptables 命令中的常用匹配规则。

匹配条件	说　明
-i 或--in-interface <网络接口>	指定数据包从哪个网络接口进入，如 eth0、eth1 或 ppp0 等。
-o 或--out-interface <网络接口>	指定数据包从哪个网络接口输出，如 eth0、eth1 或 ppp0 等。
-p 或--protocol [!] <协议类型>	指定数据包匹配的协议，如 tcp、udp 和 icmp 等。!表示除去该协议之外的其他协议。
-s 或--source [!] address[/mask]	指定数据包匹配的源 IP 地址或子网。!表示除去该 IP 地址或子网。
-d 或--destination [!] address[/mask]	指定数据包匹配的目的 IP 地址或子网。!表示除去该 IP 地址或子网。
--sport [!] port[:port]	指定匹配的源端口或端口范围。
--dport [!] port[:port]	指定匹配的目标端口或端口范围。

图 7-15　iptables 命令中的常规匹配规则

图 7-16 所示为 iptables 命令中的常用目标动作选项。

匹配条件	说　明
ACCEPT	接受数据包。
DROP	丢弃数据包。
REDIRECT	将数据包重定向到本机或另一台主机的某个端口，通常用于实现透明代理或对外开放内网的某些服务。
SNAT	源地址转换，即改变数据包的源 IP 地址。
DNAT	目标地址转换，即改变数据包的目的 IP 地址。
MASQUERADE	IP 伪装，即 NAT。MASQUERADE 只用于 ADSL 拨号上网的 IP 伪装。如果主机的 IP 地址静态的，则应使用 SNAT。
LOG	日志功能。将符合规则的数据包的相关信息记录在日志中以便管理员进行分析和排错。

图 7-16　iptables 命令中的常用目标动作选项

（二）实训环境

Linux 系统防火墙（虚拟系统）设置了两块网卡；一个是内部接口，另一个是外部接口。内部网络接口的网卡采用 Custom：VMnet2。IP 地址：10.0.0.1/8。外部网卡采用桥接，IP 地址为：192.168.1.205/24。内网主机配置：Windows XP 系统，网卡采用 Custom：VMnet2，IP 地址：10.0.0.3/8，网关：10.0.0.1。外网主机网络配置：Windows XP 系统，IP 地址：192.168.1.204/24，网关：192.168.1.205。

（三）实训目的

Linux iptables 防火墙连接内外网区域，实现内外网数据包的转发，同时对内外网的通信进行访问控制，构造包过滤防火墙。本实验要求学生能够对 Linux 系统网络做配置，重点掌握 iptables 防火墙基本配置：启动与停止防火墙服务；iptables 命令的基本格式；添加与删除规则。本实验主要完成如下两个任务：允许外网主机 Ping 通防火墙；允许内网主机访问防火墙的 22 端口，不允许外网主机 192.168.1.204 访问防火墙的 22 端口。

（四）实训步骤

1. 打开 Linux 的路由转发功能。

（1）修改内核变量 ip_forward，如图 7-17 所示。

图 7-17　修改"路由转发"内核变量

（2）修改 /etc/sysctl.conf 文件使"net.ipv4.ip_forward"的值设置为 1。

2. Linux 网卡的配置。

（1）eth0 网卡是原来的网卡，已经正常运行，现在需要激活新添加的一块网卡 eth1。在网卡配置脚本目录 /etc/sysconfig/network-scripts，使用命令 cp ifcfg-eth0 ifcfg-eth1，新建了一个和 eth0 相同的 eth1 的配置文件，如图 7-18 所示。

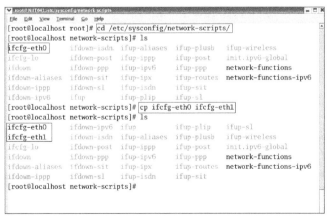

图 7-18　新建网卡接口 eth1 配置文件

（2）使用 vi 命令：vi ifcfg-eth1 修改 eth1 的配置文件，如图 7-19 所示。

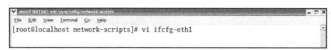

图 7-19　修改 eth1 配置文件

（3）修改设备名称 DEVICE、IP 地址、掩码、网络号及广播地址，如图 7-20 所示，修改后，按 Esc 键，键入：wq 保存退出。

```
DEVICE=eth1
BOOTPROTO=static
BROADCAST=10.0.0.255
IPADDR=10.0.0.1
NETMASK=255.255.255.0
NETWORK=10.0.0.0
ONBOOT=yes
~
```

图 7-20　网络接口 eth1 配置文件设置

（4）使用命令 servcie network restart 重启网络服务，激活 eth1，如图 7-21 所示。

```
[root@localhost root]# service network restart
Shutting down interface eth0:                        [  OK  ]
Shutting down interface eth1:                        [  OK  ]
Shutting down loopback interface:                    [  OK  ]
Setting network parameters:                          [  OK  ]
Bringing up loopback interface:                      [  OK  ]
Bringing up interface eth0:                          [  OK  ]
Bringing up interface eth1:                          [  OK  ]
[root@localhost root]#
```

图 7-21　重启网络服务

（5）使用 ifconfig 命令查看当前的网卡配置，如图 7-22 所示。

```
[root@localhost /]# ifconfig
eth0      Link encap:Ethernet  HWaddr 00:0C:29:AA:86:AA
          inet addr:192.168.1.205  Bcast:192.168.1.255  Mask:255.255.255.0
          UP BROADCAST RUNNING MULTICAST  MTU:1500  Metric:1
          RX packets:1656 errors:0 dropped:0 overruns:0 frame:0
          TX packets:55 errors:0 dropped:0 overruns:0 carrier:0
          collisions:0 txqueuelen:100
          RX bytes:190479 (186.0 Kb)  TX bytes:2534 (2.4 Kb)
          Interrupt:18 Base address:0x1080

eth1      Link encap:Ethernet  HWaddr 00:0C:29:AA:86:B4
          inet addr:10.0.0.1  Bcast:10.0.0.255  Mask:255.255.255.0
          UP BROADCAST RUNNING MULTICAST  MTU:1500  Metric:1
          RX packets:1615 errors:0 dropped:0 overruns:0 frame:0
          TX packets:41 errors:0 dropped:0 overruns:0 carrier:0
          collisions:0 txqueuelen:100
          RX bytes:187719 (183.3 Kb)  TX bytes:1722 (1.6 Kb)
          Interrupt:19 Base address:0x1400
```

图 7-22　ifconfig 命令查看 ip 配置

3. 网卡 eth1 添加并激活后，再使用 iptables –F 命令清除 filter 表的所有链的规则，如果该命令中不指定表名，默认指"filter"表，如图 7-23 所示。

图 7-23　清除 filter 表规则

上述命令等同于 iptables –t filter –F 命令。

如果指定具体链，如 iptables –t filter –F INPUT，则表示删除 filter 表的 INPUT 链规则。

4. 将 filter 表中 3 个链的默认策略设置为拒绝，表示比较严格的防火墙设置。

INPUT、OUTPUT、FORWARD 均大写，–P 表示添加默认策略，DROP 表示拒绝动作，如图 7-24 所示。

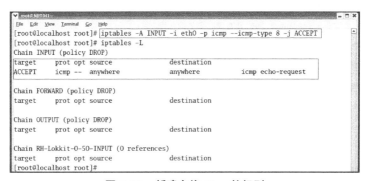

图 7-24　设置 filter 默认策略为"全部拒绝"

任务（一）　允许任何主机Ping通防火墙的外网接口

（1）新建一条规则，允许 Ping 本地的 eth0 端口，数据流是从外部流入防火墙，所以该规则需要在 INPUT 链中建立，–A 表示在 INPUT 链追加一条规则，–i 表示数据包从 eth0 端口流入，–p 表示协议类型，–j 表示采取的动作，如图 7-25 所示。

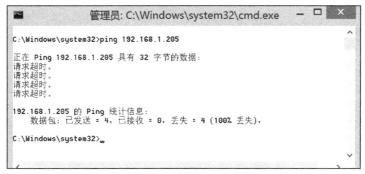

图 7-25　新建允许 Ping 的规则

（2）在外网，Windows XP 客户端系统 192.168.1.204，Ping 防火墙的外网卡，测试该规则是否起作用，如图 7-26 所示。

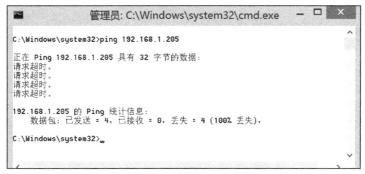

图 7-26　外网客户端 Ping 防火墙外接口

（3）Ping 的结果是不通，为什么？因为防火墙只设置了允许 icmp 的请求数据包通过，没有设置允许 icmp 回应信息通过，如图 7-27 所示。

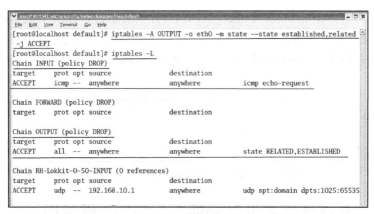

图 7-27　新建规则"允许 ping 的回应包通过"

（4）在外网 xp 上测试，结果 Ping 通了，如图 7-28 所示。

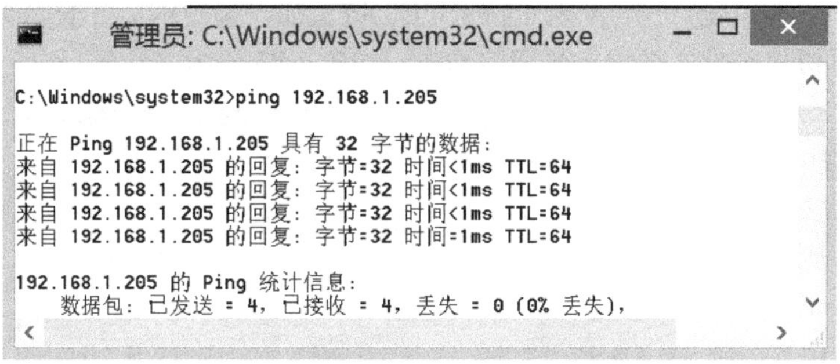

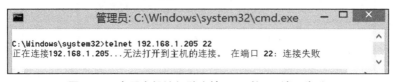

图 7-28　外网客户端 Ping 防火墙外接口

任务（二）ssh登录控制：允许内部网络使用ssh登录到防火墙eth0接口

（1）首先在防火墙新建访问规则之前，先在客户端测试是否能够 telnet 到 22 端口，如图 7-29 所示。

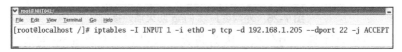

图 7-29　内网主机访问防火墙 eth0 的 22 端口失败

（2）防火墙上建立规则：允许任何主机可 ssh 登录到防火墙的 eth0 接口，插入到第一条规则之前，该规则在 INPUT 链中序号就是 1，如图 7-30 所示。

```
root@ NIIT041:/
File  Edit  View  Terminal  Go  Help
[root@localhost /]# iptables -I INPUT 1 -i eth0 -p tcp -d 192.168.1.205 --dport 22 -j ACCEPT
```

图 7-30　新建规则"允许任何主机 ssh 登录防火墙 eth0"

（3）内外网主机客户端 telnet 防火墙的 22 端口，如图 7-31 所示。

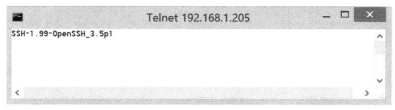

图 7-31　内外网主机 ssh 登录防火墙 eth0 成功

（4）再在防火墙上建立一条规则，禁止外部网络为 192.168.1.204 ssh 登录防火墙 eth0，–s 表示发送数据包的源主机，如图 7-32 所示。

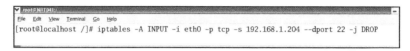

图 7-32　在防火墙上建立一条规则

（5）外网客户端测试，发现仍然可以 telnet 防火墙的 22 端口，建立的拒绝规则不起作用，如图 7-33 所示。

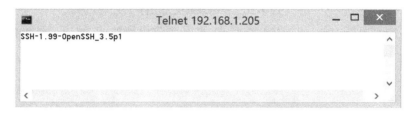

图 7-33　外网客户端仍然可以 ssh 登录防火墙

（6）防火墙在执行规则时是顺序的，由于第（2）步设置任何主机都可以登录防火墙（192.168.1.205）的 22 端口的规则在前，第（4）步建立拒绝外网主机访问在后，所以当外网主机访问防火墙的 22 端口时，应用的是第（2）步规则，而第（4）步规则没有应用到，如图 7-34 所示。

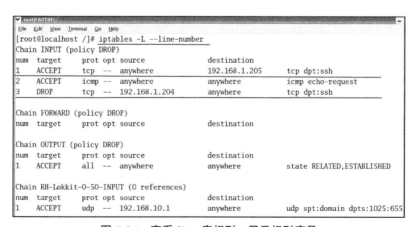

图 7-34　查看 filter 表规则，显示规则序号

（7）调整规则的顺序，把第 3 条拒绝规则移到第一条，即"拒绝规则优先执行"的原则，如图 7-35 所示。

```
[root@localhost /]# iptables -D INPUT 3
[root@localhost /]# iptables -I INPUT 1 -i eth0 -p tcp -s 192.168.1.204 --dport 22 -j DROP
[root@localhost /]#
```

图 7-35　调整规则顺序

（8）显示调整顺序后的规则列表，如图 7-36 所示。

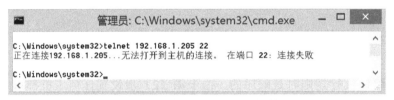

图 7-36　拒绝规则优先执行

（9）测试外网主机 192.168.1.204 能否 ssh 登录到防火墙的 22 端口，结果拒绝登录，如图 7-37 所示。

```
管理员: C:\Windows\system32\cmd.exe

C:\Windows\system32>telnet 192.168.1.205 22
正在连接192.168.1.205...无法打开到主机的连接。 在端口 22：连接失败

C:\Windows\system32>_
```

图 7-37　外网客户端不能 ssh 登录防火墙 eth0

（五）实训总结

Linux iptables 防火墙，比较常用的访问控制规则一般都建立在 filter 表中，应该根据数据包的走向，决定选择在哪个链中建立规则，可以根据源地址、目标地址、端口、协议等进行灵活的访问控制策略的制定。注意规则的建立是有顺序的，一般比较特殊的规则，如拒绝规则放在前面，较为宽泛的规则放在后面，这样可以保证规则都可以被执行到。

7.5　入侵检测系统

防火墙等网络安全技术属于传统的静态安全技术，无法全面彻底地解决动态发展网络中的安全问题，在这一客观前提下，入侵检测系统（Intrusion Detection System）应运而生。

入侵检测系统就是一个能及时检测出恶意入侵的系统，随着入侵事件的实际危害越来越大，人们对入侵检测系统的关注也越来越多，目前它已成为网络安全体系结构中的一个重要环节。

这是一个目前热门的研究领域，难度也较大，它结合了网络安全技术和信息处理技术，要求对多个领域有深刻的理解。其次，入侵事件往往是人为主动实现的，但入侵检测系统只是一个计算机程序，让一个计算机程序去对付一个有知识的人是一件很困难的事情。

7.5.1　入侵检测系统概述

入侵检测是用来发现外部攻击与内部合法用户滥用特权的一种方法，是一种动态的网络安全技术。它利用各种不同类型的引擎，实时或定期地对网络中相关的数据源进行分析，根据引擎对特殊数据或事件的认识，将其中具有威胁性的部分提取出来，并触发响应机制。其动态性反映在入侵检测的实时性、对网络环境的变化具有一定程度上的自适应性，这是以往静态安全技术无法具有的。入侵检测技术作为一种主动防御技术，是信息安全技术的重要组成部分，是传统计算机安全机制的重要补充。

入侵检测系统就是一种利用入侵检测技术对潜在的入侵行为作出记录和预测的智能化、自动化的软件或硬件系统。

有些人认为，系统本身自带的日志功能不就可以记录攻击行为了吗？日志系统虽然可以记录一定的系统事件，但它远远不能完成分析入侵行为的工作，因为入侵行为往往是按照特定的规律进行的，如果没有入侵检测系统的帮助，单靠日志记录将很难告诉管理员哪些是恶意的入侵行为，哪些是正常的服务请求。例如，当有黑客对网站进行恶意的 CGI 扫描时，如果仅仅依靠查看 Apache 自带的 HTTP 连接日志来发现攻击企图几乎是不可能的。

入侵检测系统主要通过监控网络、系统的状态、行为及系统的使用情况，来检测系统用户的越权使用，以及系统外部的入侵者利用系统的安全缺陷对系统进行入侵的企图。

入侵检测系统的组成主要有采集模块、分析模块和管理模块。采集模块主要用来搜集原始数据信息，将各类混杂的信息按一定的格式进行格式化并交给分析模块分析；分析模块式入侵检测系统的核心部件，它完成对数据的解析，给出怀疑值或作出判断；管理模块的主要功能是根据分析模块的结果作决策和响应。管理模块和采集模块一样，分布于网络中。为了更好地完成入侵检测系统的功能，系统一般还有数据预处理模块、通信模块、响应模块和数据存储模块等。

根据数据来源的不同，入侵检测系统常被分为基于主机的入侵检测系统和基于网络的入侵检测系统。

7.5.2　基于主机的入侵检测系统

基于主机的入侵检测系统的数据源来自主机，如日志文件、审计记录等。基于主机的入侵检测系统的检测范围较小，只限于一台主机内。基于主机的入侵检测系统不但可以检测出系统的远程入侵，还可以检测出本地入侵，但是由于主机的信息多种多样，不同的操作系统，信息源的格式就不同，使得基于主机的入侵检测系统实现较为困难。

基于主机入侵检测系统检测的目标主要是主机系统和系统本地用户。它根据主机的审计的数据和系统的日志发现可疑事件，检测系统可以运行在被检测的主机或单独的主机上。基于主机的入侵检测系统结构如图 7-38 所示。

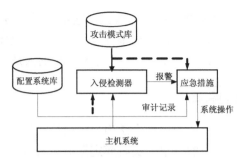

图 7-38　基于主机的入侵检测系统结构

　　它监视特定的系统活动，能深入到具体的系统内部，获得具体的系统行为数据，因而能够检测到一些基于网络的入侵检测系统检测不到的攻击。它可以运行在需要监测的主机上，不需要添加额外的硬件，成本较低，适合于交换和加密环境。

　　相对于基于网络的入侵检测系统，它面向具体的用户行为或应用操作，具有更好的辨识分析能力，它密切关注某一个具体的主机行为，因而对特殊主机事件的敏感性非常高。

1. 监视特定的系统活动

　　基于主机的入侵检测系统监视用户和文件访问活动，包括文件访问，改变文件权限，试图建立新的可执行文件、关键的系统文件，以及可执行文件的更改、试图访问特许服务。可以监督所有用户登录及退出登录的情况，以及每位用户在连接到网络以后的行为，而基于网络的入侵检测系统要做到这种程度是非常困难的。

2. 能够检测到基于网络的系统检测不到的攻击

　　由于基于主机的入侵检测系统能够深入到具体的系统内部，获取具体的系统行为数据，因此，它可以检测到那些基于网络的入侵检测系统检测不到的攻击。例如，对重要服务器的键盘攻击不经过网络，所以它可以躲开基于网络的入侵检测系统，然而却会被基于主机的入侵检测系统发现并拦截。

3. 适用于交换及加密环境

　　由于基于主机的入侵检测系统安装在遍布企业的重要主机上，它们比基于网络的入侵检测系统更加适用于交换及加密的环境。

　　交换设备可将大型网络分成许多的小型网段加以管理。所以从覆盖足够大的网络范围的角度出发，很难确定配置基于网络的入侵检测系统的最佳位置。基于主机的入侵检测系统可安装在所需要的重要主机上，在交换的环境中具有更高的能见度。

　　某些加密方式也对基于网络的入侵检测提出了挑战。根据加密方式在协议堆栈中的位置的不同，基于网络的入侵检测系统可能对某些攻击没有反应，而基于主机的入侵检测系统没有这方面的限制。

4. 不要求额外的硬件

　　基于主机的入侵检测系统存在于现有的网络结构中，包括文件服务器、Web服务器及其他共享资源，它们不需要在网络中另外安装登记、维护及管理的硬件设备，成本较低。

基于主机的入侵检测系统依赖于审计数据或系统日志的准确性和完整性，以及安全事件的定义。若入侵者设法逃避审计或进行合作入侵，该系统就会暴露出其弱点，特别是在现有的网络环境下，单独地依靠主机审计信息进行入侵检测难以适应网络安全的需求。主要表现在如下4个方面：

（1）主机的审计信息弱点，如易受攻击，入侵者可通过使用某些系统特权或调用比审计本身更低的操作来逃避审计。

（2）不能通过分析主机审计记录来检测网络攻击（域名欺骗、端口扫描等）。

（3）IDS 的运行或多或少影响服务器的性能。

（4）只能对服务器的特定的用户、应用程序执行动作、日志进行检测，所能检测到的攻击类型受到限制。

但是如果入侵者已经突破了网络级的安全线，那么基于主机的入侵检测系统对于监测重要服务器的安全状态就会非常有价值。

7.5.3 基于网络的入侵检测系统

随着计算机网络技术的发展，单独地依靠主机审计信息进入入侵检测难以适应网络安全需求，于是人们提出了基于网络的入侵检测系统体系结构，这种检测系统根据网络流量、单台或多台主机审计数据检测入侵。

基于网络的入侵检测系统的数据源是网络流量，检测范围是整个网络，能检测出远程入侵，对于本地入侵它是看不到的。由于网络数据比较规范（TCP/IP 协议的数据包），所以基于网络的入侵检测系统比较易于实现。其基本结构如图 7-39 所示。

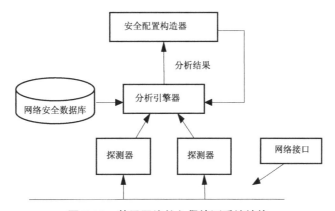

图 7-39 基于网络的入侵检测系统结构

探测器一般由过滤器、网络接口引擎器及过滤规则决策器组成。功能是按一定规则从网络获取与安全事件相关的数据包，传递至分析引擎器进行安全分析判断。分析引擎器将由探测器上接收到的包结合网络安全数据库进行分析，将分析结果传递给配置构造器。配置构造器根据分析引擎的结果构造出探测器所需要的配置规则。

分析引擎器是一个重要部件，用来分析网络数据中的异常现象或可疑迹象，并提取出异常标志。分析引擎器的分析和判断决定了具有什么样特征的网络数据流是非正常的网络行为。

它常用四种入侵和攻击识别技术：根据模式、表达式或字节匹配；利用出现频率或穿越阈值；根据次要事件的相关性；统计学意义上的非常规现象检测。

基于网络的入侵检测系统通常将主机的网卡设成混杂模式（Promiscuous Mode），实时监视并分析通过网络的所有通信业务。它担负着保护整个网段的任务，是安全策略实施中的重要组件。它具备如下特性。

1. 实施成本较低

一个网段上只需安装一个或几个基于网络的入侵检测系统，便可以监测整个网段的情况。且往往由单独的计算机做这种应用，因此不会给运行关键业务的主机带来负载上的增加。

2. 全面而准确地识别攻击特征

基于网络的入侵检测系统检查所有流经网络的数据包，从而发现恶意或可疑的行动迹象。例如，许多拒绝服务攻击（DOS）和teardrop攻击数据包只能在它们经验网络时，通过检查数据包头才能发现。而基于主机的入侵检测系统无法做到这一点。

基于网络的入侵检测系统还可以检查数据包有效负载的内容，查找用于特定攻击的指令或语法。而基于主机的入侵检测系统不能识别数据包中有效负载所包含的攻击信息。

3. 攻击者不易转移证据

基于网络的入侵检测系统利用对正在发生的网络通信进行实时攻击的检测，所以攻击者无法转移证据。被捕获的数据不仅包含攻击的方法，而且还包含可识别的黑客身份及对其进行起诉的信息。

4. 实时检测和响应

基于网络的入侵检测系统可以在攻击发生的同时将其检测出来，并做出实时的响应。例如，当基于网络的入侵检测系统发现一个基于TCP的对网络进行的DOS时，可以通过该系统发出TCP复位信号，在该攻击对目标主机造成破坏前，将其中断。而基于主机的系统只有在可疑的登录信息被记录下来以后才能识别攻击并作出反应。而这时关键系统可能早就遭到了破坏，或者运行基于主机的入侵检测系统的主机已被摧毁。

5. 检测未被成功的攻击和不良的意图

基于网络的入侵检测系统能获得许多有价值的数据，以判别不良的意图。即便防火墙可能正在拒绝这些尝试，位于防火墙之外的基于网络的入侵检测系统也可以查出躲在防火墙后的攻击意图。基于主机的入侵检测系统无法跟踪未攻击到防火墙内主机的未遂攻击，而这些丢失的信息对于评估和优化安全策略是至关重要的。

6. 操作系统无关性

基于网络的入侵检测系统作为安全检测资源，与主机的操作系统无关。与之相比，基于主机的入侵检测系统必须在特定的、没有遭到破坏的操作系统中才能正常工作。

实训7-2　SessionWall-3入侵检测系统的基本配置

（一）实训工具介绍

SessionWall-3 是 CA（Computer Associates）出品的网络管理和防止黑客入侵的软件，基于网络的入侵检测系统，内置大量黑客规则，有效阻挡黑客和病毒的攻击。SessionWall-3 是一种易于使用的软件型网络分析方案。它对网络流量进行监听，并对传输内容进行扫描、显示、报告、记录和报警，并提供了全面地查看有关内容的途径，以易于理解的方式提供了相应的信息。

SessionWall-3 可以被安装到任何连接到网络上的 NT4.0/5 机器上，并可以对一个或多个以太网、Token Ring 和 FDDI 局域网段中的网络流量进行处理。企业版的 SessionWall 可以随时监控网络内的所有机器，并能抓拍和还原网络内机器的 Internet 浏览页面，捕捉所有电子邮件和其中附件，随时按（端口／协议／流量／应用）阻断网络内机器的网络活动。

（二）实训环境

实验需要两台机，一台攻击者 192.168.1.6/24，一台目标主机（肉机）兼 IDS 系统 192.168.1.15/24。本实验 IDS 和攻击主机都是虚拟系统，均使用桥接方式，即和物理机满足同一 hub 互联。

（三）实训目的

攻击者在客户端对目标主机进行攻击，观察 IDS 系统是否可以检测得到。一共模拟两次攻击，一次是扫描攻击，即攻击者使用扫描软件对目标主机进行扫描，观察 IDS 的状态；第二次攻击者对目标主机进行 telnet 攻击，IDS 服务器需要新建立一条"telnet"入侵监测规则，当检测 telnet 协议的数据包时，要对这一事件进行记录、报警，并且运行一个程序——打开命令行或者记事本文档。

（四）实训步骤

1. 虚拟机 Windows 2000 Server 系统作为 IDS 系统，安装 SessionWall 软件，如图 7-40 所示。安装过程需要输入序列号，安装完成后需要重启系统，如图 7-41 所示。

2. 安装好 SessionWall 的状态，如图 7-42 所示。

图 7-40　安装 SessionWall

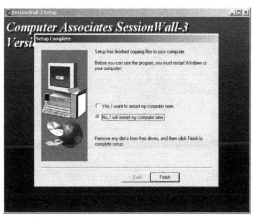

图 7-41　安装后重启计算机

3. 在客户端使用端口扫描软件对目标主机进行扫描，观察 IDS 是否有报警出现，并查看 IDS 是通过哪条入侵检测规则进行报警的，如图 7-43 所示，攻击者使用 xscan 扫描器对目标进行扫描。

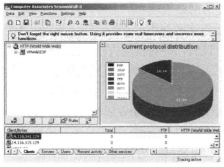

图 7-42　SessionWall 的主界面　　　　　　　　图 7-43　扫描目标主机

目标主机的 IDS 有入侵检测的报警，单击铃铛图标的"Show Alert Message"按钮，查看报警信息，如图 7-44 所示，发现有"扫描攻击"提示。

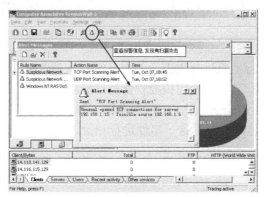

图 7-44　查看报警信息

单击人像图标的"Show Security Vialocations"按钮，如图 7-45 所示，显示"安全违规行为"信息。

4. 单击 IDS 的主菜单"Functions"→"Intrusion Attempt Detection Rules"，如图 7-46 所示，建立一条新的入侵检测规则。该规则可以检测 telnet 协议数据包，并对这一事件进行记录、报警，运行一个程序——打开记事本文档。

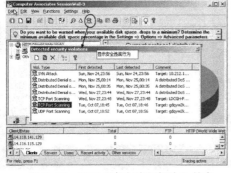

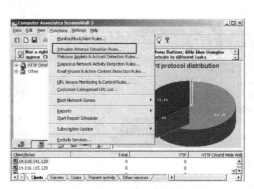

图 7-45　显示"安全违规行为"信息　　　　　　图 7-46　新建入侵检测规则

① 打开入侵检测规则列表，如图 7-47 所示。

② 选择"Edit Rules"→"New"→"Insert before"命令，插入一条新的入侵检测规则，如图 7-48 所示。

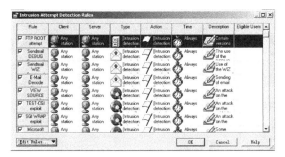

图 7-47 打开入侵检测规则列表

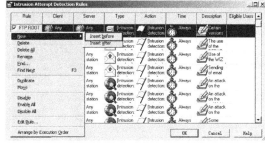

图 7-48 插入一条新的入侵检测规则

③ 添加新规则名称"telnet attempt"，如图 7-49 所示。

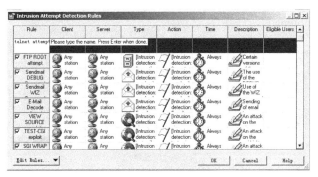

图 7-49 添加新规则名称

④ 编辑该规则，设置 telnet 协议数据包源站点 Client，目的站点 Server，如图 7-50 所示。

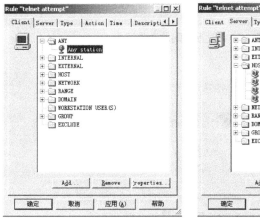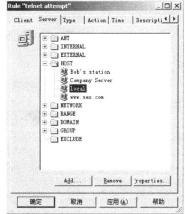

图 7-50 设置规则适应的站点信息

⑤ 编辑该规则，设置协议类型为"Telnet"和满足该协议的要求"Include All"，如图 7-51 所示。

图 7-51 设置规则的协议类型

⑥ 点击规则编辑的"Action"选项，单击"Add"按钮，添加满足规则时，采取的动作：记录、报警，运行"notepad"，如图 7-52 所示。

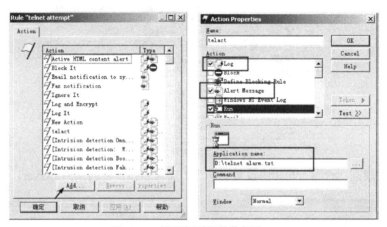

图 7-52 设置规则的动作行为

⑦ 新建的规则，如图 7-53 所示。

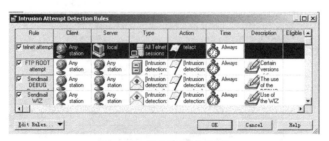

图 7-53 显示新建的规则

5. 模仿攻击者，在客户端 192.168.1.6 主机上，对目标主机 192.168.1.15 进行 telnet 登录，如图 7-54 所示，测试 IDS 能够利用新建的规则"telnet attempt"监测到该攻击行为。

图 7-54　攻击主机 telnet 目标

6. 在目标主机的 IDS 上，捕获并检测到了这一行为，弹出了规则当中设置的动作，运行了记事本文件 telnet alarm.txt，如图 7-55 所示。

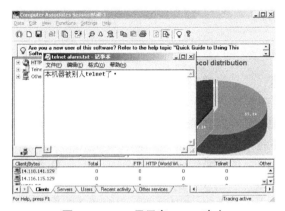

图 7-55　IDS 显示有 telnet 攻击

7. 查看报警信息，和预设的信息一致，如图 7-56 所示。

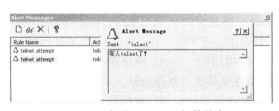

图 7-56　查看"telnet"报警信息

8. 在 IDS 主界面中，查看被应用到的入侵检测规则："telnet attempt"，就是新建的规则，如图 7-57 所示。

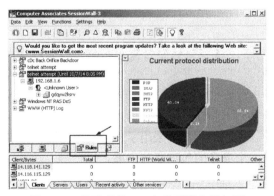

图 7-57　显示当前 IDS 起作用的入侵规则

本章小结

防火墙和入侵检测都是保护内部网络的关键技术，防火墙相当于一个门卫，入侵检测相当于一个监控，两者合作可以实现对内部网络有效地保护。本章分别讲解了防火墙和入侵检测的功能和原理及技术，重点介绍了防火墙的技术和三种配置方案，以 Linux 的 iptables 为例让学生理解防火墙策略的配置。入侵检测为防火墙起到补充的作用，通过 SessionWall 的案例实验，可以很好地理解入侵检测的作用。

本章习题

一、选择题

1. 包过滤防火墙通过（　　）来确定数据包是否能通过。

 A. 路由表   B. ARP表   C. NAT表   D. 过滤规则

2. 包过滤防火墙对通过防火墙的数据包进行检查，只有满足条件的数据包才能通过对数据包的检查内容，一般不包括（　　）。

 A. 源地址   B. 目的地址   C. 协议   D. 有效载荷

3. 下列关于网络防火墙说法错误的是（　　）。

 A. 网络防火墙不能解决来自内部网络的攻击和安全问题

 B. 网络防火墙能防止受病毒感染的文件的传输

 C. 网络防火墙不能防止策略配置不当或错误配置引起的安全威胁

 D. 网络防火墙不能防止本身安全漏洞的威胁

4. 包过滤型防火墙工作在（　　）。

 A. 会话层   B. 应用层   C. 网络层   D. 数据链路层

5. 入侵检测是一门新兴的安全技术，是作为继（　　）之后的第二层安全防护措施。

 A. 路由器   B. 防火墙   C. 交换机   D. 服务器

6. 下列哪一项是关于基于主机的入侵检测系统的优点？（　　）

 A. 误报率高   B. 可以监控网络上的信息流

 C. 不影响服务器性能   D. 提升被保护系统的安全性

二、判断题

1. 包过滤防火墙在进行 IP 数据包转发时需要匹配包过滤规则，包过滤规则的排列顺序不影响包的转发。（　　）

2. 防火墙规则的设计要保持简单性。（　　）

3. 访问控制是防火墙最基本的功能。（　　）

4. 防火墙部署方案中屏蔽子网模式，采用了一个包过滤路由器和一个堡垒主机。（　　）

5. Linux iptables 就是一个典型的包过滤防火墙。（　　）

6. 状态检测技术对每一个包的检查不仅根据规则表，更考虑了数据包是否符合会话所处的状态，因此提供了完整的对传输层的控制能力。（　　）

7. 入侵检测技术功能类似于系统自带的日志，仅仅记录用户入侵的行为。（　　）

三、简答题

1. 防火墙的功能有哪些？
2. 入侵检测技术的原理是什么？
3. 简述代理防火墙的工作原理及其优缺点。
4. 基于网络的入侵检测和基于主机的入侵检测的区别是什么？

四、实验题

请学生课后完成下面两个关于 Linux iptables 实现 NAT 功能的实验。

（1）假设某企业网中 Linux 服务器安装了双网卡，eth1 连接内网，IP 地址为 192.168.0.1，eth0 连接外网，配置静态 IP 地址 222.206.160.100，公网 IP 地址池为 222.206.160.101-222.206.160.150。企业内部网络的客户机都只有私有 IP 地址。利用 Linux 服务器的 NAT 功能，使企业内部网络的计算机能够连接 Internet 网络。

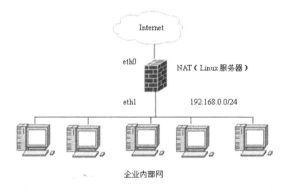

（2）假设某企业网中 Linux 服务器安装了双网卡，eth0 连接外网，IP 地址为 222.206.160.100。eth1 连接内网，IP 地址为 192.168.0.1。企业内部网络 Web 服务器的 IP 地址为 192.168.1.2。要求当 Internet 网络中的用户在浏览器中输入 http：// 222.206.160.100 时可以访问到内网的 Web 服务器。

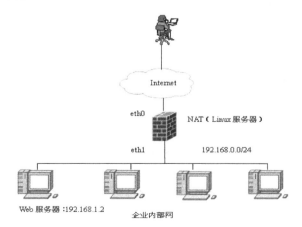

IP与Web安全

- IPSec 协议的工作原理。
- SSL/TLS 技术的原理和应用。
- 虚拟专用网技术类型和工作原理。

8.1　TCP/IP安全概述

随着计算机网络的发展和网络共享性及互连性程度的扩大，因特网日益成为信息交换的主要手段。机密数据、商业数据等敏感信息对网络安全提出了更高的要求。TCP/IP 协议作为当前最流行的互联网协议，却在设计时并未考虑到未来的安全需要，因此协议中有诸多安全问题。而协议的安全缺陷与电脑病毒的存在，使得网络环境面临极大的危险。

TCP/IP 协议起源于上世纪 60 年代末美国政府资助的一个分组交换网络研究项目，到上世纪 90 年代已发展成为计算机之间最常用的组网形式，它是一个真正的开发系统，支持不同操作系统的主机及不同类型网络的互联。TCP/IP 协议是一组不同层次上的多个协议的组合。在第 2 章中，已经对 TCP/IP 的层次进行了详细的描述。

IP 协议是 TCP/IP 网络层唯一的核心协议。这一点是 TCP/IP 协议得以广泛应用的重要原因。因为无论网络采用何种协议，所有的 TCP、UDP 及其他协议数据包都被 IP 数据报直接封装，作为其数据字段进行传输，这对异构网络的互联提供了极大的灵活性。IP 协议主要负责数据包的分片与重组、路由选择等。

8.2　IPSec协议

IPSec 是 IETF 制定的为保证在 Internet 上传送数据的安全保密性能的三层隧道加密协议。IPSec 在 IP 层对 IP 报文提供安全服务。IPSec 协议本身定义了如何在 IP 数据包中增加字段来保证 IP 包的完整性、私有性和真实性，以及如何加密数据包。使用 IPSec，数据就可以安全地在公网上传输。IPSec 提供了两个主机之间、两个安全网关之间或主机和安全网关之间的保护。

IPSec 定义了一种标准的、健壮的，以及包容宽泛的机制，可用它为 IP 及上层协议（比如 TCP 或 UDP）提供安全保证。IPSec 为 IPv 4 和 IPv 6 提供具有较强的互操作能力、高质量和基于密码技术的安全能力，在网络层实现多种安全服务，包括访问控制、数据完整性、数据源验证、抗重播和机密性等。IPSec 通过支持一系列加密算法如 DES、三重 DES 、IDEA 和 AES 等确保通信双方的机密性。

8.2.1　IPSec基本工作原理

IPSec 的工作原理类似于包过滤防火墙，可以看作对包过滤防火墙的一种扩展。当接收到一个 IP 数据包时，包过滤防火墙使用其头部在一个规则表中进行匹配。当找到一个相匹配的规则时，包过滤防火墙就按照该规则制定的方法对接收到的 IP 数据包进行处理。处理工作只有两种：丢弃或转发。

IPSec 通过查询安全策略数据库（Security Policy Database，SPD）决定对接收的 IP 数据包的处理。SPD 中存储了 IPSec 协议的安全策略，其每个条目都定义了要保护的是什么通信，怎样保护，以及和谁共享这种保护。但 IPSec 不同于包过滤防火墙的是，对 IP 数据包的处理方法除丢弃、直接转发（绕过 IPSec）外，还有一种，即进行 IPSec 处理。正是这新增添的处理方法提供了比包过滤防火墙更进一步的网络安全性。

进行 IPSec 处理意味着对 IP 数据包进行加密和认证。包过滤防火墙只能控制来自或去往某个站点的 IP 数据包的通过，可以拒绝来自某个外部站点的 IP 数据包访问内部某些站点，也可以拒绝某个内部站点对某些外部网站的访问。但是包过滤防火墙不能保证自内部网络出去的数据包不被截取，也不能保证进入内部网络的数据包未经过篡改。只有在对 IP 数据包实施了加密和认证后，才能保证在外部网络传输的数据包的机密性、真实性、完整性，通过 Internet 进行安全的通信才成为可能。IPSec 既可以只对 IP 数据包进行加密，或只进行认证，也可以同时实施二者。

但无论是进行加密还是进行认证，IPSec 都有两种工作模式：一种是传输模式，另一种是隧道模式。

1）传输模式

该模式主要用于两台主机之间，保护传输层协议头，实现端到端的安全。只对 IP 数据包的有效负载进行加密或认证。此时，继续使用以前的 IP 头部，只是传输层数据被用来计算 IPSec 头，IPSec 头和被加密的传输层数据被放置在原 IP 包头后面。

2）隧道模式

该模式主要用于主机和路由器之间或者两台路由器之间，保护整个 IP 数据报。隧道模式对整个 IP 数据报进行加密或认证，即用户的整个 IP 数据包被用来计算 IPSec 头，且被加密。此时，需要新产生一个 IP 头部，IPSec 头部被放在新产生的 IP 头部和以前的 IP 数据报之间，从而组成一个新的 IP 头部。

8.2.2　IPSec的组成

IPSec 主要功能为加密和认证，为了进行加密和认证，IPSec 还需要有密钥的管理和交换的功能，以便为加密和认证提供所需要的密钥并对密钥的使用进行管理。IPSec 结合了三个主要的协议从而组成一个和谐的安全框架。这三个协议分别是 Internet 密钥交换（IKE）协议、封装安全载（ESP）协议和认证头（AH）协议。

（1）IKE（Internet Key Exchange）主要用途是在 IPSec 通信双方之间建立起共享安全参数及验证过的密钥，也就是建立"安全关联"SA 关系，是一种服务协议。

（2）报文验证头协议（Authentication Header，AH）主要提供的功能有数据源验证、数据完整性校验和防报文重放功能，可选择的散列算法有 MD5（Message Digest）、SHA1（Secure Hash Algorithm）等。AH 插到标准 IP 包头后面，它保证数据包的完整性和真实性，防止黑客截断数据包或向网络中插入伪造的数据包。AH 采用了 hash 算法来对数据包进行保护。AH 没有对用户数据进行加密。

（3）报文安全封装协议（Encapsulating Security Payload，ESP）具有所有 AH 的功能，还可以利用加密技术保证数据的机密性。ESP 将需要保护的用户数据进行加密后再封装到 IP 包中，保证数据的完整性、真实性和私有性。可选择的加密算法有 DES、3DES 等。

AH 协议和 ESP 协议有自己的协议号，分别是 51 和 50。虽然 AH 和 ESP 都可以提供身份认证，但它们有如下两点区别。

（1）ESP 要求使用高强度的加密算法，会受到许多限制。

（2）多数情况下，使用 AH 的认证服务已能满足要求，相对来说，ESP 开销较大。有两套不同的安全协议意味着可以对 IPSec 网络进行更细粒度的控制，选择安全方案可以有更大的灵活度。

所以，IPSec 在一定程度上可以保护 IP 数据包的安全，主要从如下四个方面体现。

（1）数据机密性（Confidentiality）：IPSec 发送方在通过网络传输包前对包进行加密。

（2）数据完整性（Data Integrity）：IPSec 接收方对发送方发送来的包进行认证，以确保数据在传输过程中没有被篡改。

（3）数据来源认证（Data Authentication）：IPSec 接收方对 IPSec 包的源地址进行认证。这项服务基于数据完整性服务。

（4）反重放（Anti-Replay）：IPSec 接收方可检测并拒绝接收过时或重复的报文。

1. AH 协议

认证头协议（Authentication Header，AH）通过使用带密钥的验证算法，对受保护的数据计算摘要。通过使用数据完整性检查，可判定数据包在传输过程中是否被修改；通过使用认证机制、终端系统或网络设备可对用户或应用进行认证，过滤通信流；认证机制还可防止地址欺骗攻击及重放攻击。

在传输模式下，AH 协议验证 IP 报文的数据部分和 IP 头中的不变部分。在隧道模式下，AH 协议验证全部的内部 IP 报文和外部 IP 头中的不变部分。

如图 8-1 所示，从原始的 IP 数据包，经过 IPSec 的 AH 协议对数据包进行封装，在传输模式下，AH 协议只对 IP 数据包的数据部分，即传输层数据进行验证保护，生成的 AH 头插入到原 IP 报头之后；在隧道模式下，AH 协议对整个 IP 数据包进行验证保护，生成的 AH 头部插入到原 IP 报头前，并且产生一个新的 IP 报头。

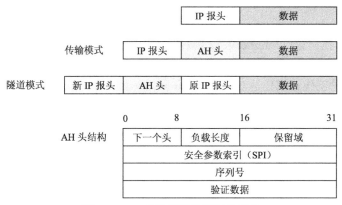

图 8-1 AH 协议封装数据包的结构

2. ESP 协议

报文安全封装协议（Encapsulating Security Payload，ESP）将用户数据进行加密后封装到 IP 包中，以保证数据的私有性。同时作为可选项，用户可以选择使用带密钥的哈希算法保证报文的完整性和真实性。ESP 的隧道模式提供了对于报文路径信息的隐藏。

在 ESP 协议方式下，可以通过散列算法获得验证数据字段，可选的算法同样是 MD5 和 SHA1。与 AH 协议不同的是，在 ESP 协议中还可以选择加密算法，一般常见的是 DES、3DES 等加密算法，

在传输模式下，ESP 协议对 IP 报文的有效数据进行加密（可附加验证）。在隧道模式下，ESP 协议对整个内部 IP 报文进行加密（可附加验证）。

如图 8-2 所示，原始的 IP 数据包在 IPSec 传输模式下，ESP 只加密 IP 数据包的数据部分，即传输层报文，生成的 ESP 报头插入原 IP 报头后面，加密数据后面加上 ESP 尾部和验证；在 IPSec 隧道模式下，ESP 加密整个 IP 数据包，并且产生新的 IP 报头，ESP 报头放在新 IP 报头和原 IP 报头之间，加密数据后添加 ESP 尾部和验证。

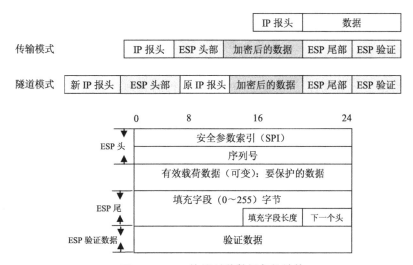

图 8-2 ESP 协议封装数据包的结构

3. IKE 协议

因特网密钥交换协议（Internet Key Exchange，IKE）是 IPSec 的信令协议，为 IPSec 提供了自动协商交换密钥、建立安全联盟的服务，能够简化 IPSec 的使用和管理，大大简化 IPSec 的配置和维护工作。IKE 是 UDP 之上的一个应用层协议，是 IPSec 的信令协议。

IKE 为 IPSec 协商建立安全联盟，并把建立的参数及生成的密钥交给 IPSec。IPSec 使用 IKE 建立的安全联盟对 IP 报文加密或验证处理。IPSec 处理作为 IP 层的一部分，在 IP 层对报文进行处理。

IKE 不是在网络上直接传送密钥，而是通过一系列数据的交换，最终计算出双方共享的密钥，并且即使第三者截获了双方用于计算密钥的所有交换数据，也不足以计算出真正的密钥。IKE 具有一套自保护机制，可以在不安全的网络上安全地分发密钥、验证身份、建立 IPSec 安全联盟 SA（Security Association）。

如图 8-3 所示，通信双方如果要用 IPSec 建立一条安全的传输通路，需要事先协商好将要采用的安全策略，包括使用的加密算法、密钥、密钥的生存期等。当双方协商好使用的安全策略后，我们就说双方建立了一个 SA。SA 是两个应用 IPSec 的实体之间的一个单向的逻辑连接。它决定了如何保护通信数据，保护什么样的通信数据，以及由谁实行保护的问题。SA 是实现 IPSec 的基础。

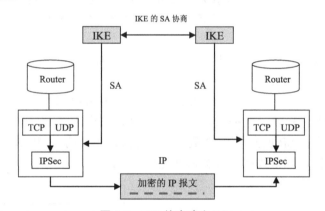

图 8-3　IKE 协商建立 SA

SA 就是能向其上的数据传输提供某种 IPSec 安全保障的一个简单连接，可以由 AH 或 ESP 提供。当给定了一个 SA，就确定了 IPSec 要执行的处理，如加密、认证等。IKE 的主要功能就是 SA 的建立和维护。只要实现 AH 和 ESP 都必须提供对 SA 的支持。

SA 可以事先手工建立，也可以在需要时通过因特网密钥交换协议动态建立。SA 是单向的，一个关联就是发送者与接收者之间的一个单向关系。如果需要一个对等关系，即双向安全交换，则需要两个 SA。

IKE 协商分为两个阶段，分别称为阶段一和阶段二。阶段一：主模式交换，在网络上建立 IKE SA，为其他协议的协商（阶段二）提供保护和快速协商。通过协商创建一个通信信道，并对该信道进行认证，为双方进一步的 IKE 通信提供机密性、消息完整性及消息源认证服务。

阶段二：快速模式，主要是为通信双方协商 IPSec SA 的具体参数，并生成相关密钥。IKE SA 通过数据加密、消息验证来保护快速模式交换。快速模式交换和第一阶段相互关联，来产生密钥和协商 IPSec 的共享策略。快速模式交换的信息由 IKE SA 保护，即除 ISA KMP 报头外，所有的载荷都需要加密，并且还要对消息进行验证。

实验8-1 IPSec安全策略实现计算机间的安全通信

（一）实验目的

两台计算机使用 IPSec 策略进行安全 ICMP 通信，分别使用 kerberos 身份认证方式和"预共享密钥"认证方式，同时使用 sniffer 捕获通信的数据包，学习 IPSec 协议的通信过程。

（二）实验环境

主机 A：Windows XP，IP 地址为 192.168.1.5/24，安装 snffer。
主机 B：Windows XP，IP 地址为 192.168.1.10/24。

（三）实验步骤

实验的总体思路：在主机 A 和主机 B 上分别执行 1~16 步，在本地组策略上设置 IP 安全策略，设置一致的身份认证方式：kerberos。然后测试 icmp 通信的结果，抓包观察。在 19 步将 IPSec 策略的认证方式改为"预共享密钥方式"，测试通信结果，最后比较主机间不使用 IPSec 策略通信的情况。

1. 在主机 A 上在命令行中键入"gpedit.msc"，打开配置组策略，如图 8-4 所示。

图 8-4　打开组策略管理单元

2. 展开"本地计算机"策略→"安全设置"→"IP 安全策略"，如图 8-5 所示。

3. 选中"IP 安全策略"，单击鼠标右键，在弹出的快捷菜单中选择"创建 IP 安全策略"，如图 8-6 所示。

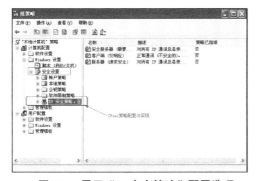

图 8-5　展开"IP 安全策略"配置选项

图 8-6　创建 IP 安全策略

4. 运行 IP 安全策略向导，新建一条安全策略，填写策略名称，如图 8-7 所示。

5. 取消"激活默认响应规则"，单击"下一步"按钮，打开"IP 安全规则"选项，添加一条 IP 安全规则，不使用"添加向导"，如图 8-8 所示。

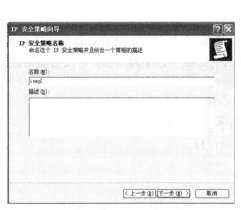

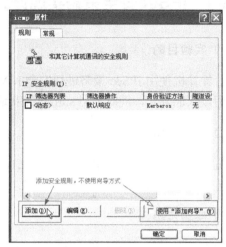

图 8-7　配置安全策略名称　　　　　　图 8-8　添加一条 IP 安全规则

6. 打开"新规则"选项，添加 IP 筛选器列表，指定哪些网络传输受到此规则的影响，如图 8-9 所示。

7. 在"IP 筛选器列表"选项卡中，不使用添加向导，添加一个 IP 筛选器，如图 8-10 所示。

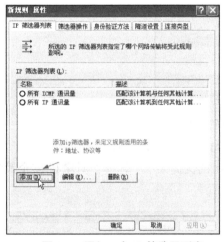

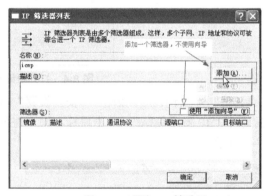

图 8-9　添加一个 IP 筛选器列表　　　　　图 8-10　添加 IP 筛选器

8. 配置 IP 筛选器内容，网络传输的"源 IP 地址"、"目的地址"，如图 8-11 所示。

9. 此规则适用于本地主机和目的主机"192.168.1.10"的网络通信，双向的，如图 8-12 所示。在主机 B 上设置时，应该将目标地址改为"192.168.1.5"。

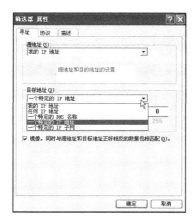
图 8-11　配置源地址和目的地址

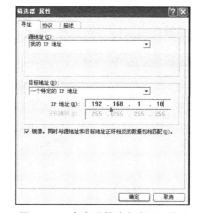
图 8-12　确定通信主机的 IP 地址

10. 设置网络传输的通信协议为"icmp"，如图 8-13 所示。

11. 填写对此筛选器的文字描述，如图 8-14 所示。

图 8-13　配置满足的通信协议"icmp"

图 8-14　筛选器描述

12. 回到"新规则"属性窗口，在"IP 筛选器列表"中选择上述建立的"icmp"筛选器，如图 8-15 所示。

13. 在"新规则属性"对话框中，选择"筛选器操作"选项卡，设置对满足上述设置条件的数据包采取的操作，选中"需要安全"单选按钮，再单击"编辑"按钮，如图 8-16 所示。

图 8-15　选定"icmp"筛选器列表

图 8-16　设置筛选器操作

14. 打开"需要安全属性"对话框，选择具体操作方式"协商安全"，如图 8-17 所示。

15. 回到"编辑规则属性"对话框，选择"身份验证方法"→"kerberos"，如图 8-18 所示。

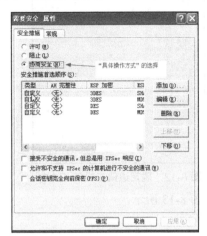 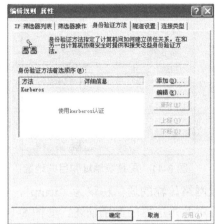

图 8-17　设置筛选器操作的具体参数　　　　图 8-18　设置主机间身份认证方法

16. 查看"icmp"筛选器和其他计算机通信的安全规则设置，使用身份认证协议 kerberos 来协商安全通信，如图 8-19 所示。

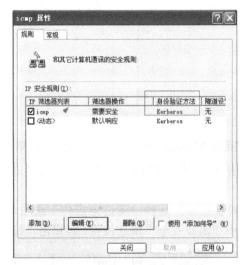

图 8-19　查看 icmp 的规则属性

17. 主机 A 使用 Ping 命令与主机 B 通信，如图 8-20 所示。

图 8-20　主机 A 和主机 B 的 icmp 通信

18. 在主机 A 上使用 sniffer 抓取通信的数据包，如图 8-21 所示。

19. 在图 8-18 中单击"编辑"按钮，修改身份认证方式为"预共享密钥"，如图 8-22 所示。

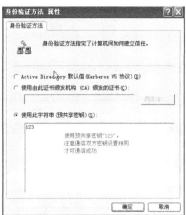

图 8-21　使用 kerberos 认证通信的数据包　　图 8-22　使用"预共享密钥"身份验证方式

20. 如图 8-23 所示，两台主机间通信的身份认证方式改为预共享密钥方式，并且密钥为"123"。

21. 主机 A 和主机 B 的 icmp 通信，如图 8-24 所示，两台主机协商安全通信，而主机 A 和另外的主机 192.168.1.1 通信，则是没有安全认证的通信。

图 8-23　修改身份认证方法——预共享密钥　　图 8-24　主机 A 和主机 B 的安全 icmp 通信

22. 主机 A 上使用 sniffer 抓包，如图 8-25 所示。

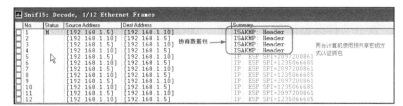

图 8-25　两台计算机"预共享密钥方式"认证数据包

23. 不需要任何认证就可以通信的两台主机 icmp 通信情况，如图 8-26 所示。

图 8-26　两台计算机的非安全通信数据包

24. 下面将本地主机 192.168.1.5 指派 IPSec 策略——icmp，而 192.168.1.10 主机没有任何 IPSec 策略指派，则 192.168.1.5 去 Ping192.168.1.10，无法 Ping 通，如图 8-27 所示。

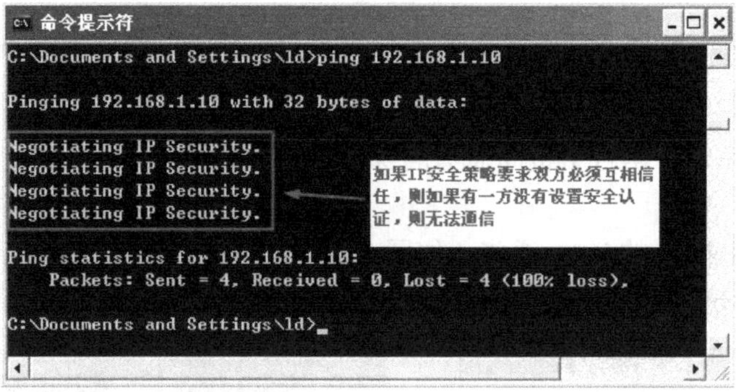

图 8-27　两台主机安全策略设置不一致的 icmp 通信

8.3　Web安全

目前很多业务都依赖于互联网，如网上银行、网络购物、网游等，很多恶意攻击者出于不良目的对 Web 服务器进行攻击，想方设法通过各种手段获取他人的个人账户信息谋取利益。正是因为这样，Web 业务平台最容易遭受攻击。同时，对 Web 服务器的攻击也可以说是形形色色、种类繁多，常见的有挂马、SQL 注入、缓冲区溢出、嗅探、利用 IIS 等针对 Web Server 漏洞进行攻击。

Web 安全可以从如下三个方面进行考虑：Web 服务器的安全、Web 客户端的安全、Web 通信信道的安全。

针对 Web 服务器的攻击可以分为两类：一类是利用 Web 服务器的漏洞进行攻击，如 IIS 缓冲区溢出漏洞利用、目录遍历漏洞利用等；另一类是利用网页自身的安全漏洞进行攻击，如 SQL 注入、跨站脚本攻击等。

Web 应用的迅速普及，与客户端交互能力大大增强，客户端的安全也成为 Web 安全的焦点问题。Java Applet、ActiveX、Cookie 等技术大量被使用，当用户使用浏览器查看、编辑网络内容时，采用了这些技术的应用程序会自动下载并在客户机上运行，如果这些程序被恶意使用，可以窃取、改变或删除客户机上的信息，浏览网页所使用的浏览器存在众多已知或者未知的漏洞，攻击者可以写一个利用某个漏洞的网页，并挂上木马，当用户访问了这个网页之后，就中了木马。这就是网页木马，简称网马。同时，跨站脚本攻击（XSS）对于客户端的安全威胁同样无法忽视，利用 XSS 的 Web 蠕虫已经在网络中肆虐过。

和其他的 Internet 应用一样，Web 信道同样面临着网络嗅探（Sniffer）和以拥塞信道、耗费资源为目的的拒绝服务攻击（Denial of Service）的威胁。

8.3.1　Web架构原理

要保护 Web 服务，先要了解 Web 系统架构，图 8-28 所示为 Web 服务的一般性结构图，适用于互联网上的网站，也适用于企业内网上的 Web 应用架构。

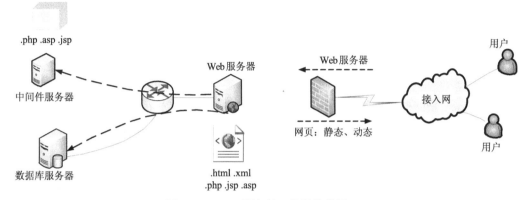

图 8-28　Web 服务的一般性结构图

1. 静态网页请求——HTML

用户使用通用的 Web 浏览器，通过接入网络（网站的接入则是互联网）连接到 Web 服务器上。用户发出请求，服务器根据请求的 URL 的地址连接，找到对应的网页文件，发送给用户，两者对话的"官方语言"是 HTTP。网页文件是用文本描述的，HTML/Xml 格式，在用户浏览器中有一个解释器，把这些文本描述的页面恢复成图文并茂、有声有影的可视页面。

通常情况下，用户要访问的页面都存在 Web 服务器的某个固定目录下，是一些 .html 或 .xml 文件，用户通过页面上的"超连接"可以在网站页面之间"跳跃"，这就是静态的网页。后来人们觉得这种方式只能单向地给用户展示信息，但让用户做一些比如身份认证、投票选举之类的事情就比较麻烦，由此产生了动态网页的概念。

2. 动态网页请求——"小程序"

所谓动态就是利用 flash、PHP、asp、Java 等技术在网页中嵌入一些可运行的"小程序"，用户浏览器在解释页面时，看到这些小程序就启动运行它。小程序的用法很灵活，可以展示一段动画（如 Flash），也可以在用户的 PC 上生成一个文件，或者接收用户输入的一段信息，这样就可以根据用户的"想法"，对页面进行定制处理。

"小程序"的使用让 Web 服务模式有了"双向交流"的能力，Web 服务模式也可以像传统软件一样进行各种事务处理，如编辑文件、利息计算、提交表格等，Web 架构的适用面大大扩展。

3. 动态数据访问——数据库服务器

静态网页与"小程序"都是事前设计好的，一般不经常改动，但网站上很多内容需要经常更新，如新闻、博客文章、互动游戏等，这些变动的数据放在静态的程序中显然不适合，传统的办法是数据与程序分离，采用专业的数据库。Web 开发者在 Web 服务器后边增加了一个数据库服务器，这些经常变化的数据存进数据库，可以随时更新。当用户请求页面时，"小程序"根据用户要求的页面，涉及动态数据的地方，利用 SQL 数据库语言，从数据中读取最新的数据，生成"完整"页面，最后送给用户，如股市行情曲线，就是由一个不断刷新的小程序控制。

4. 用户状态信息的保存

除应用数据需要变化，用户的一些状态信息、属性信息也需要临时记录（因为每个用户都是不同的），而 Web 服务器本来是不记录这些信息的，只答复用户的要求。Web 技术为了"友好"互动，需要"记住"用户的访问信息，建立了一些"新"的通信机制。

- Cookie：把一些用户的参数，如账户名、口令等信息存放在客户端的硬盘临时文件中，用户再次访问这个网站时，参数也一同送给服务器，服务器就能判断出该用户就是上次来的那个用户。
- Session：把用户的一些参数信息存在服务器的内存中或写在服务器的硬盘文件中，用户是不可见的，这样用户用不同电脑访问时的贵宾待遇就会相同，Web 服务器总能记住该用户的"样子"，一般情况下，Cookie 与 Session 可以结合使用。

Cookie 在用户端，一般采用加密方式存放即可；Session 在服务器端，信息集中，被篡改问题将很严重，所以一般放在内存中管理，尽量不存放在硬盘上。

8.3.2　Web架构中的安全分析

从 Web 架构可以看出，Web 服务器是必经的大门，进了大门，还有很多服务器需要保护，如中间件服务器、数据库服务器等。这里不考虑网络内部人员的攻击，只考虑从接入网（或互联网）来的攻击，入侵者入侵的通道有如下几个。

（1）服务器系统漏洞：Web 服务器一般都是通用的服务器，无论是 Windows 还是 Linux/UNIX，都不可少地带有系统自身的漏洞，通过这些漏洞入侵，可以获得服务器的高级权限，当然对服务器上运行的 Web 服务就可以随意控制。除 OS 的漏洞，还有 Web 服务软件的漏洞，IIS 或 Tomcat 同样需要不断地打补丁。

（2）Web 服务应用漏洞：如果对系统级的软件漏洞关注的人太多，那么 Web 应用软件的漏洞数量上就会更多，因为 Web 服务开发简单，开发的团队参差不齐，并非都是"专业"的高手，编程不规范、安全意识不强、因为开发时间紧张而简化测试等，应用程序的漏洞也同样可以让入侵者来去自如。最为常见的 SQL 注入，这是大多 Web 应用开发过程中产生的漏洞。

（3）密码暴力破解：漏洞会招来攻击容易理解，但毕竟需要高超的技术水平，破解密码却十分有效，而且简单易行。一般来说账户信息容易获得，剩下的就需要猜测密码，由于使用复杂密码是一件麻烦而又"讨厌"的事，设置容易记忆的密码，是绝大多数用户的选择。

大多 Web 服务是靠"账户＋密码"的方式管理用户账户的，一旦破解密码，尤其是远程管理者的密码，破坏程度难以想象，并且其攻击难度比通过漏洞方式要简单得多，而且不容易被发觉。在知名的网络经济案例中，通过密码入侵的占了接近一半的比例。

入侵者进入 Web 系统，其动作行为目的性是十分明确的。

（1）让网站瘫痪：网站瘫痪是让服务中断。使用 DDOS 攻击都可以让网站瘫痪，但对 Web 服务内部没有损害，而网络入侵，可以删除文件、停止进程，让 Web 服务器彻底无法恢复。一般来说，这种做法的目的是索要金钱或出于恶意竞争的要挟，也可能是对方为了显示其技术高超，对用户的网站进行攻击以此宣传他的工具。

（2）篡改网页：修改网站的页面显示是相对比较容易的，也是公众容易知道的攻击效果，对攻击者来说，没有什么"实惠"好处，主要是炫耀自己。

（3）挂木马：这种入侵对网站不产生直接破坏，而是对访问网站的用户进行攻击，挂木马的最大"实惠"是搜集僵尸网络的"肉鸡"，一个知名网站的首页传播木马的速度是爆炸式的。挂木马容易被网站管理者发觉，XSS（跨站攻击）是新的倾向。

（4）篡改数据：这是最危险的攻击者，篡改网站数据库或者动态页面的控制程序，表面上没有什么变化，不容易被发觉，是最常见的经济利益入侵。数据篡改的危害是难以估量的，比如：购物网站可以修改你账户金额或交易记录，政府审批网站可以修改行政审批结果，企业 ERP 可以修改销售订单或成交价格等。

有人说采用加密协议可以防止入侵，如 HTTPS 协议，这种说法是不准确的。实际上，使用 HTTPS 只能保护客户端到服务器端两者之间的数据传输，而不能确保服务器自身的安全。另外，Web 服务是面向大众的，不可以完全使用加密方式（效率低），在企业内部的 Web 服务上可以采用，但大家都是"内部人员"，加密方式是共知的；其次，加密可以防止别人"窃听"，但入侵者可以冒充正规用户，一样可以入侵；再者，"中间人劫持"同样可以窃听加密的通信。

8.4 SSL/TLS技术

SSL 是 Netscape 公司在网络传输层之上提供的一种基于 RSA 和保密密钥的安全连接技术。SSL 在两个结点间建立安全的 TCP 连接，基于进程对进程的安全服务和加密传输信道，通过数字签名和数字证书可实现客户端和服务器双方的身份认证，安全强度高。

1994 年 Netscape 公司开发了安全套接层协议 SSL，专门用于保护 Web 通信。最初发布的 1.0 版本还不成熟，到了 2.0 版本时，基本可以解决 Web 通信的安全问题。1996 年发布了 SSL 3.0，增加了一些算法，修改了一些缺陷。

1997 年 IETF 发布了传输层安全协议 TLS 1.0（Transport Layer Security）草稿，也称为 SSL 3.1，同时，Microsoft 宣布与 Netscape 一起支持 TLS 1.0。1999 年，正式发布了 RFC 2246，也就是 The TLS Protocol v 1.0 的正式版本。这些协议在浏览器中得到了广泛的支持，IE 浏览器的 SSL 和 TLS 的设置如图 8-29 所示。

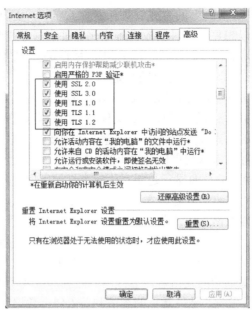

图 8-29　IE 浏览器的 SSL 和 TLS 的设置

8.4.1　SSL体系结构

SSL 协议的目标就是通信双方利用加密的 SSL 信道建立安全的连接。它不是一个单独的协议，而是两层协议，结构如图 8-30 所示。

SSL握手协议	SSL更改密码规则协议	SSL警报协议	HTTP
SSL记录协议			
TCP			
IP			

图 8-30　SSL 协议包

SSL 协议位于 TCP/IP 协议与各种应用层协议之间，为数据通信提供安全支持。SSL 协议可分为如下两层。

SSL 记录协议（SSL Record Protocol）：它建立在可靠的传输协议（如 TCP）之上，为高层协议提供数据封装、压缩、加密等基本功能的支持。通常超文本传输协议 HTTP 可以在 SSL 的上层实现，有三个高层协议分别作为 SSL 的一部分，握手协议、更改密码规则协议和警告协议。这些 SSL 特定的协议可以管理 SSL 的信息交换。

SSL 握手协议（SSL Handshake Protocol）：它建立在 SSL 记录协议之上，用于在实际的数据传输开始前，通信双方进行身份认证、协商加密算法、交换加密密钥等。

记录协议和握手协议是 SSL 协议体系中两个重要的协议。记录协议确定数据安全传输的模式，握手协议用于客户机和服务器建立起安全连接之前交换一系列信息的安全通道，这些安全信息包括：客户机确定服务器身份，允许客户机和服务器选择双方共同支持的一系列加密算法，服务器确定客户机的身份（可选），通过非对称密码技术产生双方共同的密钥，建立 SSL 的加密安全通道。

8.4.2 SSL的会话与连接

SSL 客户端与服务器间传输的数据是通过使用对称算法（如 DES 或 RC4）进行加密的。对称算法加密需要双方有共同的会话密钥。而会话密钥是客户端通过公用密钥算法加密传到服务器端的，此算法使用服务器的 SSL 数字证书中的公用密钥。有了服务器的 SSL 数字证书，客户端也可以验证服务器的身份，同时也可以用来保护会话密钥。SSL 协议的版本 1 和版本 2 只提供服务器认证。版本 3 添加了客户端认证，此认证同时需要客户端和服务器的数字证书。

SSL 连接总是由客户端启动的。在 SSL 会话开始时执行 SSL 握手。此握手产生会话的密码参数。关于如何处理 SSL 握手的简单概述，如图 8-31 所示。此示例假设已在 Web 浏览器客户端和 Web 服务器间建立了 SSL 连接。

SSL 协议通信的握手过程如下。

第 1 步，SSL 客户机连接至 SSL 服务器，并要求服务器验证它自身的身份，同时发送 SSL 的版本、支持的对称加密算法（DES、RC5），用于密码交换的公钥加密算法（RSA、DH），摘要算法（MD5、SHA）。

第 2 步，服务器通过发送它的数字证书证明其身份。这个交换还可以包括整个证书链，直到某个根证书颁发机构（CA）。通过检查有效日期并确认证书包含可信任 CA 的数字签名来验证证书的有效性。

第 3 步，客户机对服务器证书进行认证；服务器发出一个请求，对客户端的证书进行验证，但是由于缺乏公钥体系结构，当今的大多数服务器不进行客户端认证。

图 8-31 SSL 通信握手过程

第 4 步，客户机和服务器通过如下步骤生成会话密钥。

客户机生成一个随机数，并使用服务器的公钥（从服务器证书中获取）对它加密，以送到服务器上。服务器用更加随机的数据（客户机的密钥可用时则使用客户机密钥，否则以明文方式发送数据）响应。使用哈希函数从随机数据中生成密钥。

第 5 步，客户机和服务器都知道了对称密钥，并用它来加密会话期间的最终用户数据。

8.4.3　SSL的应用

1. HTTPS 协议

Netscape Communications Corporation 在 1994 年创建了 HTTPS，并应用在 Netscape Navigator 浏览器中。最初，HTTPS 是与 SSL 一起使用的；在 SSL 逐渐演变到 TLS 时，最新的 HTTPS 也由在 2000 年 5 月公布的 RFC 2818 正式确定下来。

HTTPS（Hypertext Transfer Protocol over Secure Socket Layer）是基于 SSL 安全连接的 HTTP 协议。通过 SSL 提供的数据加密、身份验证和消息完整性验证等安全机制，为 Web 访问提供了安全性保证，广泛应用于网上银行、电子商务等领域。HTTPS 使用端口 443，而不是像 HTTP 那样使用端口 80 来和 TCP/IP 进行通信。HTTPS 也支持使用 X.509 数字认证，如果需要用户可以确认发送者是谁。

HTTPS 核心的部分是数据传输之前的握手，握手过程中确定了数据加密的密码。在握手过程中，网站会向浏览器发送 SSL 证书，SSL 证书和我们日常用的身份证类似，是一个支持 HTTPS 网站的身份证明，SSL 证书里面包含了网站的域名、证书有效期、证书的颁发机构及用于加密传输密码的公钥等信息，由于公钥加密的密码只能被在申请证书时生成的私钥解密，因此浏览器在生成密码之前需要先核对当前访问的域名与证书上绑定的域名是否一致，同时还要对证书的颁发机构进行验证，如果验证失败浏览器会给出证书错误的提示。

HTTPS 主要作用可以分为两种：一种是建立一个信息安全通道，来保证数据传输的安全；另一种是确认网站的真实性，凡是使用了 HTTPS 的网站，都可以通过点击浏览器地址栏的锁头标志来查看网站认证之后的真实信息，也可以通过 CA 机构颁发的安全签章来查询。

2. OpenSSL

目前实现 SSL/TLSde 的软件虽然不多，但都很优秀。除 SSL 标准提出者 Netscape 实现的外，OpenSSL 也是一个非常优秀的实现 SSL/TLS 的开放源代码软件包，主要是作为提供 SSL 算法的函数库供其他软件调用而出现的，可给任何 TCP/IP 应用提供 SSL 功能。

1995 年，Eric A.Young 和 Tim J.Hudson 开始开发 OpenSSL，后来不断发展更新，直到现在，SSL 还在不断修改和完善，新版本也不断推出。最新的版本可以从 OpenSSL 的官方网站 http：//www.openssl.org 下载。

实验8-2　使用SSL构建安全Web服务器

（一）实验背景知识

通常的连接方式中，通信是以非加密的形式在网络上传播的，这就有可能被非法窃听到，尤其是用于认证的口令信息。为了避免这个安全漏洞，就必须对传输过程进行加密。对 HTTP 传输进行加密的协议为 HTTPS，它是通过 SSL（Secure Socket Layer）进行 HTTP 传输的协议，不但通过公用密钥的算法进行加密保证传输的安全性，而且还可以通过获得认证证书CA，保证客户连接的服务器没有被假冒。

（二）实验目的

通过实验深入理解 PKI 系统和 SSL 的工作原理，熟练掌握 Windows 2000/2003/2008 Server 系统下 Web 服务器申请证书方法和客户端使用 HTTPS 协议访问 Web 服务器的过程。

（三）实验环境

（1）Windows 2003/2008 Server。安装 AD，作为域控制器 DC，同时安装证书服务 CA，IP：192.168.1.201/24。

（2）域成员。Windows 2003/2008 作为 Web 服务器，IP：192.168.1.202/24。

（3）真实机。Windows XP（可以不在域中）作为测试的客户端（装有 sniffer），IP：192.168.1.200/24。

（四）实验步骤

1. 创建 CA。在安装 AD 的 Windows 2003/2008 Server（192.168.1.201）上进行企业根 CA 的安装，安装过程与独立根 CA 大致相同。

① 在 CA 类型窗口中选择"企业根 CA"，如图 8-32 所示。

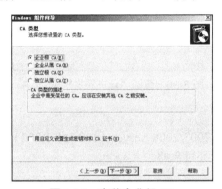

图 8-32 安装企业根 CA

② 输入 CA 的公用名称，这里命名为"myca"，如图 8-33 所示。

图 8-33 输入 CA 的公用名称

③ 单击"下一步"按钮，在弹出的对话框中，单击"是"按钮，停止 Internet 信息服务，完成 CA 的安装，如图 8-34 所示。

④ 单击"开始"菜单，在"管理工具"中选择"证书颁发机构"，如图 8-35 所示。

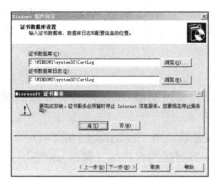

图 8-34　完成 CA 的安装　　　图 8-35　在"管理工具"中选择"证书颁发机构"

⑤ 打开"证书颁发机构"CA 的管理单元，如图 8-36 所示，说明 CA 正确安装。

图 8-36　查看"证书颁发机构"CA

2. Web 服务器的证书申请。

① 在另外一台 Windows 2003/2008 Server（192.168.1.202）计算机上安装 IIS Web 服务，该过程学生自己动手安装，此处过程略。

② 然后将该 Web 服务器加入 CA 服务器所在的域，并且登录域，如图 8-37 所示。

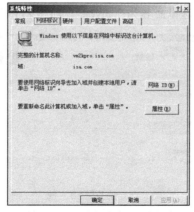

图 8-37　Web 服务器加入域

③ 打开Web服务器的IIS管理单元，选中"默认Web服务器站点"，单击鼠标右键，在弹出的快捷菜单找那个选择"属性"菜单，如图8-38所示。

④ 在"属性"窗口，选择"目录安全性"选项卡，单击"服务器证书"按钮，开始申请证书，如图8-39所示。

图8-38　选择Web站点的"属性"

图8-39　单击"服务器证书"按钮

⑤ 选择"创建一个新证书"单选按钮，单击"下一步"按钮，如图8-40所示。

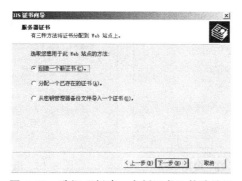

图8-40　选择"创建一个新证书"单选按钮

⑥ 选择"立即发送请求到一个在线证书颁发机构"单选按钮，单击"下一步"按钮，如图8-41所示。

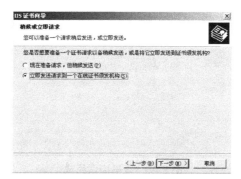

图8-41　选择"立即发送请求到一个在线证书颁发机构"单选按钮

⑦ 输入新证书的名称"myweb"，单击"下一步"按钮，如图8-42所示。

⑧ 输入证书相关的"组织"等信息，单击"下一步"按钮，如图8-43所示。

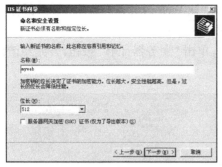

图 8-42　输入证书名称

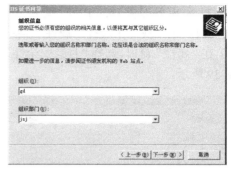

图 8-43　输入证书相关的"组织"等信息

⑨ 输入证书的"公用名称",如图 8-44 所示,此公用名称实际上是证书绑定的域名,一定要与网站的实际域名一致,否则使用该域名访问该网站时会提示安全问题。

⑩ 然后依次单击"下一步"按钮,选取前面创建的 CA 证书颁发机构"myca",如图 8-45所示。

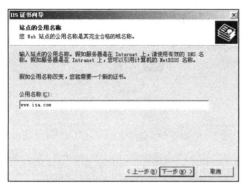

图 8-44　输入证书的"公用名称"

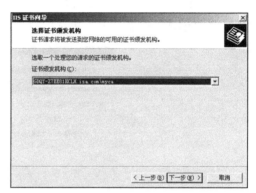

图 8-45　选择 CA 证书颁发机构

⑪ 证书申请完成,如图 8-46 所示。

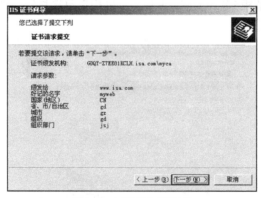

图 8-46　证书申请完成

⑫ 在 Web 站点的"属性"窗口的"目录安全性"选项卡,单击"查看证书"按钮,可以看到刚刚申请好的证书信息,如图 8-47 所示。

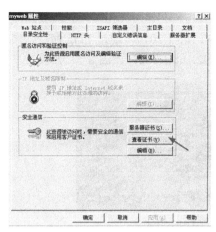 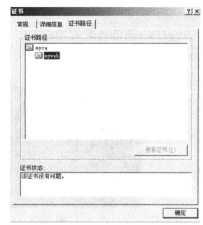

图 8-47　查看申请的证书信息

3. 使用证书保护 Web 服务器。

① 在 Web 服务器的"属性"窗口中选择"目录安全性"选项卡，单击"编辑"按钮，如图 8-48 所示。

② 选择"申请安全通道（SSL）"复选框，如图 8-49 所示，客户端访问服务器只能通过 HTTPS 方式访问。

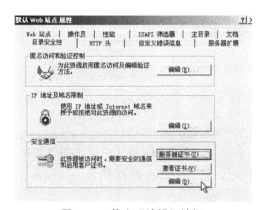

图 8-48　单击"编辑"按钮　　　　图 8-49　选择"申请安全通道 SSL"复选框

③ 在 DNS 服务器（192.168.1.201）上创建 Web 服务器的域名解析记录，如图 8-50 所示。在区域 isa.com 中，创建主机 WWW 代表指向 Web 服务器 192.168.1.202。

图 8-50　创建 Web 服务器域名解析记录

4. 客户端测试。

① 客户端的 DNS 服务器配置指向 DC（192.168.1.201），通过 Ping 命令，测试能否将域名 www.isa.com 解析为 Web 服务器的 IP 地址 192.168.1.202，如图 8-51 所示。

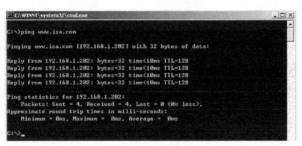

图 8-51　客户端 DNS 测试

② 客户端在浏览器中，通过 HTTPS 协议使用域名 www.isa.com 访问 Web 服务器，如图 8-52 所示。

③ 客户端使用 IP 访问 Web 服务器，则出现如下情况。如图 8-53 所示，弹出"安全警报"对话框，指出"安全证书上的名称与站点名称不匹配"，单击"是"按钮，可以继续访问站点。

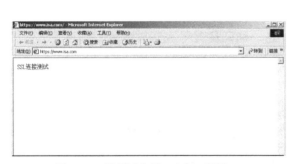

图 8-52　使用域名的 HTTPS 访问

图 8-53　使用 IP 的 HTTPS 访问

④ 当客户端以 HTTPS 方式访问 Web 的同时，打开 sniffer 进行抓包，如图 8-54 所示。HTTPS 使用的源端口是 443，数据部分只能看到乱码。

⑤ 如果在图 8-49 中不选择"申请安全通道（SSL）"，则客户端使用 HTTP 方式访问该 Web 服务器，sniffer 抓包如图 8-55 所示。

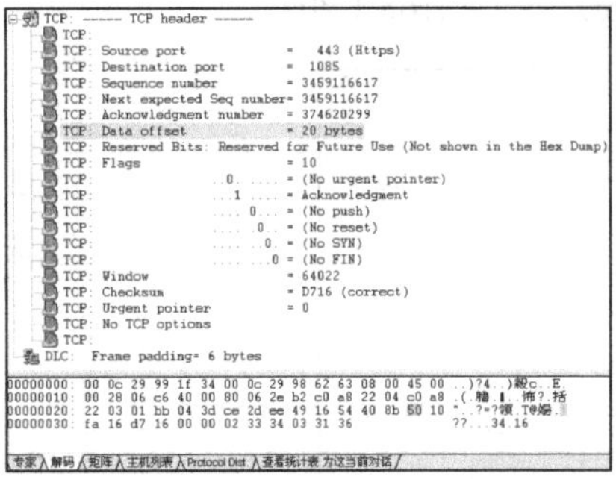

图 8-54　sniffer 抓取 HTTPS 方式访问数据包 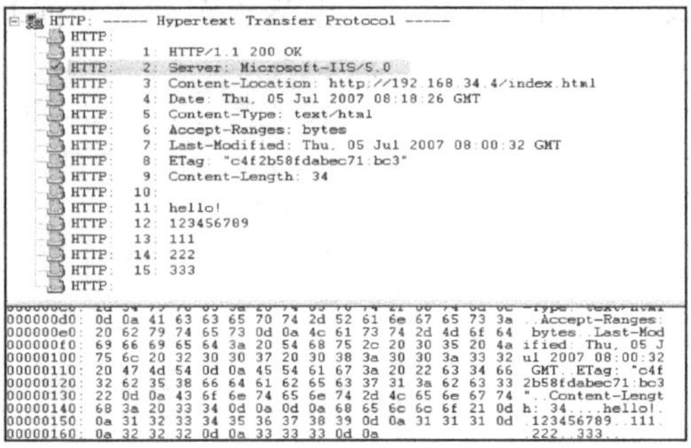　　图 8-55　sniffer 抓取 HTTPS 方式访问数据包

5. 实验总结。

HTTP 协议传输的数据都是未加密的，也就是明文的，因此使用 HTTP 协议传输隐私信息非常不安全。为了保证这些隐私数据能加密传输，使用 SSL 协议用于对 HTTP 协议传输的数据进行加密，也就是 HTTPS。SSL 目前的版本是 3.0，之后 IETF 对 SSL 3.0 进行了升级，于是出现了 TLS（Transport Layer Security）1.0，实际上我们现在的 HTTPS 用的都是 TLS 协议，但是由于 SSL 出现的时间比较早，并且依旧被现在浏览器所支持，因此 SSL 依然是 HTTPS 的代名词。

这里还要补充的是，使用 HTTPS 访问 Web 站点也不是百分之百的安全，对 HTTPS 最常见的攻击手段就是 SSL 证书欺骗，又称为 SSL 劫持，是一种典型的中间人攻击。

8.5 VPN技术

企业规模的扩大，远程用户、远程办公人员、分支机构、合作伙伴的增多，使得用传统的租用线路的方式实现私有网络的互连会带来很大的经济负担。而且摆在面前的问题很多，例如，如何保证公司网络资源的安全，如何面对 Internet 通信和新的应用服务带来的成本，如何保护 Internet、Extranets 和 Intranets 的信息等。所以人们开始寻求一种经济、高效、快捷的私有网络互连技术。虚拟专用网络（Virtual Private Network，VPN）的出现，为当今企业发展所需的网络功能提供了理想的实现途径。

VPN 虚拟专用网络是一门网络新技术，为用户提供了一种通过公共网络安全地对企业内部专用网络进行远程访问的连接方式。虚拟专用网络是基于公网、利用隧道、加密技术，为用户提供的虚拟专用网络，它给用户一种直接连接到私人局域网的感觉。

8.5.1 虚拟专用网定义

1. 虚拟专用网定义

虚拟专用网是利用接入服务器、路由器及 VPN 专用设备、采用隧道技术，以及加密、身份认证等方法，在公用的广域网（包括 Internet、公用电话网、帧中继网及 ATM 等）上构建专用网络的技术，在虚拟网上数据通过安全的"加密隧道"在公众网络上传播。

VPN 技术就如同在茫茫的广域网中为用户拉出一条专线。对用户来讲，公众网络起到了"虚拟专用"的效果，用户觉察不到其在利用公用网获得专用网的服务。通过 VPN，网络对每个使用者都是"专用"的。也就是说，VPN 根据使用者的身份和权限，直接将使用者接入它所应该接触的信息中，这一点是 VPN 给用户带来的最明显的变化。

VPN 可以看作内部网在公众信息网（宽带城域网）上的延伸，通过在宽带城域网中一个私用的通道来创建一个安全的私有连接，VPN 通过这个安全通道将远程用户、分支机构、业务合作伙伴等机构的内联网连接起来，构成一个扩展的内联网络，如图 8-56 所示。

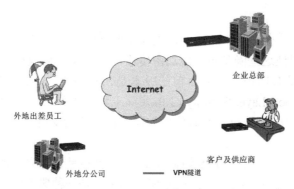

图 8-56　VPN 结构示意图

2.虚拟专用网的优点

与其他网络技术相比，VPN 有如下优点。

1）成本较低

在使用因特网时，借助 ISP 来建立 VPN，就可以节省大量的通信费用。此外，VPN 可以使企业不需要投入大量的人力、物力去安装和维护广域网设备及远程访问设备，这些工作都由 ISP 代为完成。

2）扩展容易

如果企业想扩大 VPN 的容量和覆盖范围，只需与新的 ISP 签约，建立账户；或者与原有的 ISP 重签合约，扩大服务范围。在远程办公室增加 VPN 能力也很简单，通过配置命令即可使 Extranet 路由器拥有因特网和 VPN 的功能。

3）方便与合作伙伴的联系

过去企业如果想要与合作伙伴联网，双方的信息技术部门就必须协商如何在双方之间建立租用线路或帧中继线路。有了 VPN 之后，就没有必要进行协商，真正达到了要连就连、要断就断。

4）完全控制主动权

VPN 使企业可以利用 ISP 的设备和服务，同时又完全掌握着自己网络的控制权。企业可以把拨号访问交给 ISP 去做，由自己负责网络的查验、访问权、网络地址、安全性和网络变化管理等重要工作。

8.5.2　虚拟专用网的类型

VPN 作为三种类型：远程访问虚拟网（Access VPN）、企业内部虚拟网（Intranet VPN）和企业扩展虚拟网（Extranet VPN）。这三种类型的虚拟专用网分别与传统的远程访问网络、企业内部的 Intranet，以及企业网和相关合作伙伴的企业网所构成的 Extranet 相对应。

1. 远程访问虚拟网（Access VPN）

远程访问虚拟专用网，通过公用网络与企业的 Intranet 和因特网建立私有的网络连接。主要面向出差或流动的员工，还有一些远程的办公室搭建 VPN 连接，利用了二层网络隧道技术在公用网络上建立了 VPN 隧道来传输私有网络数据。

具体来说，有两种连接方式：一种是用户与本地的 ISP 建立 PPP 连接，然后在 PSTN 基础上由用户发起与远程企业网建立加密隧道，这种方式不需要 ISP 提供特殊的 VPN 服务，只要用户的主机具有 VPN 远程访问能力即可，称作 Client-initiated。

另一种方式，远程用户拨号到当地 ISP 的 NAS（网络访问服务器），有 ISP 的 NAS 负责建立到企业网络的加密隧道，这种方式允许不同用户通过多个隧道连接到多个网络，但要求 ISP 提供 VPN 服务，称作 NAS-initicated。远程访问的 VPN 示意图，如图 8-57 所示。

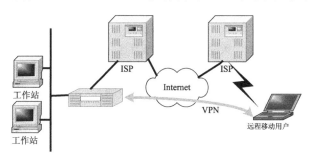

图 8-57　远程访问的 VPN 示意图

2. 企业内部虚拟网（Intranet VPN）

在企业的内部网络中，考虑到一些部门可能存储有重要数据，为确保数据的安全性，传统的方式只能是把这些部门同整个企业网络断开形成孤立的小网络，这样做虽然保护了部门的重要信息，但由于物理上的中断，使其他部门的用户无法与之连接，造成通信上的困难。

采用 VPN 方案，通过一台 VPN 服务器既能够实现与整个企业网络的连接，又可以保证保密数据的安全性。企业网络管理人员通过 VPN 服务器，可以指定只有符合特定身份的用户才能连接 VPN 服务器，获得访问敏感信息的权利。此外，可以对所有 VPN 数据进行加密，从而保证数据的安全性。没有访问权的用户无法看到部门的局域网。

这种方式适用于企业内部 Intranet（企业不同地域网络间的安全连接），通常采用第三层隧道协议，在网络与网络之间建立端到端的安全连接（通过两端的边界路由器进行互联），目前应用最多的是 IPSec 技术，如图 8-58 所示。

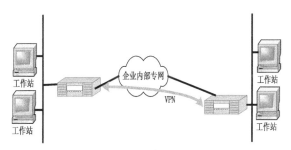

图 8-58　　VPN 连接企业内部网络计算机

3. 企业扩展虚拟网（Extranet VPN）

企业扩展的虚拟专用网是指利用 VPN 将企业网扩展延伸至合作伙伴与客户。使用 VPN 技术连接分支机构和企业局域网不需要使用价格昂贵的长距离专用电路。

如图 8-59 所示，分支机构或合作伙伴和企业总部端路由器可以各自使用本地的公用线路，通过本地的 ISP 连通 Internet。VPN 软件使用与本地 ISP 建立的连接和 Internet 网络，在分支机构和企业端路由器之间创建一个虚拟专用网络。

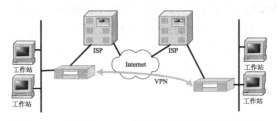

图 8-59　通过 Internet 实现互连的网络使用 VPN

Extranet VPN 应是一个由加密、认证和访问控制功能的集成系统，其主要目标是保证数据在传输过程中不被篡改，保护网络资源不受外部威胁。安全的 Extranet VPN 要求公司在同它的顾客、合作伙伴及在外地的雇员之间经因特网建立端到端的连接时，必须通过 VPN 服务器才能进行。

8.5.3　虚拟专用网的工作原理

VPN 从表面上看是一种专用连接，但实际上是在共享的公共网络的基础上实现的。它通常使用一种被称为"隧道"的技术，数据包在公共网络上的专用"隧道"内传输。专用"隧道"用于建立点对点的连接。VPN 隧道处理 IP 数据包的过程如图 8-60 所示。

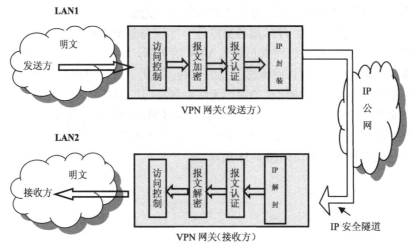

图 8-60　VPN 隧道处理 IP 数据包的过程

LAN1 网络和 LAN2 网络通过各自的 VPN 网关在 Internet 上建立了 VPN 连接，发送方将明文 IP 数据包在本地的 VPN 网关通过 VPN 技术进行加密、认证、封装处理，传到互联网上，送到目的网络的 VPN 网关，经过解封、认证、解密等操作最终到达目的接收方。

1. 虚拟专用网的关键技术

VPN 中采用的关键技术主要包括隧道技术、加密技术、用户身份认证技术及访问控制技术。

1）隧道技术

隧道技术把在网络上传送的各种类型的数据包提取出来，按照一定的规则封装成隧道数据包，然后在网络链路上传输。在 VPN 上传输的隧道数据包经过加密处理，具有与专用网络相同的安全和管理的功能。

隧道是一种通过因特网在网络之间传递数据的方式，通过将待传输的原始信息经过加密和协议封装处理后再嵌套装入另一种协议的数据包送入网络中，像普通数据包一样进行传输，到达另一端后被解包。

隧道技术相关的协议分为第 2 层隧道协议和第 3 层隧道协议。第 2 层隧道协议主要有PPTP、L2TP 和 L2F 等；第 3 层隧道协议主要有 GRE 及 IPSec 等。

2）加密技术

VPN 上的加密方法主要是发送者在发送数据之前对数据加密，当数据到达接收者时由接收者对数据进行解密。使用的加密算法可以是对称密钥算法，也可以是公共密钥算法等，如DES、3DES、IDEA 及 RSA、ECC 等。

3）用户身份认证技术

在正式的隧道连接开始之前需要确认用户的身份，以便系统进一步实施资源访问控制或用户授权。身份认证技术是相对比较成熟的一类技术，因此可以考虑是对现有技术的集成。

4）访问控制技术

访问控制技术就是确定合法用户对特定资源的访问权限，由 VPN 服务的提供者与最终网络信息资源的提供者共同协商确定特定用户对特定资源的访问权限，以此实现基于用户的细粒度访问控制，以实现对信息资源的最大限度的保护。

2. 虚拟专用网的相关协议

VPN 涉及三种协议，即乘客协议——被封装的协议，如 PPP、SLIP；封装协议——也称为隧道协议，用于隧道的建立、维持和断开，如第 2 层隧道协议 PPTP（Point to Point Tunneling Protocol）、L2TP（Layer2 Tunneling Protocol），第 3 层隧道协议 IPSec 等；承载协议——承载经过封装后的数据包的协议，如 IP 和 ATM 等。

1）点对点隧道协议（PPTP）

这是一个最流行的因特网协议，它提供 PPTP 客户机与 PPTP 服务器之间的加密通信，允许公司使用专用的隧道，通过公共因特网来扩展公司的网络。通过因特网的数据通信，需要对数据流进行封装和加密，PPTP 就可以实现这个功能，从而可以通过因特网实现多功能通信。也就是说，通过 PPTP 的封装或隧道服务，使非 IP 网络可以获得进行因特网通信的优点。

2）第 2 层隧道协议（L2TP）

L2TP 综合了 CISCO 的第 2 层转发协议 L2F 和 Microsoft 的点对点隧道协议 PPTP 的优良特点。它是一个工业标准因特网隧道协议，由 Internet Engineering Task Force（IETF）管理，目前由 Cisco、Microsoft、Ascend、3Com 和其他网络设备供应商联合开发并认可。

L2TP 主要由 LAC（接入集中器）和 LNS（L2TP 网络服务器）构成。LAC 支持客户端的 L2TP，用于发起呼叫，接收呼叫和建立隧道。LNS 是所有隧道的终点。

在传统的 PPP 连接中，用户拨号连接的终点是 LAC，L2TP 使得 PPP 协议的终点延伸到 LNS。在安全性考虑上，L2TP 仅仅定义了控制包的加密传输方式，对传输中的数据并不加密。因此，L2TP 并不能满足用户对安全性的需求。如果需要安全的 VPN，则依然需要 IPSec 支持。

这些结构都严格通过点对点方式连接，所以很难在大规模的 IP VPN 下使用。同时这种方式还要求额外的计划及人力来准备和管理，对网络结构的任意改动都将花费数天甚至数周的时间。而在点对点平面结构网络上添加任意节点都必须承担刷新通信矩阵的巨大工作量，且要为所有配置增加新站点后的拓扑信息，以便让其他站点知其存在。这样高的工作负担使得这类 VPN 异常昂贵，也使大量需要此类服务的中小型企业和部门望而却步。

3）第 3 层隧道协议（IPSec）

第 2 层隧道协议只能保证在隧道发生端及终止端进行认证及加密，而隧道在公网的传输过程中并不能完全保证安全。IPSec 加密技术则是在隧道外面再封装，保证了隧道在传输过程中的安全性。

IPSec 是一个第 3 层 VPN 协议标准，它支持信息通过 IP 公网的安全传输。IPSec 系列标准从 1995 年问世以来得到了广泛的支持，IETF 工作组中已制定的与 IPSec 相关的 RFC 文档有：RFC 214、RFC 2401、RFC 2409、RFC 2451 等。其中 RFC 2409 介绍了互连网密钥交换（IKE）协议；RFC 2401 介绍了 IPSec 协议；RFC 2402 介绍了验证包头（AH）；RFC 2406 介绍了加密数据的报文安全封装（ESP）协议。

IPSec 兼容设备在 OSI 模型的第三层提供加密、验证、授权、管理，对用户来说是透明的，密钥交换、核对数字签名、加密等都在后台自动进行。

IPSec 可用两种方式对数据流进行加密：隧道方式和传输方式。隧道方式对整个 IP 包进行加密，使用 IPSec 打包。这种隧道协议是在 IP 上进行的。传输方式对 IP 包的地址部分不处理，仅对数据净荷进行加密。

IPSec 支持的组网方式包括：主机之间、主机与网关、网关之间的组网。IPSec 对远程访问用户（VPN）也支持。

IPSec 的 ESP 协议和报文完整性协议认证的协议框架已趋成熟，IKE 协议也已经增加了椭圆曲线密钥交换协议。由于 IPSec 必须在端系统的操作系统内核的 IP 层或网络节点设备的 IP 层实现，因此需要进一步完善 IPSec 的密钥管理协议。

本章小结

本章主要介绍了 TCP/IP 协议的安全隐患,以及各层提供的协议保护,重点讲解了网络层的 IPSec 协议工作原理。

另外,本章重点部分是 Web 安全,要求学生理解 Web 安全技术——SSL 技术、HTTPS 协议,理解并掌握 SSL 的工作原理,并且利用 SSL 实现对 Web 服务器的保护。同时要求学生掌握虚拟专用网 VPN 的定义和分类、工作原理,并且可以搭建 VPN 服务器,建立安全的虚拟专用网连接,实现信息的安全传输。

本章习题

一、选择题

1. 下面属于网络层的安全技术的是( )。

  A. SSL   B. IPSec   C. TLS   D. PGP

2. SSL/TLS 属于哪一个层次的安全协议?( )

  A. 链路层   B. 网络层   C. 传输层   D. 应用层

3. IPSec 的安全性区别于包过滤防火墙主要体现在( )。

  A. 包过滤   B. 对数据包进行转发

  C. 对数据包进行丢弃   D. 加密和认证

4. IPSec 有三个主要的协议组成一个和谐的安全框架,这三个协议分别是( )。

  A. IKE、ESP、AH   B. ESP、AH、PKI

  C. IKE、AH、MD5   D. ESP、AH、SHA

5. IPSec 在一定程度上可以保护 IP 数据包的安全,下面哪些是 IPSec 的安全性体现?( )（多选)

  A. 机密性   B. 完整性   C. 真实性   D. 可用性

6. VPN 采用的关键技术主要有( )。（多选)

  A. 隧道技术   B. 加密技术

  C. 用户身份认证技术   D. 访问控制技术

7. 下面 VPN 隧道协议属于第三层的是( )。

  A. PPTP   B. L2TP   C. IPSec   D. L2F

二、判断题

1. IPSec 协议就是一个单独的安全协议。

2. IPSec 是一组开放的标准集,它们协同工作来确保对等设备之间的数据机密性、完整性及数据认证。这些对等实体可能是一对主机或一对安全网关(路由器、防火墙、VPN 服务器),或者是一个主机和一个安全网关之间。

3. SSL 协议层包含两类子协议——SSL 握手协议和 SSL 记录协议。它们共同为应用访问连接(主要是 HTTP 连接)提供认证、加密和防篡改功能。SSL 能在 TCP/IP 和应用层间无缝实现 Internet 协议栈处理，而不对其他协议层产生任何影响。

4. IPSec 协议是网络层协议，是为保障 IP 通信而提供的一系列协议族。SSL 协议则是套接层协议，它是保障在 Internet 上基于 Web 的通信的安全而提供的协议。

5. SSL 用公钥加密通过 SSL 连接传输的数据来工作。SSL 是一种高层安全协议，建立在应用层上。

二、简答题

1. 简单描述 SSL 协议通信的握手过程。

2. 虚拟专用网的定义和类型。

三、论述题

（1）通过 HTTPS 协议中的 SSL，可以提高客户端访问 Web 服务器的通信信道的安全性，请同学们调查企业或个人进行 SSL 证书的申请、验证的过程。

（2）SSL 也不是百分之百的安全，你了解 SSL 会话劫持攻击吗？可以动手查资料了解关于 SSL 劫持攻击的过程，增强安全访问站点的意识。

第**9**章

网络安全方案设计

本章要点

- 网络安全方案概念与评价标准。
- 网络安全方案的框架。
- 校园网网络安全方案解决案例。

9.1 网络安全方案的概念

网络信息系统的安全技术体系通常是在安全策略指导下合理配置和部署：网络隔离与访问控制、入侵检测与响应、漏洞扫描、防病毒、数据加密、身份认证、安全监控与审计等技术设备，并且在各个设备或系统之间，能够实现系统功能互补和协调动作。网络安全威胁的主要来源之一就是安全方案设计的不合理性，所以针对一个特定具体的网络结构，建立合理的网络安全解决方案是非常有必要的。

本章从网络工程角度探讨一份网络安全方案的编写，介绍网络安全方案设计的要点及网络安全方案的编写框架。最后利用一个实际的校园网案例来说明网络安全的需求，以及针对需求的设计方案及相对完整的实施方案。

9.1.1 网络安全方案的重要性

网络安全方案可以认为是一张施工的图纸，图纸的好坏直接影响到工程的质量高低。总的来说，网络安全方案涉及的内容比较多、比较广、比较专业和实际。

对一名从事网络安全的工作人员来说，网络必须有一个整体、动态的安全概念。

总的来说，就是要在整个项目中，有一种总体把握的能力，不能只关注自己熟悉的某一领域，而对其他领域毫不关心，甚至不理解，这样写不出一份好的安全方案。因为写出来的方案，就是要针对用户所遇到的问题，运用产品和技术解决问题。设计人员只有对安全技术了解得很深，对产品线了解得很深，写出来的方案才能接近用户的要求。

一份好的网络安全解决方案，不仅仅要考虑到技术，还要考虑到策略和管理。技术是关键，策略是核心，管理是保证。在方案中，始终要体现出这三方面的关系。

在设计网络安全方案时，一定要了解用户实际网络系统环境，对当前可能遇到的安全风险和威胁做一个量化和评估，这样才能写出一份客观的解决方案。好的方案是一个安全项目中很重要的部分，是项目实施的基础和依据。

在设计方案时，动态安全是一个很重要的概念，也是网络安全方案与其他项目方案的最大区别。所谓动态安全，就是随着环境的变化和时间的推移，这个系统的安全性会发生变化，变得不安全，所以在设计方案时，不仅要考虑现在的情况，也要考虑到将来的情况，用一种动态的方式来考虑，做好项目的实施既能考虑到现在的情况，也能很好地适应以后网络系统的升级，留一个比较好的升级借口。

网络没有绝对的安全，只有相对的安全。在设计网络安全方案时，必须清楚这一点，以一种客观的态度来写，不夸大也不缩小，写得实实在在，让人信服接受。由于时间和空间不断发生作用，绝对的安全并不存在，不管在设计还是在实施的时候，想得多完善，做得多严密，都不能达到绝对安全。所以在方案中应该告诉用户，只能做到避免风险，降低由于风险所带来的危害，而不能做到完全消灭风险。

9.1.2　网络安全方案的质量评价

在实际工作中，怎样才能写出高质量、高水平的安全方案？只要抓住重点，理解安全理念和安全过程，基本就可以做到。一份网络安全方案需要从如下 8 个方面来把握。

（1）体现唯一性，由于安全的复杂性和特殊性，唯一性是评估安全方案最重要的一个标准。实际中，每一个特定网络都是唯一的，需要根据实际情况来处理。

（2）对安全技术和安全风险有一个综合把握和理解，包括现在和将来可能出现的所有情况。

（3）对用户的网络系统可能遇到的安全风险和安全威胁，结合现有的安全技术和安全风险，要有合适、中肯的评估，不能夸大，也不能缩小。

（4）对症下药，用相应的安全产品、安全技术和管理手段，降低用户的网络系统当前可能遇到的风险和威胁，消除风险和威胁的根源，增强整个网络系统抵抗风险和威胁的能力，增强系统本身的免疫力。

（5）方案中要体现出对用户的服务支持，这是很重要的一部分。因为产品和技术，都将会体现在服务中，服务用来保证质量、提高质量。

（6）在设计方案时，要明白网络系统安全是一个动态的、整体的、专业的工程，不能一步到位解决用户所有的问题。

（7）方案出来后，要不断与用户进行沟通，能够及时得到他们对网络系统在安全方面的要求、期望和所遇到的问题。

（8）方案中所涉及的产品和技术，都要经得起验证、推敲和实施，要有理论根据，也要有实际基础。

将上述 8 点融汇贯通，经过不断地学习和经验积累，一定能写出一份实用、中肯的安全项目方案，一份很好的解决方案要求安全知识面要广、要综合，不仅是技术好。

9.1.3　网络安全方案的框架

总体上来说，一份安全解决方案的框架涉及六大方面，可以根据用户的实际需求进行取舍。

1. 概要安全风险分析

对当前的安全风险和安全威胁做一个概括和分析，最好能够突出用户所在的行业，并结合其业务的特点、网络环境和应用系统等。同时，要有针对性，如政府行业、电力行业、金融行业等，要体现很强的行业特点，使人信服和接受。

2. 实际安全风险分析

实际安全风险分析一般从4个方面进行分析：网络的风险和威胁分析，系统的风险和威胁分析，应用的风险和威胁分析，对网络、系统和应用的风险及威胁的具体实际的详细分析。

（1）网络的风险和威胁分析：详细分析用户当前的网络结构，找出带来安全问题的关键，并使之图形化，指出风险和威胁带来的危害，对如果不消除这些风险和威胁，会引起什么样的后果，有一个中肯、详细的分析和解决方法。

（2）系统的风险和威胁分析：对用户所有的系统都要进行一次详细的评估，分析存在哪些风险和威胁，并根据与业务的关系，指出其中的利害关系。要运用当前流行系统所面临的安全风险和威胁，结合用户的实际系统，给出一个中肯、客观和实际的分析。

（3）应用的分析和威胁分析：应用的安全是企业的关键，也是安全方案中最终说服要保护的对象。同时由于应用的复杂性和关联性，分析时要比较综合。

（4）对网络、系统和应用的风险及威胁的具体实际的详细分析：帮助用户找出其网络系统要保护的对象，帮助组用户分析网络系统，帮助他们发现其网络系统中存在的问题，以及采用哪些产品和技术来解决。

3. 网络系统的安全原则

安全原则体现在5个方面：动态性、唯一性、整体性、专业性和严密性。

（1）动态性：不要把安全静态化，动态性是安全的一个重要原则。网络、系统和应用会不断出现新的风险和威胁，这决定了安全动态性的重要性。

（2）唯一性：安全的动态性决定了安全的唯一性，针对每个网络系统安全的解决方式，都应该是独一无二的。

（3）整体性：对于网络系统所遇到的风险和威胁，要从整体上来分析和把握，不能哪里有问题就补哪里，要做到全面地保护和评估。

（4）专业性：对于用户的网络、系统和应用，要从专业的角度来分析和把握，不能是一种大概的做法。

（5）严密性：整个解决方案，要有一种很强的严密性，不要给人一种虚假的感觉，在设计方案的时候，需要从多方面对方案进行论证。

4. 安全产品

常用的安全产品有5种：防火墙、防病毒、身份认证、传输加密和入侵检测。结合用户的网络、系统和应用的实际情况，对安全产品和安全技术作比较和分析，分析要客观、结果要中肯，帮助用户选择最能解决他们所遇到问题的产品，不要求新、求好和求大。

（1）防火墙：对包过滤技术、代理技术和状态检测技术的防火墙，都做一个概括和比较，结合用户网络系统的特点，帮助用户选择一种安全产品，对于选择的产品，一定要从中立的角度来说明。

（2）防病毒：针对用户的系统和应用的特点，对桌面防病毒、服务器防病毒和网关防火墙做一个概括和比较，详细指出用户必须如何做，否则就会带来什么样的安全威胁，一定要中肯。

（3）身份认证：从用户的系统和用户的认证的情况进行详细的分析，指出网络和应用本身的认证会出现哪些风险，结合相关的产品和技术，通过部署这些产品和采用相关的安全技术，能够帮助用户解决那些用系统和应用的传统认证方式所带来的风险和威胁。

（4）传输加密：要用加密技术来分析，指出明文传输的巨大危害，通过结合相关的机密产品和技术，能够指出用户的现有情况存在哪些危害和风险。

（5）入侵检测：对入侵检测技术要有一个详细的解释，指出在用户的网络和系统部署了相关的产品之后，对现有的安全情况会产生一个怎样的影响，要有一个详细的分析。结合相关的产品和技术，指出对用户的系统和网络会带来哪些好处，指出为什么必须要这样做，不这样做会怎么样，会带来什么样的后果。

5. 风险评估

风险评估主要对 IBMS（信息安全管理体系）范围内的信息资产进行鉴定和估价，然后对信息资产面对的各种威胁和脆弱性进行评估，同时对已存在的或规划的安全控制措施进行界定。信息安全风险评估是信息安全管理体系建立的基础，没有风险评估，信息安全管理体系的建立就没有依据。

风险评估的结果应进行相应的风险处置，本质上，风险处置的最佳集合就是信息安全管理体系的控制措施集合，是体系的核心。

风险评估是工具和技术的结合，通过这两个方面的结合，给用户一种很实际的感觉，使用户感到这样做过以后，会对他们的网络带来很大的价值。

6. 安全服务

安全服务不是产品化的东西，而是通过技术向用户提供的持久支持。对于不断更新的安全技术、安全风险和安全威胁，安全服务的作用变得越来越重要。

（1）网络拓扑安全：结合网络的风险和威胁，详细分析用户的网络拓扑结构，根据其特点，指出现在或将来会存在哪些安全风险和威胁，并运用相关的产品和技术，来帮助用户消除产生风险和威胁的根源。

（2）系统安全加固：通过风险评估和人工分析，找出用户的相关系统已经存在或将来会存在的风险和威胁，并运用相关的产品和技术，来加固用户的系统安全。

（3）应用安全：结合用户的相关应用程序和后来支撑系统，通过相应的风险评估和人工分析，找出用户和相关系统已经存在或将来会存在的风险和威胁，并运用相关的产品和技术，来加固用户的系统安全。

（4）灾难恢复：结合用户的网络、系统和应用，通过详细的分析，针对可能遇到的灾难，制定出一份详细的恢复方案，把由于其他突发情况所带来的风险降到最低，并有一个良好的应付方案。

（5）紧急响应：对于突发的安全事件需要采用相关的处理流程，比如服务器死机、停电等。

（6）安全规范：制定出一套完善的安全方案，比如 IP 地址固定、离开计算机时需要锁定等。结合实际分成多套方案，如系统管理员安全规范、网络管理员安全规范、高层领导的安全规范、普通员工的管理规范、设备使用规范和安全环境规范。

（7）服务体系和培训体系：提供售前和售后服务，并提供安全产品和技术的相关培训。

9.2　校园网安全解决方案案例

网络安全的唯一性和动态性决定了不同的网络需要不同的解决方案。本节通过一个实际校园网安全案例，来说明网络安全解决方案的建立过程。

9.2.1　校园网信息系统的安全现状

高校数字校园信息系统的建设是由高校业务需求驱动的，初始的建设大多没有统一规划，有些系统是独立的网络，有些系统又是共用一个网络。而这些系统的业务特性、安全需求及等级、使用的对象、面对的威胁和风险各不相同。当前高校网络系统是一个庞大复杂的系统，在支撑高校业务运营、发展的同时，信息系统面临的信息安全威胁也在不断增长、被发现的脆弱性或弱点越来越多、信息安全风险日益突出，成为高校面临的重要的、急需解决的问题之一。高校在进行数字化校园建设的过程中，曾发生不少信息安全事件，摘要简述如下。

Case1：2013 年 3 月，福建某高校网络出口瘫痪，经过信息安全应急工程师现场检查，分析原因为高校数据中心一台服务器被黑客入侵，成为肉鸡，被植入僵尸木马程序，受黑客控制疯狂往外网发包，导致学校网络出口瘫痪；信息安全应急工程师清除了服务器上相关木马程序，并对服务器进行加固，学校网络恢复正常。

Case2：西安某中专，学校网站系统被篡改，工程师现场排除故障，分析原因为前期被入侵，植入了很多的 WEBSHELL；信息安全应急工程师清除网站上相关恶意软件，系统恢复正常。

Case3：石家庄某高校在最近高招中，发现网站被挂马、篡改，并且学校内部也曾经发现教务部学生成绩的数据库，有被恶意篡改的痕迹。

Case4：2011 年高考期间，全国 110 多家高校网站被黑客入侵（不乏北京、上海等重点高校），在大力进行高校网站业务建设的同时，各高校在门户网站面临的安全隐患也在增加。

9.2.2　广东××学院背景介绍

广东 ×× 学院现有全日制普通高职在校学生 19 100 人，教职工 1 187 人。目前学生宿舍区采用中国电信翼起来校园宽带访问互联网，并由电信实现了上网行为管理和审计；办公、教学和教工宿舍区采用原校园网出口访问互联网，目前校园网出口带宽为 300Mbps，联网主机约 5 000 台，并发用户数约 3 000 人，现时缺少上网行为管理，对校园网用户上网行为无法审计和有效地管理。

在信息化建设方面，该校具有完备的内部网络，网关处已经部署了防火墙和流量控制等网络安全设备。DMZ 区也已经应用了众多信息系统，包括门户系统、Web 服务器、邮件服务器等，各业务应用系统都通过互联网平台得到整体应用。其中 Web 服务器是我校直接面对外界的大门，通常也是最先在网络中受到伤害的环节，现有 Web 站点 100 多个，但没有专业的 Web 防护系统，极易受到攻击和篡改。

为进一步推进信息安全等级保护工作，提升基础信息网络和重要信息系统安全保护水平，保障学校信息化建设健康发展，学校拟采购上网行为管理系统和 Web 应用防护系统，上网行为管理系统主要用于办公、教学和教工宿舍区的上网行为管理和审计，Web 应用防火墙主要用于该校重要的 Web 服务器群做专业的安全应用防护，防止 Web 网站被攻击、篡改、入侵、DDOS 攻击等。与此同时，完善相应网络信息安全系统相关制度和措施，加强信息安全等级保护工作。

9.2.3 校园网安全风险分析

1. 门户网站面临的威胁

高校网站的安全威胁，应该包括高校门户网站、高校招生网站、二级各院系等网站，由于高考、招生、学生就业等敏感时期，聚集了大量的学生及家长访问流量，也引起黑客的关注，高校网站面临的主要安全威胁如下。

1）网页被挂马、被篡改

黑客通过 SQL 注入、跨站脚本等攻击方式，可以轻松地拿到高校网站的管理权限，进而篡改网页代码；部分攻击者将高校网站替换成黄色网站，影响极其恶劣。

2）网站被 DDOS 攻击，无法访问

每年高考招生及高校重要节日期间，高校门户网站极易被 DDOS 攻击，这种由互联网上发起的大量同时访问会话，导致高校网站负载加剧，无法提供正常的访问。

3）黑客侵入校园内网的跳板

入侵者成功获取 Web 服务器的控制权限后，可以该服务器为跳板，对内网进行探测扫描，发起攻击，对内网核心数据造成影响。

4）学生好奇心强，黑客工具容易泛滥

目前互联网上黑客论坛、黑客工具较多，学生群体很容易接触到黑客攻防知识，加上学生好奇心重，缺少必要的社会责任和法律法规，容易利用一些黑客工具发起网络攻击。学校网络缺少必要的监控手段，当犯罪发生时难以定位攻击者。

2. 校园网业务信息系统面临的威胁

随着该校信息化的逐步深入，业务系统众多，"一卡通"、教学信息管理系统、电子图书馆、教育资源库等信息化业务系统均普遍地被各大高校采用，而这些系统由于管理及防护不到位，目前面临着较严重的安全威胁。

1）业务系统缺乏必要的入侵防护手段

高校网络规模扩张迅速，网络带宽及处理能力都有很大的提升，但是管理和维护人员方面的投入明显不足，无暇顾及、也没有条件管理和维护数万台计算机的安全。一旦学生进行黑客攻击，无法阻断攻击并发现攻击源；高校"一卡通"充值系统与银行互联，边界缺乏必要的隔离和审计措施，出现问题不方便定位，追查取证。

2）系统漏洞缺乏必要的控制措施

校园网数据中心内的系统应用众多、服务器众多，管理及维护方式也不尽相同，无法做到所有的系统实施统一的漏洞管理政策（比如补丁及时升级、安装防病毒软件、设置可靠的口令）。

3. 校园网用户上网行为无法监控

用户从校园网访问互联网不良资源，或通过网页发帖、IM 聊天、邮件等方式发表不和谐言论、反动信息等，不仅会给学校形象带来负面影响，甚至会触犯国家的法律招致相关部门的调查。

针对上述情况，网络信息中心需要有效的方法实现对分类网址进行访问控制，同时对用户的网页访问进行记录留存。同时，对外发信息进行审计与过滤控制，避免外发不良言论并留存相应记录便于查证。

4. 基于应用的攻击事件日益增多

在网络中不断部署防火墙、入侵检测系统（IDS）、入侵防御系统（IPS）等设备，可以提高网络的安全性，但是为何基于应用的攻击事件仍然不断发生？其根本的原因在于传统的网络安全设备对于应用层的攻击防范，作用十分有限。目前的大多防火墙都是工作在网络层，通过对网络层的数据过滤（基于 TCP/IP 报文头部的 ACL）实现访问控制的功能；通过状态防火墙保证内部网络不会被外部网络非法接入。这些处理都是在网络层，而应用层攻击的特征在网络层次上是无法检测出来的。

IDS、IPS 通过使用深度包检测的技术检查网络数据中的应用层流量，和攻击特征库进行匹配，从而识别出已知的网络攻击，达到对应用层攻击的防护。但是对于未知攻击和将来才会出现的攻击，以及通过灵活编码和报文分割来实现的应用层攻击，IDS 和 IPS 同样不能有效地防护。

经过漏洞扫描，发现导致校园 Web 服务器被攻击的主要攻击手段有如下几种：

- 缓冲区溢出——攻击者利用超出缓冲区大小的请求和构造的二进制代码让服务器执行溢出堆栈中的恶意指令。
- SQL 注入——构造 SQL 代码让服务器执行，获取敏感数据。
- 跨站脚本攻击——提交非法脚本，其他用户浏览时盗取用户账户等信息。
- 拒绝服务攻击——构造大量的非法请求，使 Web 服务器不能响应正常用户的访问。
- 认证逃避——攻击者利用不安全的证书和身份管理。
- 非法输入——在动态网页的输入中使用各种非法数据，获取服务器敏感数据。
- 强制访问——访问未授权的网页。

- 隐藏变量篡改——对网页中的隐藏变量进行修改，欺骗服务器程序。
- Cookie 假冒——精心修改 Cookie 数据进行用户假冒。

针对校园网 Web 服务器的攻击事件如图 9-1 所示。

图 9-1　针对校园网 Web 服务器的攻击事件

通过对校园网安全现状的分析，发现其缺乏相应的技术手段，日常的安全运维工作也存在不足，造成系统的机密性、完整性、可用性受到影响。因此，建议从技术层面来完善安全建设。

综合考虑后建议采用注重"事前预防"、"事中防护"、"事后追溯"的解决方案，在网络系统中部署 Web 应用防护系统（WAF）和上网行为管理系统。

9.2.4　校园网安全解决方案

1. 方案设计总体目标

通过信息安全、等级保护和计算机信息安全防护等工作的开展，完善信息系统安全性，建立一个能够安全稳定运行的基础软硬件环境；建立健全信息安全管理，并加大监督检查，从管理和技术两方面满足信息安全等级保护标准的要求，提高校园网基础信息网络和重要信息系统的安全保护能力。

2. 安全软硬件资源的采购

（1）信息安全设备。
- 采购一台防火墙，实现网内安全域划分。
- 采购一台 IPS（入侵防御系统），实现入侵防范。
- 采购一台防毒墙，实现病毒防护。

（2）安全软件。
- 采购一套信息安全管理平台，实现安全系统的统一管理。
- 采购一套上网行为管理系统。
- 采购一套 Web 应用防护系统。

（3）机房建设设备。

• 采购一套机房动力环境监控系统。

• 采购一套防盗报警系统。

• 采购一专用电池柜。

（4）安全服务。包括信息系统安全加固服务、每月两次安全巡检服务、应急响应服务、应急演练服务、每周安全通告服务、信息安全人员强化培训 -CISP 等内容。

（5）服务器设备。租赁两台服务器作为安全管理平台服务器及机房动力环境监控系统服务器。

（6）系统集成。包括采购软硬件安装调试、配置、实施方案设计等。

3. 方案总体设计

如图 9-2 所示，本方案参考 IATF 信息安全技术框架（三保一支撑，即保护计算环境、保护边界、保护网络基础设施、统一基础支撑平台），校园网安全设计方案包括技术和管理两个部分，针对信息系统的通信网络、区域边界、计算环境，综合采用访问控制、入侵防御、恶意代码法防范、安全审计、防病毒等多种技术和措施，实现业务应用的可用性、完整性和保密性保护，并在此基础上实现综合集中的安全管理，并充分考虑各种技术的组合和功能的互补性，合理利用措施，从外到内形成一个纵深的安全防御体系，保障信息系统整体的安全保护能力。

图 9-2 方案总体设计

参考 IATF 信息安全技术框架，对保护计算环境、保护边界、保护网络基础设施及建立基础支撑平台四个层面进行分析。

绝大多数的网络都需要与外界相连，学院校园网除与内部各部门之间存在网络连接外，还与互联网之间、相关政务事业单位之间进行网络连接。这些连接的接入点称为边界。对边界的保护关注的是如何对进出的数据流进行有效的控制与监视，实施访问控制。

边界的访问控制方面，无法根据会话状态信息为数据流提供明确的允许 / 拒绝访问的能力，控制粒度为端口级。需要增加网络入侵防御系统或相应技术处理手段。

在边界的完整性检查方面，应能够对非授权设备私自联到内部网络的行为进行检查，准确定出位置，并对其进行有效阻断，需要增加网络入侵防御系统或相应技术处理手段。除此之外，还应能够对内部网络用户私自联到外部网络的行为进行检查，准确定出位置，并对其进行有效阻断，需要增加防非法外联设备或相应技术处理手段。

在入侵及恶意代码防范方面,应在网络边界处监视如下攻击行为:端口扫描、强力攻击、木马后门攻击、拒绝服务攻击、缓冲区溢出攻击、IP碎片攻击和网络蠕虫攻击等,记录攻击源IP、攻击类型、攻击目的、攻击时间,在发生严重入侵事件时应提供报警,并能在网络边界处对恶意代码进行检测和清除。应在网络边界处对恶意代码进行检测和清除,需要增加防毒墙、UTM、IPS等安全设备或相应技术处理手段。

信息安全产品和技术是保障信息安全的重要支撑。在信息安全领域,采取认证制度来保障产品和系统的安全性是世界各国的通用做法。

但是,随着面临的安全威胁不断变化,单纯地靠产品来解决各类信息安全问题已经不能满足信息系统的实际安全需求。

所以,信息安全保障体系的建设首先从相关软硬件产品入手,从基础设施上完善物理防护体系。然后,通过持续、长期、高效的安全服务,以上共同结合,构建符合高校校园网实际的有效信息安全保障体系。

4. 方案详细设计

1)总体的网络拓扑结构图(见图9-3)

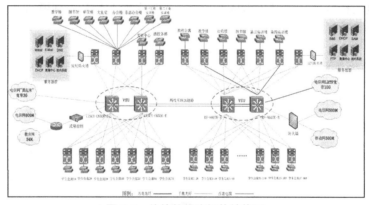

图9-3 总体的网络拓扑结构图

该校园网分为广州校区和南海校区,每个校区都有互联网的出口,均为三层结构设计——核心、汇聚和接入。同时每个校区都有DMZ网络作为服务器区域,并且单独保护。为了让整个校园网便于管理、更安全,下面分别就VLAN的划分、NAT的使用、防火墙的访问控制、接入层的身份验证、ARP的防护,以及学生上网行为管理、Web应用安全防护几方面进行详细论述。

2)VLAN的划分

VLAN(Virtual Local Area Network)是一种将局域网设备从逻辑上划分成一个个网段,从而实现虚拟工作组的数据交换技术。这一技术主要应用于交换机和路由器中,但主流应用还是在交换机之中。但又不是所有交换机都具有此功能,只有VLAN协议的第三层以上交换机才具有此功能。

划分VLAN后具有如下优点:

(1)防范广播风暴。限制网络上的广播,将网络划分为多个VLAN可减少参与广播风暴的设备数量。LAN 分段可以防止广播风暴波及整个网络。VLAN 可以提供建立防火墙的机制，防止交换网络的过量广播。

（2）安全。不同 VLAN 内的报文在传输时是相互隔离的，即一个 VLAN 内的用户不能和其他 VLAN 内的用户直接通信，如果不同 VLAN 要进行通信，则需要通过路由器或三层交换机等三层设备。

（3）成本降低。成本高昂的网络升级需求减少，现有带宽和上行链路的利用率更高，因此可节约成本。

（4）提高性能。将第二层平面网络划分为多个逻辑工作组（广播域）可以减少网络上不必要的流量并提高性能。

（5）提高 IT 员工效率。VLAN 为网络管理带来了方便，因为有相似网络需求的用户将共享同一个 VLAN。

（6）简化项目管理或应用管理。VLAN 将用户和网络设备聚合到一起，以支持商业需求或地域上的需求。

（7）增加了网络连接的灵活性。借助 VLAN 技术，能将不同地点、不同网络、不同用户组合在一起，形成一个虚拟的网络环境，就像使用本地局域网 LAN 一样方便、灵活、有效。

例如，在广东××学院的广州校区的核心层，对七栋学生宿舍、教学楼汇聚、实训中心、西校汇聚分别创建 VLAN，如表 9-1 所示。

表9-1　设备清单

位　　置	VLAN划分
学生公寓1#	共8个VLAN：172.16.8.0/21（172.16.8.0~172.16.15.0）
学生公寓2#	共8个VLAN：172.16.16.0/21（172.16.16.0~172.16.23.0）
学生公寓3#	共8个VLAN：172.16.24.0/21（172.16.24.0~172.16.31.0）
学生公寓4#	共8个VLAN：172.16.32.0/21（172.16.32.0~172.16.39.0）
学生公寓5#	共2个VLAN：172.16.40.0/23（172.16.40.0~172.16.41.0）
学生公寓6#	共2个VLAN：172.16.42.0/23（172.16.42.0~172.16.43.0）
学生公寓7#	共2个VLAN：172.16.44.0/23（172.16.44.0~172.16.45.0）
教学楼	32个VLAN机房：172.16.64.0/19（172.16.64.0~172.16.95.0） 8个VLAN办公教学:172.16.96.0/21（172.16.96.0~172.16.103.0）
实训中心	4个VLAN办公：172.16.108.0/22（172.16.108.0~172.16.111.0） 16个VLAN机房：172.16.112.0/20（172.16.112.0~172.16.127.0）
西校	共16个VLAN：172.16.48.0/20（172.16.48.0~172.16.63.0）

3）NAT 的使用

NAT（网络地址转换）是将 IP 数据报头中的 IP 地址转换为另一个 IP 地址的过程。在实际应用中，NAT 技术可以实现私有网络访问公有网络的功能，这种通过使用少量的公有 IP 地址代表较多的私有 IP 地址的方式，将有助于减缓可用 IP 地址空间的枯竭，可以在边界路由器上配置 NAT，将内部网络的私有地址转换为公有地址，可以是静态转换或动态转换，也可以是端口多路复用（端口地址转换）。

要对一个接口收发的数据流量进行 NAT 转换，可以用 ip nat 接口配置命令：ip nat { inside | outside }。

数据包只有在 outside 接口和 inside 接口之间路由时，并且符合一定规则的，才会进行 NAT 转换。因此设备必须配置至少一个 inside 接口和一个 outside 接口。

【举例】

如下配置例子，可以将 192.168.12.0/24 内部主机动态转换到全局地址 200.168.12.0/28 网段。内部网络的其他网段主机不允许做 NAT。

```
!
interface FastEthernet0
ip address 192.168.12.6 255.255.255.0
ip nat inside
!
interface FastEthernet1
ip address 200.168.12.17 255.255.255.240
ip nat outside
!
ip nat pool net200 200.168.12.1 200.168.12.15 prefix-length 28
ip nat inside source list 1 pool net200
!
access-list 1 permit 192.168.12.0 0.0.0.255
```

4）防火墙

① ACL（访问控制列表）

ACL 使用包过滤技术，在路由器上读取第三层及第四层包头的源地址、目的地址、源端口、目的端口等信息，然后根据定义好的规则对数据包进行过滤，达到访问控制的目的。

在配置 ACL 的过程中，应该遵循如下两个原则。

- 最小特权原则：只给受控对象完成任务所必需的最小权限。
- 最靠近受控对象原则：所有的网络层访问权限控制。

在边界路由器上实现如下访问控制。

【举例】

如下命令是教育网出口所应用的 ACL。

ip access-list extended cernet

10 permit tcp any host 211.66.184.1 eq www（允许对该目标 IP 开放 www 端口 80）

20 permit tcp any host 211.66.184.2 eq 6060（允许对该目标 IP 开放端口 6060）

30 permit tcp any host 211.66.184.3 eq domain（允许对该目标 IP 开放 DNS 端口 53）

40 permit tcp any host 211.66.184.4 eq ftp（允许对该目标 IP 开放 ftp 端口 21）

...

300 deny ip any any（限制其他 IP）

② URL 过滤

ip urlfilter rule 命令用来增加或修改一个或若干个 URL 到一个类别中，命令的 no 形式用来删除一个 url 及其对应的类别的关联。

【举例】

如下命令登记一个 URL 地址，然后再删除它：

```
Ruijie (config)#ip urlfilter porn .sex.com
Ruijie (config) # no ip urlfilter .sex.com
```

如下命令登记一个前后都有通配符的 URL 地址，然后再删除它：

```
Ruijie (config)#ip urlfilter porn .*sex*
Ruijie (config) # no ip urlfilter .*sex*
```

③ 流量管理

ip rate-control 配置对指定用户范围内每个用户流量限制功能，带宽控制配置上下行一样的情况系统默认调整为 both，流量管理命令配置在出接口。

【举例】

配置访问列表内用户最大带宽为 200kbps，并发 500 条流，每秒允许新建 100 条连接：

```
ip rate-control 1 bandwidth both 200 session total 500 rate 100
```

5）接入层身份认证

接入层采用标准的 802.1x 认证方式，通过支持 802.1x 功能的交换机配合 radius 认证和记账服务器，将网络的安全控制粒度精确地延伸到每个终端的接入端口上。网络中心针对校园网用户的各类终端、移动接入设备等，能够精确地控制他们能不能接入网络使用，是否合法用户，实名上网，记录上线下线的时间，是否需要收费等这些需求的时候，考虑部署 802.1x 认证；网络中心通过用户名和密码的方式，或者认证前后的 VLAN 跳转获取不同的 IP 地址段，从而实现认证前访问部分服务器资源，认证后才能上 Internet；根据合法的认证用户提供的 IP+MAC 信息做绑定，还能防 ARP 欺骗，或者是终端上面安装的认证客户端软件下发访问策略，控制用户能访问的资源范围。

802.1x 简介如下。

IEEE 802.1x（Port-Based Network Access Control）是一个基于端口的网络存取控制标准，为 LAN 提供点对点式的安全接入。这是 IEEE 标准委员会针对以太网的安全缺陷而专门制定的标准，能够在利用 IEEE 802 LAN 优势的基础上，提供一种对连接到局域网设备的用户进行认证的手段。802.1x 的认证的最终目的就是确定一个端口是否可用。如果认证成功就"打开"这个端口；如果认证不成功就使这个端口保持"关闭"；使用 802.1x 认证可以实现对用户的实名认证和计费，可以实现灵活的上网控制和计费策略。

配置思路如下。

* 在交换机上需要开启 AAA 功能，并且配置 Radius 服务器及 key 等相关参数。
* 在 Radius 服务器上添加相关参数（这里使用 SAM 作为 Radius 服务器）。
* 接入交换机、下联用户、Radius 服务器可以不在同一个网段，只要保证接入交换机与 Radius 服务器之间能够通信。

配置步骤如下。

802.1X 基本配置：

```
Ruijie>enable
Ruijie#configure terminal
```

```
Ruijie（config）#aaa new-model ------>开启AAA功能
Ruijie（config）#radius-server host 192.168.33.244 ------>配置radius IP
Ruijie（config）#radius-server key ruijie ------>配置与radius通信的key
Ruijie（config）#aaa authentication dot1x ruijie group radius ------>创建
dot1x认证方法认证列表，名称为ruijie
Ruijie（config）#aaa accounting network ruijie start-stop group radius ---
--->创建dot1x记账方法认证列表，名称为ruijie
Ruijie（config）#dot1x authentication ruijie ------>应用认证方法列表
Ruijie（config）#dot1x accounting ruijie ------>应用记账方法列表
Ruijie（config）# snmp-server community ruijie rw ------>交换机和SAM服务器交互，
指定SNMP共同体字段，以ruijie为例
Ruijie（config）#interface range g0/1-2
Ruijie（config-if-range）#dot1x port-control auto ------>接口启用dot1x认证
Ruijie（config-if-range）#exit
Ruijie（config）#interface vlan 10
Ruijie（config-if-VLAN 10）#ip add 192.168.33.161 255.255.255.0 ------> 配置
交换机的IP地址
Ruijie（config-if-VLAN 10）#end
Ruijie#write ------> 确认配置正确，保存配置
```

Radius 服务器使用 SAM。SAM 上的配置如下：

① 在 RG-SAM 系统设备管理中添加交换机的 IP、key 值，如图 9-4 所示。

图 9-4 添加交换机的 IP、key 值

② 然后添加用户信息，包括用户名密码、用户组、用户模板信息，如图 9-5 所示。

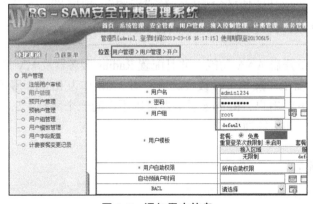

图 9-5 添加用户信息

③ 学生客户端认证测试。在学生客户端电脑上开启 SU 认证客户端，输入用户名和密码，如图 9-6 所示。

④ 认证成功，在学生电脑的右下角会出现如下提示，如图 9-7 所示。

　　图 9-6　在客户端输入用户名和密码　　　　图 9-7　客户端认证成功

⑤ 网络中心人员查看交换机上的相关认证信息，如图 9-8 所示。

图 9-8　查看交换机上的相关认证信息

⑥ 同时查看认证用户的详细信息，如图 9-9 所示。

图 9-9　查看认证用户的详细信息

⑦ 用户认证后，网络中心管理可以从 SAM 安全计费管理系统管理在线用户及查看详细信息，如图 9-10 和 9-11 所示。

图 9-10　查看在线用户

在线用户			
用户名	2013060702331	用户IPv4	172.16.41.247
用户MAC	001E90405C79	用户组	南海电信学生用户组
网关地址	172.16.41.254	认证域	
子网掩码	255.255.255.0	DNS	202.96.128.166
IPv6地址数	1	用户IPv6地址	
用户IPv6地址(本地链路)	FE80::1199:B079:9C98:164C	VLAN	41
NAS IPv4	192.168.5.9	网关IPv6地址	
读写Community		NAS Port	48
NAS IPv6			
具体型号	S21XX及以后	设备类型	锐捷交换机
设备位置		设备名称	
服务	default	接入控制	学生接入控制
套餐	南海电信学生	计费策略名	南海电信学生
客户端信息	SuA:5.29	Web认证接入设备IPv4	
Web认证接入设备端口		账户名	2013060702331
地区		在线时长	0时3分29秒
上线时间	2015-08-20 09:10:33	AP MAC	
SSID		用户模板	南海电信学生用户模板
内层Vlan		外层Vlan	

图 9-11   查看在线用户的详细信息

6）ARP 欺骗

地址解析协议（Address Resolution Protocol，ARP）是一种将 IP 地址转化成物理地址的协议。ARP 具体说来就是将网络层地址解析为数据链路层的物理地址。ARP 欺骗原理：首先每台主机都会在自己的 ARP 缓冲区中建立一个 ARP 列表，以表示 IP 地址和 MAC 地址的对应关系。当源主机需要将一个数据包要发送到目的主机时，会先检查自己 ARP 列表中是否存在该 IP 地址对应的 MAC 地址，如果有，就直接将数据包发送到这个 MAC 地址；如果没有，就向本地网段发起一个 ARP 请求的广播包，查询此目的主机对应的 MAC 地址。此 ARP 请求数据包里包括源主机的 IP 地址、硬件地址及目的主机的 IP 地址。网络中所有的主机收到这个 ARP 请求后，会检查数据包中的目的 IP 是否和自己的 IP 地址一致。如果不相同就忽略此数据包；如果相同，该主机首先将发送端的 MAC 地址和 IP 地址添加到自己的 ARP 列表中，如果 ARP 表中已经存在该 IP 的信息，则将其覆盖，然后给源主机发送一个 ARP 响应数据包，告诉对方自己是它需要查找的 MAC 地址；源主机收到这个 ARP 响应数据包后，将得到的目的主机的 IP 地址和 MAC 地址添加到自己的 ARP 列表中，并利用此信息开始数据的传输。如果源主机一直没有收到 ARP 响应数据包，表示 ARP 查询失败。

ARP 报文检查（ARP-CHECK）基于全局或者端口上的 MAC+IP 绑定安全功能，例如 DHCP Snooping，端口安全或者全局地址绑定等。通过丢弃非法用户的 ARP 报文来有效防止欺骗 ARP，防止非法信息点冒充网络关键设备的 IP（如服务器），造成网络通信混乱。

ARP-CHECK 有三种模式：打开、关闭和自动模式，缺省为自动模式。

在打开模式下，无论端口上有没有安全配置都检查 ARP 报文。如果端口上没有合法用户，则来自这个端口的所有 arp 报文都将被丢弃。

在关闭模式下，不检查端口上的 ARP 报文。

在自动模式下，在端口上没有合法用户的情况下，不检查 ARP 报文；在有合法用户的情况下，检查 ARP 报文。

防范 ARP 欺骗的方案有多种，对于静态 IP 地址用户采用 1X 授权 +ARP-Check 即可实现；对于动态 IP 地址，推荐采用 IP Source Guard+ARP-check 方案。

例如，在端口上添加合法用户 mac 地址 00d0.f822.33ab，IP 地址为 192.168.2.5 时，端口上的 ARP 报文检查会自动启用。

```
Ruijie#configure terminal
Ruijie (config)# interface fastEthernet 0/5
Ruijie (config-if)# switchport port-security
Ruijie (config-if)# switchport port-security mac-address
00d0.f822.33ab ip-address 192.168.2.5
```

ARP 报文检查自动启用，关闭 ARP 报文检查命令如下。

```
Ruijie (config-if)# no arp-check
```

7）学生上网行为管理

随着应用的逐步深入，接入校园网节点日渐增多，如何让师生更有效地利用网络学习，是校园网络管理者面对的一个难题。学生思维活跃，对新事物接受能力强，往往喜欢尝试网络中各种新应用，例如，通过网络 P2P 下载、在线游戏、在线看电影、听音乐、论坛发表言论等，很容易造成网络堵塞和病毒传播，尤其是 P2P 业务流量占用大量网络资源，严重影响正常的教学工作秩序。如果不采取防护措施，随时有可能造成病毒泛滥、信息丢失、数据损坏、网络被攻击、系统瘫痪等严重后果。

上网行为管理就是实现对互联网访问行为的全面管理，对防范法规风险、互联网访问行为记录、上网安全等多个方面提供最有效的解决方案。主要用于监听、审计和阻断局域网中的数据流及用户的网络行为。从而实现如下功能：

- 对校园网络效能行为进行统计、分析和评估。
- 限制一些非工作上网行为和非正常上网行为。
- 监控、控制和引导师生正确使用网络。
- 在发生问题时，有一个证据或查询依据。

部署方式分为：镜像模式（旁路模式）和透明网桥模式。

镜像模式：采用旁路模式部署上网行为管理设备，将与交换机的镜像端口相连，部署实施简单，完全不影响原有的网络结构。镜像称为"mirroring"，是将交换机某个端口的流量复制到另一端口（镜像端口），进行监测。

镜像模式部署方式：镜像端口 Gi 0/2，连接上网行为管理系统，作为数据包分析和审计；被镜像端口为 Gi 0/1，是核心交换机连接外网端口，校园网所有数据包通过此端口转发。配置被镜像端口命令：

```
Switch (config)# monitor session 1 source interface GigabitEthernet 0/1
```

配置镜像端口命令：

```
Switch (config)# monitor session 1 destination interface GigabitEthernet 0/2
```

上网行为管理系统"镜像模式"部署如图 9-12 所示。

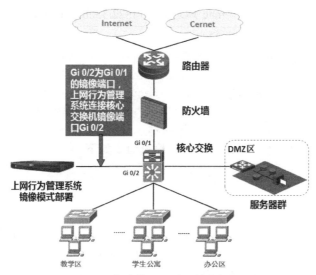

图 9-12　上网行为管理系统"镜像模式"部署

缺点：旁路模式接入只用于监控和审计，无法对现有上网行为进行有效的阻断。

上网行为管理系统"透明网桥"部署如图 9-13 所示。

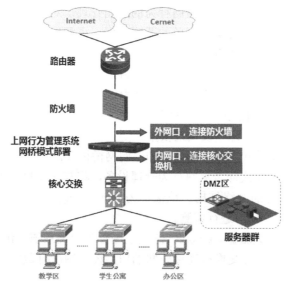

图 9-13　上网行为管理系统"透明网桥"部署

部署方式：上网行为管理系统的 WAN 口与广域网的接入线路相连，即与防火墙相连，WAF 的 LAN 口（DMZ 口）与核心三层交换机相连，所有对校园网的访问请求都必须通过上网行为管理设备。管理口 DMI 与网络中心系统管理员所在局域网相连，用于远程管理。

优点：① 全透明接入，根据时间、地点、用户有效地制定策略进行阻断；② 设备故障自动 bypass 无单点故障。

下面对"上网行为管理系统"具体实施情况举例。

以"禁止所有学生用户在任何时间访问色情、暴力类的非法网站"为例，实际操作配置策略。根据配置思路拆解配置要素。

- Who- 人：学生用户。
- When- 时间：任何时间。
- What- 网址：访问色情、暴力等非法网站。
- Action- 动作：禁止访问。

（1）建立用户对象，如图9-14所示。

图9-14　建立用户对象

（2）建立时间对象，如图9-15所示。

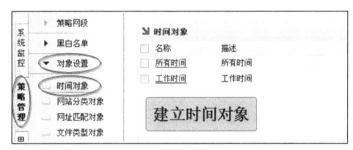

图9-15　建立时间对象

（3）建立需要控制的网页分类（网站分类对象），如图9-16所示。

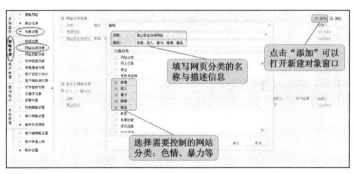

图9-16　建立需要控制的网页分类

（4）配置策略（引用事先建立的各个对象）。

新建一个网页浏览策略如图9-17所示。

图 9-17　新建一个网页浏览策略

详细配置策略名称、策略描述、策略的动作等，如图 9-18 所示。

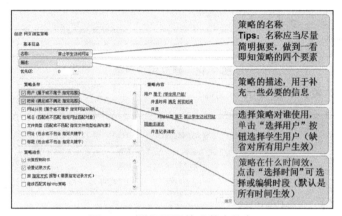

图 9-18　详细配置策略基本信息

策略配置好后，在"策略内容"区域查看策略配置基本信息，如图 9-19 所示。

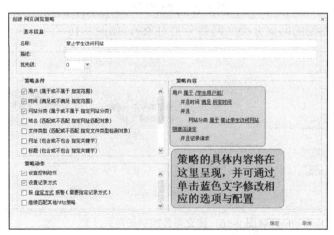

图 9-19　查看策略配置信息

设置该策略的优先级，如图 9-20 所示。

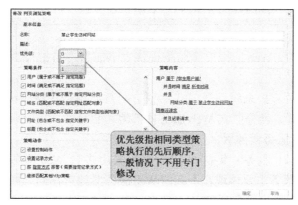

图 9-20 设置该策略的优先级

（5）配置策略完成。

在策略列表中，查看配置好的策略，如图 9-21 所示。

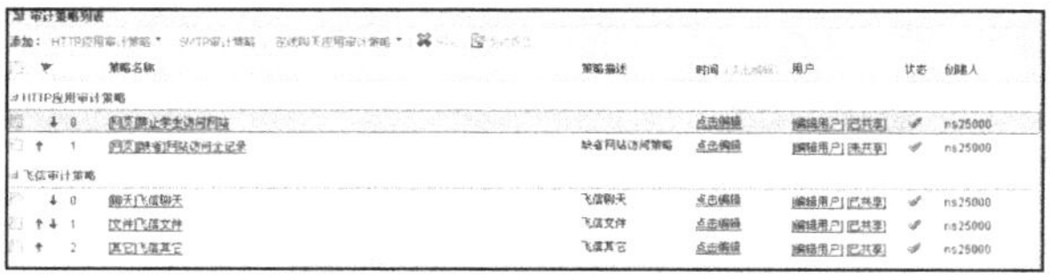

图 9-21 在策略列表中查看配置策略

（6）检查策略效果。

访问一个被策略管理的网站，应该看到匹配策略处有你的策略在生效，如图 9-22 所示。

图 9-22 测试配置策略是否生效

8）Web 应用安全防护

在 Web 服务器前端，以牵引模式部署 Web 应用防护系统，所有与应用系统相关的网络流量都必须经过网关，该部署模式能对应用数据进行全面细致的检查。

Web 应用防护系统基于嵌入式系统设计，采用了反向代理的理念，充当代理服务器的角色，接收并过滤客户端发送的请求，阻断不合法的请求并把合法的请求发给网络上的服务端，然后把服务器上得到的结果返经过滤后，阻断不合法响应并把合法的响应发送给请求连接的客户端。设备对 Web 渗透攻击的防护率应在 95% 以上。

Web 应用防护系统应具备：SQL 注入攻击、XSS 攻击、CSRF 攻击、命令执行、网站挂马、扫描器探测、Webshell 防护、"零日"攻击等防护功能；网站访问统计、页面访问统计、网络入侵统计、网络流量统计等 Web 审计功能；网页防篡改、数据库防篡改功能；Web 应用漏洞扫描功能。为该校 Web 应用安全防护提供"事前"、"事中"、"事后"，三维一体的应用防护解决方案。

该校采用 Web 应用防护系统部署模式：全透明直连部署（网桥模式），其中包括集中 / 集群式 Web 服务器部署、半分散式 Web 服务器部署、全分散式 Web 服务器部署三种。目前采用集中 / 集群式 Web 服务器部署。

集群式 / 集中式 Web 服务：集群式 Web 服务采用多台 Web 服务器负荷分担提供同一 Web 服务；集中式 Web 服务主要体现在不同的 Web 服务器放置在同一网段或者相邻的网段内，但不同的 Web 服务器可能提供多样的 Web 服务。这种情况多数应用于校园网的 Web 服务器模式。在这种网络结构下，可直接将 Web 应用防火墙串接在 Web 服务器群所在子网交换机的前端，拓扑图如图 9-23 所示。

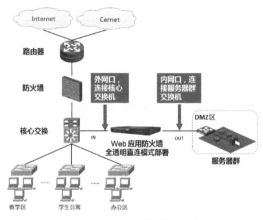

图 9-23　Web 应用防护系统部署

部署方式：WAF 的 WAN 口与广域网的接入线路相连，即与核心三层交换机相连。WAF 的 LAN 口（DMZ 口）同局域网的数据中心交换机相连，所有对 Web 服务器的访问请求都必须通过 WAF 设备。管理口 DMI 与网络中心系统管理员所在局域网相连，用于远程管理。

优点：① 全透明接入，无须配置后端防护服务器 IP 或域名；② 适应性好，对于后端 Web 服务器的调整不会影响到设备的防护能力；③ 设备故障自动 bypass 无单点故障。

下面就 Web 防护系统的功能做概要介绍。

① 入侵扫描

系统提供的入侵扫描功能如图 9-24 所示。

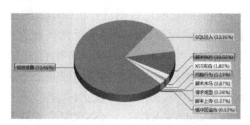

图 9-24　系统提供的入侵扫描功能

② 基本访问控制

该 Web 防护系统提供了基本的黑白名单的功能，能够对用户或者服务器访问行为做基本的管理，提供针对时间、来源 IP、目的 IP、目的 URL（支持通配）的细粒度管理功能。

（1）放行内部 IP。

（2）阻止攻击者 IP。

（3）服务器 IP 不需要防护。

（4）某些域名不需要防护。

（5）某些域名的特定目录不需要防护。

（6）内部 IP 对域名的特定目录不做防护。

（7）外部 IP 对域名的特定目录不允许访问。

（8）某些时间段域名特定目录不允许访问。

图 9-25 所示为系统的基本访问控制列表。

序号	来源	目的	拦截方式	是否启用	说明	生效时间	优先级操作
1	218.94.157.126	任意IP	放行	启用	from jxlinx.c...	全天	
2	任意IP	任意IP http://gs.njfu.edu.cn/*	放行	启用		全天	
3	任意IP	任意IP http://202.119.208.110/student*	放行	启用		全天	
4	任意IP	任意IP http://202.119.210.8/emlib24-system/datasour	放行	启用		全天	
5	任意IP	202.119.210.8	放行	启用		全天	
6	任意IP	202.119.208.110	放行	启用		全天	
7	任意IP	任意IP http://qg.njfu.edu.cn/uploadfile/article/200972	直接丢弃	启用		全天	
8	任意IP	任意IP http://eq.njfu.edu.cn/*	放行	启用		全天	

图 9-25　系统的基本访问控制列表

③ 策略规则

Web 应用防护系统，通过内置可升级扩展的策略，有效地防止、控制 Web 攻击发生，如图 9-26 所示。

序号	编号	名称	备注	是否启用
1	1200001	SQL注入(AND/OR/XOR) v1	SQL注入中用于判断	已经启用
2	1200002	SQL注入单引号	SQL注入中用于闭合字符串	已经启用
3	1200003	SQL注入关键字	SQL注入中使用的关键字，如Select	已经启用
4	1200004	SQL注入使用'*'	SQL注入中使用'*'作为空格	已经启用
5	1200005	SQL注入中使用Union查询	SQL注入中使用Union查询来获取敏感数据	已经启用
6	1210001	SQL注入执行存储过程	针对MSSQL注入使用危险存储过程,如XP_CMDSHELL/SP_REG_WRITE	已经启用
7	1210002	SQL注入导入导出文件	Mysql注入中导入、导出文件,可以查看重要文件或者导出木马	已经启用
8	1300001	添加Windows用户	在Windows添加用户	已经启用
9	1300002	Windows权限提升	在Windows下提升普通用户为管理员权限	已经启用
10	1400001	下载关键文件	防止下载mdb数据库文件、*.inc文件、*.config文件	已经启用
11	1200006	SQL注入中使用查询、插入、删除	SQL注入中使用查询、插入、删除、更新	已经启用
12	1400002	XSS跨站	防止XSS跨站,进行挂马或者盗取用户Cookie	已经启用
13	1310001	IIS6.0文件夹、文件名解析漏洞	防止访问xxx.asp/a.jpg或者xxx.asp.aaa.jpg	已经启用
14	1310002	文件包含	PHP中全局本地、远程文件包含	已经启用
15	1310003	文件路径处理远程命令执行	防止访问xxx.jpg/a.php	已经启用
16	1310004	禁止Webshell上传	防止上传ASP、PHP、JSP等恶意的Webshell	已经启用
17	1900001	Accept数据超长	Accept数据超长一般用于应用层DDOS攻击或者针对特定服务器的缓冲区溢出	不可更改
18	1900002	Accept-Charset数据超长	Accept-Charset数据超长一般用于应用层DDOS攻击或者针对特定服务器的缓	不可更改

图 9-26　内置的扩展策略

④ HTTP 类型过滤配置（防溢出）

Web 应用防护系统对互联网的内容识别与控制主要包括如下几个方面：非法 HTTP 协议，URL-ACL 匹配，盗链行为，如图 9-27 和 9-28 所示。

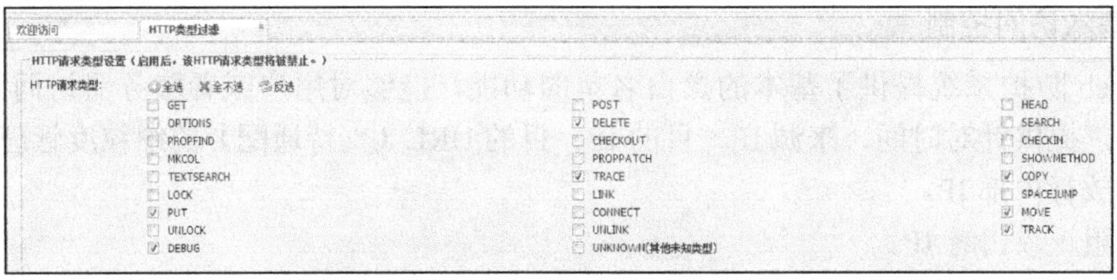

图 9-27　HTTP 类型过滤

图 9-28　防溢出设置

⑤ 智能阻断配置

提供了数据挖掘功能，能够对入侵记录进行实时的数据分析统计入侵来源，对入侵来源 IP 进行阻断。同时还提供定期的数据挖掘功能，定期对数据进行分析，阻断入侵者 IP，如图 9-29 所示。

图 9-29　智能阻断入侵 IP

防扫描配置提供了针对扫描软件、恶意爬虫的拦截功能，可以设置灵敏度，灵敏度越高识别率越高。

⑥ 蜘蛛设置

对搜索引擎爬虫的管理功能。能够对爬虫的行为进行放行操作，如图 9-30 所示。

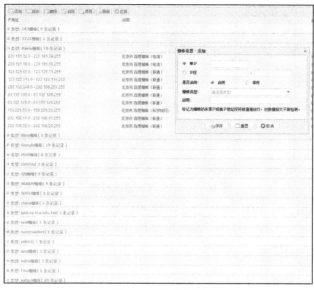

图 9-30　蜘蛛设置

特点：

（1）完善的爬虫 IP 地址库，可配置度高。

（2）高效率的 IP 白名单。

（3）IP 验证，拒绝通过伪造 HTTP 协议来绕过 WAF 设备。

⑦ 弱密码检查功能

提供了对敏感的后台进行登录行为记录和审计的功能，同时能够对用户的密码强度进行检测，如图 9-31 所示。

⑧ 防篡改配置

网页防篡改功能，对网站数据进行监控，发现对网页进行任何形式的非法添加、修改、删除等操作时，立即进行保护，恢复数据并进行告警，同时记录防篡改日志，如图 9-32 所示。

图 9-31　弱密码检测

图 9-32　防止网页篡改日志

⑨支持 SQL Server、MySQL 等数据库防篡改功能，对数据库数据进行监控，发现对数据库进行任何形式的非法添加、修改、删除等操作时，立即进行保护，恢复数据并进行告警，同时记录防篡改日志，如图 9-33 所示。

图 9-33　数据库防篡改

⑩ DDOS 攻击配置

支持单 IP，伪造源 IP 地址的各种洪水攻击，自动建模识别算法，应对各种新型的 DDOS 攻击，防御如下 DDOS 攻击：抵御 UDP Flood、抵御 ICMP Flood、抵御 SYN Flood、抵御 ACK Flood、抵御 RST Flood，如图 9-34 所示。

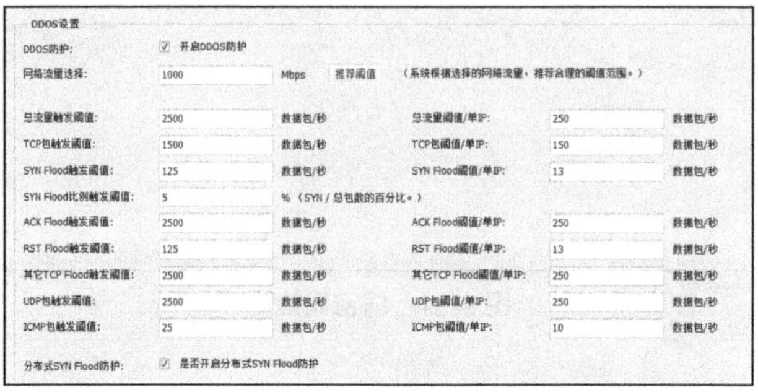

图 9-34　DDOS 防护

⑪ 入侵记录查询

上述策略设置完毕和应用生效后，可在入侵记录中查询相关信息，如：攻击时间、拦截原因、规则集名称、危害程度、拦截源 IP、物理位置、攻击目的 IP、源端口、目的端口、拦截方式、HTTP 请求和 URL 等信息，如图 9-35 所示。

欢迎访问　入侵记录
删除　筛选　刷新　请选择查看日期：2012-04-26　快速查询　导出日志

序号	攻击时间	拦截原因	规则集名称	危害等级	源IP地址	地理位置	目的IP地址	源端口	目...	拦...	HTTP...	URL
1016...	2012-04-26 23:47:...	1200002	SQL注入单引号	轻微	206.196.161.130	美国	58.156	64855	80	检测	GET	http:/
1016...	2012-04-26 23:47:...	1200002	SQL注入单引号	轻微	206.196.161.130	美国	58.156	64851	80	检测	GET	http:/
1016...	2012-04-26 23:47:...	1200002	SQL注入单引号	轻微	206.196.161.130	美国	58.156	64844	80	检测	GET	http:/
1016...	2012-04-26 23:47:...	1650002	IIS信息泄露 v2	轻微	122.226.56.235	浙江省金华市 电信	55.163	1588	80	检测	Respo...	http:/
1016...	2012-04-26 23:47:...	1670105	发现Jsp File Browser木马的页面 v2	严重	123.126.50.69	北京市 联通ADSL	140.34	64581	80	检测	Respo...	http:/
1016...	2012-04-26 23:47:...	1400002	XSS跨站	轻微	113.13.234.187	广西 电信	58.156	46491	80	检测	GET	**
1016...	2012-04-26 23:47:...	1660001	目录遍历	轻微	115.199.247.235	浙江省杭州市 电信	97.230	8318	80	检测	Respo...	http:/
1016...	2012-04-26 23:47:...	1650002	IIS信息泄露 v2	轻微	219.217.246.41	哈尔滨工业大学	183.68	51116	80	检测	Respo...	http:/
1016...	2012-04-26 23:47:...	1310011	禁止访问含有Win畸形文件名称的脚本	轻微	157.55.17.194	美国 微软公司	224.114	16409	80	检测	GET	http:/
1016...	2012-04-26 23:47:...	1200020	SQL注入判断数据库中表或者列是否存在	轻微	210.27.112.138	陕西省咸阳市杨...	224.114	54240	80	检测	GET	http:/
1016...	2012-04-26 23:47:...	1200013	SQL注入查询目标数目	中等	210.27.112.138	陕西省咸阳市杨...	224.114	54240	80	检测	GET	http:/
1016...	2012-04-26 23:47:...	1200008	SQL注入(AND/OR/XOR) v2	轻微	210.27.112.138	陕西省咸阳市杨...	224.114	54240	80	检测	GET	http:/
1016...	2012-04-26 23:47:...	1200020	SQL注入判断数据库中表或者列是否存在	轻微	210.27.112.138	陕西省咸阳市杨...	224.114	54239	80	检测	GET	http:/
1016...	2012-04-26 23:47:...	1200013	SQL注入查询目标数目	中等	210.27.112.138	陕西省咸阳市杨...	224.114	54239	80	检测	GET	http:/
1016...	2012-04-26 23:47:...	1200008	SQL注入(AND/OR/XOR) v2	轻微	210.27.112.138	陕西省咸阳市杨...	224.114	54239	80	检测	GET	http:/
1016...	2012-04-26 23:47:...	1200020	SQL注入判断数据库中表或者列是否存在	轻微	210.27.112.138	陕西省咸阳市杨...	224.114	54238	80	检测	GET	http:/

第 15 页共 1770 页　显示第 421 条到 450 条记录，一共 53093

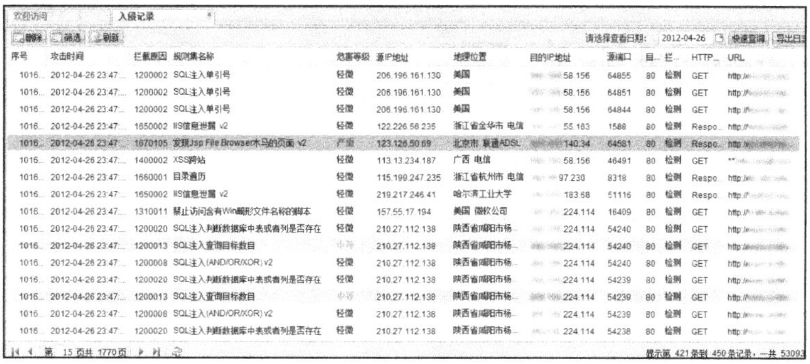

图 9-35　入侵记录查询

本章小结

网络信息安全的防护同管理学的“长鞭效应（Bullwhip Effect）”具有相似的特性，就是要注重防患于未然。因此，针对校园网的特点，更要注重主动防护，在安全事件发生之前进行防范，减少网络安全事件发生的机会，达到“少发生、不发生”的目标。

基于“长鞭效应”，网络信息安全防护要从源头做起，采用“防、切、控（DCC）”的原则。“防”：主动防护，防护服务器受到攻击者的主动攻击。外部敌对、利益驱动的攻击者，会对 Web 网站、mail 服务器、信息系统等进行各种主动攻击。而这些主动攻击往往带有非常强的目的性和针对性，因此当前如何防范恶意攻击者的主动攻击成为首要解决的问题，主要防止服务器区受到来自外部的攻击、非法控制、篡改。

“切”：切断来自外部危险网站的木马、病毒传播。在网络中部分 Web 服务器已经被黑客控制的情况下，Web 应用防护系统可以有效地防止已经植入 Web 服务器的木马的运行，防止服务器被黑客继续渗透。因此，如何切断被黑客攻击和控制网站的木马传播成为当前的第二个主要解决的问题。

“控”：控制无意识的信息泄露。第三个要解决的问题是防止内部人员无意识的内部信息泄露，要保证接入网络的机器、设备是具有一定的安全防护标准，防止不符合要求的机器和设备接入网络，严格控制潜在的安全风险，也要加固内网安全和服务器安全，并建立健全的信息安全等级保护机制和相关安全管理制度。

本章的网络安全升级和优化项目中，发现还有可以完善的地方。例如，上网行为管理系统是具有流量控制和基于 LDAP 的 Web 认证的功能，可以撤掉现有流量控制设备，减少单点故障。另外，启用认证后可以监控和审计办公、教学和教工宿舍区用户的上网行为，实现全网安全监管，真正做到防、切、控一体化的校园网。

网络安全现状与发展

- 网络安全当今面临的形势与挑战。
- 国内网络安全的趋势与展望。
- 国际的网络安全技术热点与趋势。
- 创新能力与网络法制的重要性。

10.1 引言

网络安全问题随着网络应用的深入而发展演变，对国家安全、经济发展、社会稳定和公众利益构成日益严峻的威胁。中国互联网络信息中心的数据显示，至 2014 年 6 月 30 日，中国网民数已达 6.32 亿人，普及率为 46.9%，手机网民数为 5.27 亿人。大多数人对网络安全风险缺乏认识，网络安全意识不强、知识不足、技能不高，成为网络安全防护的薄弱环节。

宽带化是互联网发展的必然要求。2013 年 8 月我国发布宽带中国战略及实施方案，要求到 2015 年固定宽带家庭普及率和 3G/4G 用户普及率分别达到 50% 和 32.5%，2020 年分别达到 70% 和 85%；城市和农村家庭宽带接入能力基本达到 20 Mbps 和 4Mbps，2020 年分别达到 50Mbps 和 12Mbps。随着宽带中国战略的实施，2014 年第三季度，中国网民平均可用下载速率超过 4Mbps，相对 2013 年同期的 3Mbps 提升 33%。

"大智移云"大数据、智能化、移动互联网和云计算是互联网发展的又一重要特征，或者说信息化发展进入到"大智移云"新阶段。这里的智能化包括物联网的感知和大数据的挖掘所支撑的用户体验。

10.2 网络安全面临的形势与挑战

《中国互联网发展报告（2014）》报道，我国面临大量境外地址攻击威胁，国家互联网应急中心监测发现在 2013 年我国境内 1 090 万余台计算机主机被境外服务器控制，其中源自美国的占 30.2%。我国境内 6.1 万个网站被境外控制，较 2012 年增长 62.1%。2013 年针对我国银行等境内网站的钓鱼页面数量和涉及的 IP 地址数量分别较 2012 年增长 35.4% 和 64.6%。

1. 世界各国加速网络安全战略落地部署，网络空间国家间的竞争与合作日趋凸显

近年来，在美国的示范效应作用下，先后有 50 余国家制定并公布了国家安全战略。当前各国相继进入战略核心内容的集中部署期：美国《2014 财年国防预算优先项和选择》中提出整编 133 支网络部队计划；加拿大《全面数字化国家计划》中提出包括加强网络安全防御能力在内的 39 项新举措；日本《网络安全基本法案》中规划设立统筹网络安全事务的"网络安全战略总部"。与此同时，围绕网络空间的国际竞争与合作也愈演愈烈。欧盟委员会在 2014 年 2 月公报中强调网络空间治理中的政府作用；习近平在巴西会议上第一次提出信息主权，明确"信息主权不容侵犯"的互联网信息安全观。日、美第二次网络安全综合对话结束，两国在网络防御领域的合作将进一步强化；中、日、韩建立网络安全事务磋商机制并举行了第一次会议，探讨共同打击网络犯罪和网络恐怖主义，在互联网应急响应方面建立合作。

2. 国际互联网治理领域迎来新热潮，ICANN[⑧] 全球化成为改革要务

"棱镜门"事件后，世界各国深刻认识到互联网治理权关乎国家网络空间安全和利益，国际社会掀起新一轮互联网治理热潮。巴西互联网大会发表《网络世界多利益攸关方声明》，提出未来互联网治理的"全球原则"和"路线图"。ICANN、IETF、W3C 等国际互联网治理主要机构共同签署了"蒙得维得亚"声明，将所有的利益相关者平等参与视为未来互联网治理的发展方向。欧盟委员会题为"欧洲在塑造互联网监管未来中的作用"的报告中提倡建立更为透明和负责，更具包容性的互联网治理模式。

当前，在各种治理平台和国际场合，ICANN 全球化均成为重要议题。由于基础网络资源的管理分配权与技术标准制定权决定了互联网治理的话语权和主导权，ICANN 的机构改革和国际化管理将成为互联网治理格局"重塑"的重要切入点。

3. 网络安全威胁层出不穷，网络基础设施隐患重重

当前，木马僵尸网络、钓鱼网站等非传统网络安全威胁有增无减，分布式拒绝服务（DDOS攻击）、高级持续威胁（APT 攻击）等新型网络攻击愈演愈烈。IDC 发布的报告显示，2013年 APT 防御厂商 FireEye 发现并识别的独立 APT 活动共计 300 余次。全球恶意代码样本数目正以每天可获取 300 万个的速度增长，云端恶意代码样本已从 2005 年的 40 万种增长至目前的 60 亿种。继"震网"和"棱镜门"事件之后，网络基础设施又遇全球性高危漏洞侵扰，心脏流血漏洞威胁我国境内约 3.3 万网站服务器，Bash 漏洞影响范围遍及全球约 5 亿台服务器及其他网络设备，基础通信网络、金融和工控等重要信息系统安全面临严峻挑战。

4. 移动互联网的安全问题严重

根据思科公司统计，2013 年全球移动数据流量增长了 81%，预计到 2018 年还将较 2013年增长 11 倍，其中半数流量通过 Wi-Fi 接入移动互联网。2013 年年底我国 4G 牌照的发放

---

⑧ ICANN（The Internet Corporation for Assigned Names and Numbers）互联网名称与数字地址分配机构是一个非营利性的国际组织，成立于1998年10月，是一个集合了全球网络界商业、技术及学术各领域专家的非营利性国际组织，负责在全球范围内对互联网唯一标识符系统及其安全稳定地运营进行协调，包括互联网协议（IP）地址的空间分配、协议标识符的指派、通用顶级域名（gTLD）及国家和地区顶级域名（ccTLD）系统的管理，以及根服务器系统的管理。

加快了移动互联网的发展。截至 2014 年 6 月我国移动智能终端用户数占全球 30%，移动互联网用户数为 5.27 亿人，占网民总数的 83.4%，占移动用户数的 41.8%，移动互联网接入流量同比增长 44.7%，户均移动互联网接入流量达到每月 175MB，其中手机上网流量占比提升至 84.1%。大量移动互联网用户的增加导致了移动终端的设备越来越多样，这也意味着管理起来将更加困难。移动终端因功耗等限制，无法像 PC（个人计算机）那样内置功能强大的防火墙。移动终端相比 PC 涉及的用户身份信息多，具有定位能力但可被跟踪，移动支付还涉及银行账户，移动终端的安全问题比 PC 严重得多。

据统计，2013 年移动互联网新增恶意程序样本较 2012 年增长 3.3 倍。据 360 安全中心报告，2014 年上半年标记骚扰电话号码 8 330 万个，拦截垃圾短信 385.6 亿条，拦截伪基站短信 12.38 亿条。安卓移动操作系统尽管已经使用了针对应用软件的签名系统，但黑客仍然能使用匿名的数字证书来签署他们的病毒并发放。

安卓 4.0 版本中内置的无线通信接入的密码远程备份功能可被用来定位用户，苹果公司的手机云计划能够读取用户在手机云中所存的信息。再如，基于智能终端的移动支付方便了用户，但传统的账户＋密码＋短信的身份验证方式存在安全风险，手机卡可能被复制，验证短信有可能被劫持，支付指令在传输中也可能被篡改。据报道，受美国标准委员会 NIST 批准，美国家安全局（NSA）和加密公司 RSA 达成了价值超过 1 千万美元的协议，在移动终端所用的加密技术中放置后门，使 NSA 通过随机数生成算法 Bsafe 的后门程序破解各种加密数据。可见，移动互联网的安全问题是当前网络安全面临的一个重要挑战。

5. 大数据、云计算也是信息安全防御的新重点

伴随移动互联网等的发展，大数据近年来受到越来越多的关注。据 BBC 公司统计，2013 年全球互联网流量每天为 2.7EB，全球新产生的数据年增 40%，每两年就可以翻番。大数据的挖掘可应用到经济、政治、国防、文化等各领域。大数据是信息化新阶段的特征，也是网络安全防御的新重点。

我国对大数据的存储、保护和利用重视不够，导致信息丢失或不完整，同时存在信息被损坏、篡改、泄露等问题，给国家的信息安全和公众的隐私保护带来了隐患。此外，宽带化及信息化应用的深入推动了云计算发展。个人的云存储、企业的云制造，还有云政务等在近年迅速发展。据统计，到 2015 年全球数据中心的一半都会基于云计算技术。与全球云计算行业的复合年增长率 23.5% 相比，我国云计算市场增长更快，年增长率超过 40%。云计算能力的分布化、虚拟化、服务化是云计算的技术基础，但云计算平台如果被攻击，出现故障，就会导致大规模的服务器瘫痪。

鉴于大数据资源在国家安全方面的战略价值，除在基础软硬件设施建设、网络攻击监测、防护等方面努力之外，针对国内大数据服务及大数据应用方面还有如下建议。

（1）对重要大数据应用或服务进行国家网络安全审查。对于涉及国计民生、政府执政的重要大数据应用或服务，应纳入国家网络安全审查的范畴，尽快制定明确的安全评估规范，确保这些大数据平台具备严格可靠的安全保障措施，防止被黑客、敌对势力入侵并窃取数据。

（2）合理约束敏感和重要部门对社交网络工具的使用。政府部门、央企及重要信息系统单位，应避免、限制使用社交网络工具作为日常办公的通信工具，并做到办公用移动终端和个人移动终端的隔离，以防止国家重要和机密信息的泄露。

（3）敏感和重要部门应谨慎使用第三方云计算服务。云计算服务是大数据的主要载体，越来越多的政府部门、企事业单位将电子政务、企业业务系统建立在第三方云计算平台上。但由于安全意识不够、安全专业技术力量缺乏、安全保障措施不到位，第三方云计算平台自身的安全性往往无法保证。因此，政府、央企及重要信息系统单位应谨慎使用第三方云服务，避免使用公共云服务。同时国家应尽快出台云服务安全评估检测的相关规范和标准。

（4）严格监管、限制境外机构实施数据的跨境流动。对于境外机构在国内提供涉及大数据的应用或服务，应对其进行更为严格的网络安全审核，确保其数据存储于境内的服务器，严格限制数据的跨境流动。

6. 物联网的安全问题不容忽视

随着互联网的不断普及，万物互联下网络攻击正逐步向各类联网终端渗透。以智能家居为代表的联网设备逐步成为网络攻击目标；专门针对工业控制系统的"震网"（Stuxnet）病毒感染了全球超过 45 000 个网络；利用应用程序漏洞能够远程控制智能汽车。网络安全隐患遍布于新兴技术产业的各重要环节，但针对性的安全产品极度稀缺，相关防御技术手段的研发尚处于起步阶段。在新兴技术产业的强劲增长驱动下，网络安全问题的影响范围不断延展，智能家居、工业控制系统、车联网等新兴技术产业面临严峻网络安全威胁。

2012 年 4 月黑客入侵了美国的智能电表系统并修改了电表数据，还有一些国家刻意准备网络战，目的是破坏对方的信息系统并进而摧毁能源、交通等基础设施，著名的案例是上述提到的，2010 年 9 月伊朗的铀燃料浓缩设施被"震网"病毒攻击而瘫痪。这些都值得我们警惕。

7. 顶层统筹全面加强，我国网络安全工作立足新起点施展新作为

2014 年，我国成立了中央网络安全和信息化领导小组，统筹协调涉及各个领域的网络安全和信息化重大问题。国务院重组了国家互联网信息办公室，授权其负责全国互联网信息内容管理工作，并负责监督管理执法。工信部发布了《关于加强电信和互联网行业网络安全工作的指导意见》，明确了提升基础设施防护、加强数据保护等八项重点工作，着力完善网络安全保障体系。我国国家网络与信息安全顶层领导力量明显加强，管理体制日趋完善，机构运行日渐高效，工作目标更加细化。

10.3　我国网络安全趋势与展望

近年来，我国互联网蓬勃发展，网络规模不断扩大，网络应用水平不断提高，成为推动经济发展和社会进步的巨大力量。与此同时，网络和业务发展过程中也出现了许多新情况、新问题、新挑战，尤其是当前网络立法系统性不强、及时性不够和立法规格不高，物联网、云计算、大数据等新技术新应用、数据和用户信息泄露等的网络安全问题日益突出。未来，我国将不断加强网络安全依法管理、科学管理，更加重视新技术新应用安全问题，促进移动互联网应用生态环境优化，加速构建网络安全保障体系，推动网络安全相关技术和产业快速发展。

一是国无法不立，网无法不兴，依法治网将成为新常态。党的十八大和十八届四中全会

明确提出加强网络法制建设的大政方针，可以预见网络法制建设将迎来一个快步推进的热潮。当前网络安全法已纳入人大立法规划，国家网络安全战略、关键基础设施保护法案、网络安全审查制度等一系列战略法律、制度规则的制定步伐将全面提速。

二是物联网、SDN 等新技术安全及数据资产保护、个人信息保护将成为关注新焦点。未来针对新技术产业网络安全问题的跟踪研究将进一步加强，物联网、SDN、工业自动化等新技术安全成为关注重点，伴随新技术、新业务发展涌现出的数据跨境流动、用户信息泄露等安全问题将进一步得到重视。

三是移动互联网应用安全将呈现新格局。当前，多部门不断出台政策文件、联合开展专项行动，推动移动互联网应用的防篡改和可溯源等安全能力提升。通过移动互联网应用商店、智能终端生产厂商、CA 认证机构、网络安全企业等产业链各方的共同努力，移动互联网应用全产业链的安全生态将逐步构建。

四是积极主动、综合防范的网络安全保障体系加快构建，网络空间态势感知能力将得到进一步提升。我国将逐步明确网络空间新一代防御设计思路，以网络对抗性防御技术研发为依托，构建"协同预警、有效应急、强化灾备"全网动态感知能力体系，逐步实现网络安全防护从静态、基于威胁的保护向动态、基于风险的防护转变。

五是网络安全产业迎来高速发展黄金期。近年来，我国安全产业增长速度不断加快，预计 2017 年复合年增长率将达到 17.4%。增速第一的安全服务领域复合年增长率将达到 23.6%，远高于国际平均水平；其中，云安全服务成为新的增长点。

当前，我国不断出台扶持政策，为安全产业发展提供了良好环境，预计未来一段时间内，安全产业将持续强劲增长。

10.4　国际网络安全技术热点与趋势

10.4.1　数据可视化

数据可视化成为 2015 年当之无愧的热点之一，2015 美国 RSA 大会上与数据可视化相关的议题报告有 60 多个，很多厂家也都展示了他们数据可视化的成果，会议期间很多有实力的厂家通过数据可视化充分展示了他们的数据搜集、分析和关联能力。汇聚各种来源的海量数据和情报，分析团队快速响应，提取并展现出关键的内容，以此为导向迅速升级客户的防御体系，这已经成为各大顶级安全厂商的基本能力。

10.4.2　安全人才培养

Juniper 副总裁 Hoff 的"Talking about My Next Generation"的 keynote 主题演讲中谈到未来发展的网络安全（Cyber Security）。一个重要的"新一代"——未来信息安全人才培养的问题。

会议当中一个 9 岁的小男孩 Reuben Paul 现场演示了入侵 Juniper 副总裁系统的过程。Reuben Paul 虽然只有 9 岁，但他已经是一家公司的 CEO，也是很多安全会议的常客。Juniper 副总裁 Hoff 表示，其在现场演示这些并不是鼓励黑客，而是希望信息安全行业提高认识，开始让孩子们更轻松地考虑安全，要更多地关注下一代信息安全人才的培养而不仅仅是产品，要教会他们更多的网络安全知识，教会他们有黑客的思维，但不是教他们去做坏事。这是一个行动呼吁，呼吁整个信息安全行业重视对下一代信息安全人才的培养。

10.4.3　国外推行网络实名制

现在世界上多数国家都在施行实名制，一些主要做法与经验教训为我们提供了有益的借鉴。从理论上看，网络社会是现实社会的延伸，社会必然需要有序，有序的前提是个体参与者的可识别性，并且为防止参与者的任意作为，随意侵害他人的权益，这种可识别性应具有从虚拟身份还原到真实身份的能力。因此，网络实名是必然的途径选择，也为虚拟社会治理提供了基础性依据。从实践上看，各国政府从维护网络秩序和国家利益的角度，都有推行实名制的意愿和冲动，只是具体做法有所不同，实施策略和切入点的不同，造就了成功与失败，事实上，绝大多数是成功的，只要与法律有机结合，妥善解决好网民关心的问题，实施网络实名制是完全可行的，也是大势所趋。

1. 韩国：教训可鉴

早在 2003 年，韩国 15 个政府部门开始实施实名制，后台登记身份证号和姓名，前台则可以使用匿名上传信息，此后扩大到门户网站。2007 年，颁布了《促进利用信息通信网及个人信息保护有关法律》修改案，规定 35 家主要网站实施实名制。如果发现没有用真实姓名的匿名文章，网站经营者将被处 3 000 万韩元以下罚款，标志着韩国网络实名制的正式实施。

2011 年，韩国网站的个人信息外泄事件涉及约 1.2 亿用户，韩国人的身份证号在 15 个国家的 7 500 个网站广为流传，这些信息外泄后很难删除或控制。韩国主要网站也成为黑客的攻击对象，3 500 万用户的个人真实详尽信息被泄露。这一事件，让韩国不得不重新考虑网络实名制政策。2011 年 8 月，为了防止个人信息泄露事件的再度发生，韩国达成了分阶段废除"互联网实名制"协议。

韩国网民信息泄露的教训至少有两点：一点是搜集了网民的真实身份信息，以及更多详尽的信息，另一点是真实信息分散掌握在各个网站运营商手中，处在不可控状态。可见，推行实名制，必须处理好"实名"与"匿名"的关系，需要采用合适的方式，防止非授权部门和人员通过网上"匿名"追溯到后台的真实身份等信息，并且通过实名制，能够给网民包括互联网企业带来更大、更多的好处，才能赢得参与者的支持，自觉自愿接受网络实名制。

2. 日本：悄然普及

日本购买手机必须用身份证、驾驶证等有效证件实名注册 SIM 卡和手机邮箱。这样，所有手机用户发送的信息都自动成为实名制发送。如果要注册社交网站或视频网站，就必须提供自己的手机邮箱地址，这实际上间接采用了实名制。通过 IP 地址备案和手机实名注册等方式，事实上的网络实名制在日本已经悄然普及。

在法律层面，对互联网的管理除依据刑法和民法之外，还制定了一系列专门法规来处置网络违法行为。网络服务商、网站、个人网页、网站电子公告服务，都属于法律规范的范畴，信息发送者通过互联网站发送违法和不良信息，登载该信息的网站也要承担连带民事法律责任，网站有义务对违法和不良信息把关。正是由于强有力的法治，才有效改善了网络环境，实现了用户对网络实名制由排斥走向接受的转变，吸引了越来越多的企业和用户利用互联网从事商务活动和信息交流。

3. 澳大利亚：颇受欢迎

澳大利亚是世界上最早制定互联网管理法规的国家之一。2008 年，政府推出加强互联网安全的一揽子计划，在 4 年内投入 1.25 亿澳元，旨在防范网络不良信息对个人隐私、经济利益和国家安全的威胁，并实施互联网强制过滤计划。在政府和行业协会协同努力下，网络实名制管理得到社会舆论和民众的支持和拥护。

根据政策要求，互联网用户必须年满 18 周岁，并用真实身份登录，未成年人上网必须由其监护人与网络公司签订合同。这样增加了人们在使用网络时的信用，更利于自律和别人的监督。实名制可限制、阻止一些人用虚假的名字从事网络色情、网络诽谤和网络暴力等行为。网民反映，用实名登录后，不用担心，更有安全感，得到了网友的尊重，增强了自己的信心。

4. 美国：网民担心与国家战略

在美国人的观念中，言论自由是宪法赋予的权利。美国各大新闻网站推行实名制的做法，引来美国网民的强烈反应，最担心的是实行网络实名制涉及用户隐私权。此外，在网络实名制的前提下，如果有网民希望通过网络举报不法行为，他们的人身安全是否能够得到保护。

美国政府从全球视野国家战略高度考虑互联网络安全问题。2011 年 4 月，美国正式公布了"美国网络空间可信身份国家战略"，指出可信身份是改善网络安全的基石，提出构造"可信的安全身份生态系统"。美国网络身份证计划作为网络安全的一部分，将让每个美国人都在网络上有一个独立的身份，一方面增加网络安全，另一方面也减少民众需要记的密码。美国主要的互联网法规《电信法》提出了美国需要确保的利益：国家安全、未成年人、知识产权及计算机安全。国家安全、知识产权和计算机安全直接涉及美国的支柱性互联网产业利益。

网络实名制的目标是实现全网统一的网络身份 ID，覆盖所有网络行为，营造健康有序的网络环境，保护网民隐私与合法权益，服务互联网参与主体，构建网络诚信体系建设，促进互联网事业更好、更快地发展。建议以金融网络可信身份认证为切入点，逐步向公共服务、信息交流等领域辐射、渗透，最终影响和带动全网实名制的落实。

坚持"政府推动,市场化运作"的原则。建议国家相关部门建立多部门合作机制,统一规划,统一标准,完善法规,协同推进。在运作上,充分遵循市场规律,在基础层面引入竞争机制,打破垄断和行业壁垒。

坚持实名认证的"全国统一性"原则。充分汲取过去各自为政的教训,按照"最低成本、最小代价"的思路,建议依托国内现有 CA 认证基础设施,建立全网统一的网络 ID 信息查询库,有利于有效解决可控可管理、网购征税等诸多问题。建议选择可信、中立的金融企业作为独立第三方负责运行管理,以服务用户、产业链主体和政府部门。该机构不以盈利为目标,采用市场化运作模式,充分兼顾各类用户、各类服务商的需求和利益,建立长效的产业化运行机制。

10.5 提高创新能力，健全网络法制

提高技术自主创新能力。当前，我国所用的 PC 操作系统和手机操作系统技术几乎都源自国外，核心芯片依赖进口，这是很大的隐患。在网络安全方面，如果自己没有过硬的技术，就很难实现安全可控的管理。斯诺登事件爆出美国大规模入侵华为服务器就是一例。外国的核心技术是买不来的，也是市场换不来的，但我国的市场对培育自主创新的技术和产品是必不可少的。这就要求我们在培育网络核心技术方面也要发挥市场在资源配置中的决定性作用和更好地发挥政府的作用。

建设网络强国，维护网络安全，需要建设一支政治强、业务精、作风好的强大人才队伍。要培养造就世界水平的科学家、网络科技人才、卓越工程师、高水平创新团队，还需要我们有与网络大国相适应的国际互联网治理的话语权。当前，尤其要抓住向 IPv 6（互联网协议第 6 版）转换的机会极力争取根服务器落户中国，积极宣传我国发展互联网的政策，共同维护国际互联网秩序。

网络安全需要法制保障，尽管物理世界的法律应该而且也能用到虚拟世界，但虚拟世界还需要有专门的法律，我们需要有网络安全法、隐私保护法等。

我国的网络信息安全立法工作起步较早，1994 年国务院发布《计算机信息系统安全保护条例》，是我国专门针对信息网络安全问题制定的首部行政法规。条例要求保障计算机及其相关配套的设备、设施（含网络）的安全，运行环境的安全，保障信息的安全，以及保障计算机功能的正常发挥，以维护计算机信息系统的安全运行。在此基础上，我国构建了较为系统的信息安全等级保护制度。2012 年，国务院发布《关于大力推进信息化发展和切实保障信息安全的若干意见》，要求能源、交通、金融等领域涉及国计民生的重要信息系统和电信网、广播电视网、互联网等基础信息网络，要同步规划、同步建设、同步运行安全防护设施，强化技术防范，严格安全管理，切实提高防攻击、防篡改、防病毒、防瘫痪、防窃密能力。

近年来，随着大数据、云计算的快速发展，尤其是去年曝光的美国棱镜门事件，表明网络安全领域的形势变得更为严峻和复杂，也突显了我国现行网络安全立法的不足，难以适应信息化发展的需要。

目前的问题主要体现在如下三个方面。

一是立法层级低，权威性不足。目前网络安全领域的立法除《全国人大常委会关于维护互联网安全的决定》、《全国人大常委会关于加强网络信息保护的决定》和几部行政法规外，其他大多是部门规章甚至是一般规范性文件，如信息安全等级保护的具体规定均在部门规章中。这样，一旦出现需要高位阶法律作为依据的情况，现有立法权威性明显不足，影响其效力和有效性。同时，部门规章为主的立法格局，也导致部门各自为政，缺乏全盘规划，顾此失彼，制度之间缺乏协调，屡屡出现九龙治水现象。

二是现行的信息安全等级保护制度源于计算机在我国刚刚应用的 1994 年，诸如个人信息保护等问题当时不可能考虑到，目前已不能完全适应全面互联与移动计算的新形势，诸如监管重点不够聚焦、监管手段不够全面、制度设计不够系统等缺陷逐步暴露，需要根据信息化发展的实际对制度进行完善。

三是现行制度实际执行的效果不尽如人意，全社会的网络安全意识有待提升，自主可控

的网络安全技术需要实现突破，网络安全防护能力需要得到全面提升等。

针对上述局面，应加快我国网络安全立法，通过法律手段确保国家网络主权与安全。习近平总书记在主持召开中央网络安全和信息化领导小组第一次会议时要求，"要抓紧制定立法规划，完善互联网信息内容管理、关键基础设施保护等法律法规，依法治理网络空间，维护公民合法权益"。习总书记的指示，明确了我国网络安全立法的下一步方向。

当前我国网络安全立法应加快推进如下几项工作：

（1）尽快制定并出台国家互联网立法专项立法规划，从全局设计高度构筑包括网络安全在内的互联网法律基本结构，实现互联网立法主要依靠基本法律支撑的结构性改变，为依法治理网络空间奠定法律基础。

（2）尽快制定《网络安全法》，以能源、供水、交通、金融、城市公用事业、公共卫生、公共管理等领域涉及国计民生的重要信息系统和电信、广播电视网、互联网等基础信息网络为重点，从责任主体、运行规范、安全要求、信息共享、风险预警与预测、应急响应、灾备恢复、监督检查、责任追究等全流程，构筑系统的关键基础设施保护制度，有效预防和及时化解系统性网络安全风险。同时，建立有效的网络安全教育、安全防控技术研发支持、人员培训及信息安全产品与服务的安全审查等制度，兼顾安全与发展，实现以安全保发展，以发展促安全的目标。

（3）尽快启动《个人信息保护法》等的立法工作，有效打击各种形式的非法提供、获取公民个人信息违法犯罪活动，维护公民合法权益，构筑安全、放心的网络环境，为电子商务、电子政务的发展奠定坚实基础。

（4）在中央网络安全与信息化领导小组的统一领导下，进一步理顺网络安全执法体制，明确执法责任，充实执法手段，提高执法能力，规范执法行为，加强执法效果，使法律规定能够真正得到落实。

网络社会与现实社会既不可分离，又不完全等同，具有双重性特点。因此，互联网立法应准确把握互联网本身的规律，区分关键基础设施、中间平台、互联网用户、互联网信息四个不同层次，明确不同领域应该适用的不同法律原则、管理对象、管理手段、执法程序与救济方法等，因地制宜设计有效的管理制度，以提高立法的质量和可执行性。

本章小结

本章主要介绍了当前网络安全的现状，面临的挑战威胁，以及网络安全技术未来的发展趋势。当前移动互联网、云计算、大数据成为互联网安全的最大威胁平台，是网络安全防御的重点。提高网络安全领域数据的可视化，加强安全人才的培养，全面加快网络空间网络实名制的步伐和规范化，提高创新能力，健全网络法制建设，只有这样我们才能拥有一个相对健康、安全、绿色的网络环境。

附录　网络安全教学实训项目

项目一　学习各种防火墙之间的区别

本项目用于展示各种防火墙保护系统的区别。为了完成此项目，你需要访问应用层防火墙及数据包过滤防火墙。

操作步骤

（1）使用单一防火墙保护内部网络，将服务器系统接入隔离的网络中，不要将此网络连接到 Internet。

（2）按默认方式构建邮件服务器和 Web 服务器，在每个系统上都留下薄弱点。

（3）在网络上安装应用层防火墙，按照表规则集配置此防火墙。

（4）将另一个主机系统配置为外部系统（在 Internet 的防火墙之外），安装漏洞扫描器。

（5）使用漏洞扫描器扫描邮件服务器和 Web 服务器及防火墙。

（6）以数据包过滤防火墙代替应用层防火墙。

（7）再次扫描服务器。

（8）比较结果，扫描结果有什么不同？两种防火墙的薄弱点相同吗？如果不同，为什么？

项目小结

如果应用层防火墙的代理是正确的代理，则最可能的情况是：通过数据包过滤防火墙的扫描结果会通过应用层防火墙显示更多的薄弱点。这是因为代理在邮件请求和 Web 请求发送到这些服务器之前就拦截并转换这些请求。在某些情况下，这可以对检查服务器的扫描活动屏蔽薄弱点。

规则序号	源IP	目标IP	服　　务	动　　作
1	任何	Web服务器	HTTP	接受
2	任何	邮件服务器	SMTP	接受
3	邮件服务器	任何	SMTP	接受
4	内部网络	任何	HTTP、HTTPS、FTP、telnet、SSH	接受
5	内部DNS	任何	DNS	接受
6	任何	任何	任何	放弃

项目二　研究不同的VPN的区别

你所在的企业决定采用 VPN，并且已经安装了 VPN。提供一份关于加密方法、通信协议和安全问题的评估报告，其中安全问题与实现 VPN 后的应用相关，这些应用包括采用 IP 技术的语音和视频服务（视频会议、增强和定制的 PBX 功能），远程数据存储/备份和恢复。每一种应用是否必须使用加密技术？

操作步骤

（1）对于具体应用而言，是采用站点到站点的 VPN，还是采用用户 VPN 更合适？

（2）VPN 的终端在什么位置？与这些终端相关的风险是什么？

（3）终端或各种应用的用户对于与 VPN 相关的认证机制有特殊要求吗？

（4）指出适合于每一种应用的认证机制。

（5）检查在途信息，这些信息易于收到截听或窃听吗？如果是，所使用的加密机制可以保护这些信息吗？

项目小结

适用于一种应用的 VPN 类型未必适用于其他应用。站点到站点的 VPN 和用户 VPN 就认证和终端安全的要求远远不同。当设计某种应用的 VPN 时，必须考虑这些因素。所选择的加密机制和所使用的算法的强度直接影响了可以阻止或延缓的攻击类型。设计时必须考虑这些风险。

项目三　部署网络IDS

此项目用于实践部署网络 IDS 的过程。

操作步骤

（1）判断你希望通过部署网络 IDS 完成的任务目标，定义 IDS 的目标。

（2）根据你的 IDS 的目标，选择监控的网络通信。

（3）决定如何对 IDS 检测的信息作出反应。判断要求 IDS 应该执行哪些动作。

（4）如果不具备使用 IDS 的实际经验，可能难于设置临界值，如果已经部署了 IDS，可以检查各种特征的临界值设置。

（5）对 IDS 部署过程作出规划。判断部署 IDS 需要涉及机构中的哪些人员。

（6）如果希望部署 NIDS，应该获取计算机系统，在系统中加载 Linux、FreeBSD 或其他 UNIX 版本。

（7）从 http://www.snort.org/ 下载 Snort（一种免费的 NIDS）最新版本。

（8）在系统上安装 Snort。可能要安装大量增加的软件包，以简化管理和配置工作。

（9）将 IDS 连接到网络上，最好使用集线器，但是也可以使用交换机上的镜像端口。

（10）安装了 IDS 后，检查日志文件，查看检测内容。你还可以使用 Acid 检查通过 Web 界面的日志文件。Acid 是基于 Web 的前端，用于分析 Snort 的信息。

项目小结

如果你具有使用 UNIX 的经验，就会发现 Snort 不难实现。此项目练习配置 NIDS 的步骤。如果你自己购买 IDS 入侵检测系统，安装配置和调试及评估的过程可能要花费一段时间，是非常耗时的。

项目四　审核UNIX系统

此项目用于学习如何检查 UNIX 系统的配置错误或其不明进程和账户。

操作步骤

（1）启动一个 UNIX 系统，在此系统上你应该具有管理权限（也就是说你要具有根账户密码），并可以在不影响应用程序可用性的前提下对其修改。

（2）确定启动文件的位置，判断启动时运行了哪些应用程序。根据系统的需要确认必要的应用程序，关闭其他应用。

（3）检查 inete.conf 文件，决定关闭哪些服务。根据系统的需要决定所不要的服务，并关闭其他服务。记住在 inetd 进程上执行 kill-HUP 命令，使用新的配置重新启动此进程。

（4）判断系统是否需要 NFS。对 dfstab 文件作出合适的修改。

（5）如果系统正在使用 telnet 或 FTP，则下载 TCP Wrapper 并安装到系统上。配置 TCP Wrapper，仅仅允许根据系统需要连接 telnet 和 FTP。

（6）定位欢迎信息文件。判断是否使用了合适的欢迎信息。如果没有，则在系统上防止合适的欢迎信息。

（7）根据你的机构的安全策略判断是否为系统配置了合适的密码限制。如果没有，则调整配置。

（8）判断系统是否配置合适的 umask。如果没有，则正确地配置 unmask。

（9）确认根账户登录的要求。如果要求管理员使用自己 ID 登录，则相应地调整系统配置。

（10）检查系统未使用的账户，并锁定这些账户。

（11）对系统使用合适的补丁程序。

（12）检查系统的不合适的用户 ID。尤其关注 UID 设置为 0 的账户。

（13）验证系统是否记录了异常活动，syslog.conf 文件是否合适。

（14）搜索系统的隐藏文件。如果有异常情况，则进行调查，检查系统是否受到了攻击。

（15）搜索 SUID 和 SGID 文件。如果用户目录中具有这些文件，则调查确认系统是否受到了攻击。

（16）搜索任何人都可以写的文件。如果有这些文件，要么修改权限（首先调查其用途），要么告诉拥有者关注这些文件。

（17）检查网络接口的不合适配置。

（18）检查系统端口被监听的情况。如果有异常，对正在使用端口的进程进行定位，判断系统上是否运行了此进程。

（19）在系统上检查进程表，判断是否存在不正确运行的进程。

项目小结

根据被检查的系统的不同，这种审核工作可能要花费时间才能完成。这还需要系统上各种用户的帮助。可以看出，正确配置系统，然后对其维护，要比审核系统、修复问题容易得多。

项目五 创建Internet 体系结构

此项目用于介绍创建 Internet 体系结构所需要的步骤。为此，你为 Widget Makers，Inc. 公司雇佣，为该公司开发合适的 Internet 体系结构。Widget Makers 对于 Internet 连接具有如下要求：

- 使用提供该公司产品信息的 Web 服务器。
- 使用电子邮件，这是与客户和伙伴通信的主要机制。
- 办公室员工可以使用 Internet 访问 Web。
- 公司主控用于批发伙伴的 Web 站点，合作伙伴可以订购产品。此站点与公司的 Web 站点分割开。

操作步骤

（1）考虑到上述要求，确认在 Internet 上提供的服务。

（2）确认支持体系结构所必需的控制服务。

（3）确认包括 ISP 数目、合适的通信体系结构。

（4）确认公司合适的防火墙体系结构，以及防火墙上需要多少接口。

（5）定义设置所需要的防火墙合适的规则集。

（6）确认所需要的 IP 地址的数目，以及内部系统的寻址计划。

（7）完成设计之后，假定公司不能承担整个设计方案。为了降低成本，首先可以减少什么项目？这种修改如何影响整个设计方案的安全？记住考虑机密性、完整性、可用性和责任性。

项目小结

这种要求可以推出高可用性的设计方案，其中可能包括冗余设备和两个 ISP。DMZ 用于 Web 和邮件服务器。与合作伙伴通信所使用的系统可以位于 DMZ，也可以位于分离的伙伴网络。

这种设计方案代价昂贵。如果机构不能承担整个工程的费用，就有可能去除一些冗余设备。但是，其后果是首先影响设计方案的可用性。

参考文献

[1] Eric Maiwald 著 . 马海军等译 . 网络安全基础教程 . 北京：清华大学出版社，2005. 7

[2] 张玉清 . 网络攻击与防御技术 . 北京：清华大学出版社，2011.1

[3] 张蒲生 . 网络安全应用技术 . 北京：电子工业出版社，2010.8

[4] William Stallings 著 . 白国强等译 . 网络安全基础（第 4 版）. 北京：清华大学出版社，2011. 1

[5] William Stallings. 密码学与网络安全：原理与实践（第 2 版）. 北京：清华大学出版社，2002. 6

[6] 肖遥 . 网络渗透攻击与安防修炼 . 北京：电子工业出版社，2009.12

[7]（美国）斯坦戈等著、魏巍等译 . CIW 安全专家全息教程 . 北京：电子工业出版社

[8]（美）韦伯 . Linux 技术手册 . 东南大学出版社，2007

[9] Matt Welsh，Matthias Kalle Dalheimer Running Linux. O'Reilly Media，2006

[10] Peter Szor（著）段海新等译 . 计算机病毒防范艺术（The Art of Computer Virus Research and Defense）机械工业出版社，2006.12

[11] Chris Sanders，Wireshark. 数据包分析实战（Practical Packet Analysis：Using Wireshark to Solve Real-World Network Problems，2nd Edition）. 人民邮电出版社，2013.3

[12] 斯图塔德（Stuttard D.）著 . 石华耀，傅志红译 . 黑客攻防技术宝典 Web 实战篇 第 2 版 . 人民邮电出版社，2012.7

[13] Gary.Wrigh，W.Richard Stevens 著，范建华译 . TCP/IP 详解 . 机械工业出版社，2000.4

反侵权盗版声明

电子工业出版社依法对本作品享有专有出版权。任何未经权利人书面许可，复制、销售或通过信息网络传播本作品的行为；歪曲、篡改、剽窃本作品的行为，均违反《中华人民共和国著作权法》，其行为人应承担相应的民事责任和行政责任，构成犯罪的，将被依法追究刑事责任。

为了维护市场秩序，保护权利人的合法权益，我社将依法查处和打击侵权盗版的单位和个人。欢迎社会各界人士积极举报侵权盗版行为，本社将奖励举报有功人员，并保证举报人的信息不被泄露。

举报电话：（010）88254396；（010）88258888

传　　真：（010）88254397

E-mail：dbqq@phei.com.cn

通信地址：北京市万寿路 173 信箱
　　　　　电子工业出版社总编办公室

邮　　编：100036